半导体科学与技术丛书

低维量子器件物理

彭英才　赵新为　傅广生　编著

科　学　出　版　社

北　京

内 容 简 介

低维量子器件是微纳电子技术研究的核心，低维量子器件物理是现代半导体器件物理的一个重要组成部分．它的主要研究对象是低维量子器件的设计制作、器件性能与载流子输运动力学等内容．本书主要以异质结双极晶体管、高电子迁移率晶体管、共振隧穿电子器件、单电子输运器件、量子结构激光器、量子结构红外探测器和量子结构太阳电池为主，比较系统地分析与讨论了它们的工作原理与器件特性，并对自旋电子器件、单分子器件和量子计算机等内容进行了简单介绍．

本书可作为高等院校相关专业研究生的专业课教学用书，也可供高年级本科生和相关领域的科技工作者阅读和参考．

图书在版编目（CIP）数据

低维量子器件物理/彭英才，赵新为，傅广生编著．—北京：科学出版社，2012

(半导体科学与技术丛书)

ISBN 978-7-03-033849-5

Ⅰ. ①低… Ⅱ. ①彭… ②赵… ③傅… Ⅲ. ①半导体器件－半导体物理 Ⅳ. ①TN303 ②O47

中国版本图书馆 CIP 数据核字(2012) 第 043793 号

责任编辑：刘凤娟 尹彦芳／责任校对：张小霞

责任印制：吴兆东／封面设计：陈 敬

科学出版社出版

北京东黄城根北街 16 号

邮政编码：100717

http://www.sciencep.com

北京虎彩文化传播有限公司 印刷

科学出版社发行 各地新华书店经销

*

2012 年 4 月第 一 版 开本: B5(720 × 1000)

2022 年 1 月第五次印刷 印张: 12 3/4

字数: 234 000

定价: 98.00元

(如有印装质量问题，我社负责调换)

《半导体科学与技术丛书》编委会

《半导体科学与技术丛书》出版说明

半导体科学与技术在 20 世纪科学技术的突破性发展中起着关键的作用，它带动了新材料、新器件、新技术和新的交叉学科的发展创新，并在许多技术领域引起了革命性变革和进步，从而产生了现代的计算机产业、通信产业和 IT 技术. 而目前发展迅速的半导体微/纳电子器件、光电子器件和量子信息又将推动 21 世纪的技术发展和产业革命. 半导体科学技术已成为与国家经济发展、社会进步以及国防安全密切相关的重要的科学技术.

新中国成立以后，在国际上对中国禁运封锁的条件下，我国的科技工作者在老一辈科学家的带领下，自力更生，艰苦奋斗，从无到有，在我国半导体的发展历史上取得了许多“第一个”的成果，为我国半导体科学技术事业的发展，为国防建设和国民经济的发展做出过有重要历史影响的贡献. 目前，在改革开放的大好形势下，我国新一代的半导体科技工作者继承老一辈科学家的优良传统，正在为发展我国的半导体事业、加快提高我国科技自主创新能力、推动我们国家在微电子和光电子产业中自主知识产权的发展而顽强拼搏. 出版这套《半导体科学与技术丛书》的目的是总结我们自己的工作成果，发展我国的半导体事业，使我国成为世界上半导体科学技术的强国.

出版《半导体科学与技术丛书》是想请从事探索性和应用性研究的半导体工作者总结和介绍国际和中国科学家在半导体前沿领域，包括半导体物理、材料、器件、电路等方面的进展和所开展的工作，总结自己的研究经验，吸引更多的年轻人投入和献身到半导体研究的事业中来，为他们提供一套有用的参考书或教材，使他们尽快地进入这一领域中进行创新性的学习和研究，为发展我国的半导体事业作出自己的贡献.

《半导体科学与技术丛书》将致力于反映半导体学科各个领域的基本内容和最新进展，力求覆盖较广阔的前沿领域，展望该专题的发展前景. 丛书中的每一册将尽可能讲清一个专题，而不求面面俱到. 在写作风格上，希望作者们能做到以大学高年级学生的水平为出发点，深入浅出，图文并茂，文献丰富，突出物理内容，避免冗长公式推导. 我们欢迎广大从事半导体科学技术研究的工作者加入到丛书的编写中来.

愿这套丛书的出版既能为国内半导体领域的学者提供一个机会，将他们的累累硕果奉献给广大读者，又能对半导体科学和技术的教学和研究起到促进和推动作用.

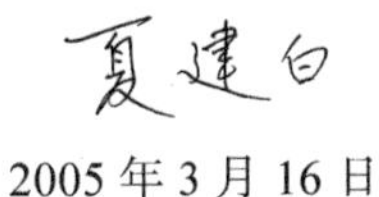

2005 年 3 月 16 日

序

1969 年江崎 (L. Esaki) 和朱兆祥 (R. Tsu) 提出超晶格概念, 1972 年张立纲 (L. L. Chang) 和江崎等用 MBE 制备出 GaAs/GaAlAs 超晶格材料, 1974 年张立纲、江崎和朱兆祥观察到双势垒量子阱电子共振隧道效应, 1978 年丁格尔 (R. Dingle) 和斯托默 (H. L. Stormer) 等实现了超晶格的调制掺杂和调制掺杂异质结构, 开创了人工调制低维半导体量子结构的新领域. 低维半导体量子结构不仅具有极其丰富的物理内涵, 而且具有重大的技术应用价值. 从 20 世纪 80 年代开始, 低维量子结构已经成为半导体器件发展的新方向, 也是新一代高性能半导体微电子器件和光电子器件的核心基础. 90 年代随着纳米科学技术的兴起, 低维量子结构器件又获得了新发展, 从二维结构拓宽到一维和零维结构, 并不断涌现出各种新型半导体器件. 低维量子结构器件已经并且将继续推动当代半导体技术的高速发展.

彭英才、赵新为和傅广生三位教授编著的《低维量子器件物理》是对他们长期从事的科研工作和研究生教学实践工作的总结. 该书内容丰富, 覆盖了当前半导体微电子与光电子领域的主要低维量子结构器件, 书中阐述了低维半导体的能带结构、电子状态、输运性质和光学性质等低维量子器件物理基础, 对异质结双极晶体管、高电子迁移率晶体管、共振隧穿电子器件、单电子输运器件、量子结构激光器、量子结构红外探测器和量子结构太阳电池等低维量子器件的工作原理与器件特性作了比较系统的讨论与分析, 书中还对发展中的自旋电子器件、单分子器件和量子计算机作了简单介绍.

该书的出版必将对我国低维半导体量子器件的教学与科研起到推动作用.

郑有炓

2011 年 10 月 20 日

前　　言

1969 年半导体超晶格概念的提出, 揭开了低维半导体材料制备与物理性质研究的序幕. 基于能带工程设计, 人们制备了各类低维材料与结构, 从而为设计和制作各种新型半导体器件开辟了广阔的发展前景. 基于量子力学原理, 人们揭示了各类低维材料所呈现的许多新颖物理性质, 从而大大丰富了凝聚态物理的研究内容, 进一步深化了现代半导体物理的研究内涵. 1980 年高电子迁移率晶体管的诞生, 又开辟了低维量子器件研究的新领域. 其后, 各类低维电子输运器件和光电子器件应运而生. 其中, 异质结双极晶体管、共振隧穿电子器件、量子阱激光器与量子阱红外探测器就是其中的几个典型范例. 1990 年纳米科学技术的兴起, 使以量子点为主的纳米半导体材料与物理的研究, 成为继半导体超晶格之后又一个新的热点课题, 尤其是量子点自组织化生长技术的日渐成熟, 为各类量子点单电子器件和量子点激光器的研制奠定了重要物质基础. 进入 21 世纪以来, 自旋电子器件、单分子器件、单光子器件和光子晶体器件的研究, 又把低维量子器件的发展继续推向深入.

毫无疑问, 各类低维量子器件及其集成电路将会在 21 世纪的光通信技术、计算机技术、新能源技术和电子对抗技术中具有十分重要的潜在应用. 迄今, 人们在深入研究低维半导体物理的同时, 已设计和制作了各类低维量子器件, 并取得了丰硕成果. 但是, 目前国内外尚未出版体系比较完善和内容比较系统的有关介绍与论述低维量子器件物理的专著或教材. 为了弥补这一不足, 以促进我国低维量子器件的研究与发展, 我们在长期从事科研和研究生教学的实践中, 逐渐积累了这方面的大量相关专业知识, 并数易其稿编写了本书.

本书内容大体分为两大类：第一类为低维电子输运器件; 第二类为低维光电子器件. 其具体内容安排如下：第 1 章简要回顾低维量子器件的发展历史, 作为低维量子器件的物理基础, 第 2 章简要介绍低维量子结构的能带特征、电子状态、输运性质和光学性质; 第 3 ~ 6 章主要介绍四种电子输运器件的工作原理与器件特性, 其中包括异质结双极晶体管、高电子迁移率晶体管、共振隧穿电子器件和单电子输运器件; 而第 7 ~ 9 章则主要讨论三种光电子器件的工作原理与器件性质, 其中包括量子结构激光器、量子结构红外探测器和量子结构太阳电池; 最后, 第 10 章扼要介绍其他几种低维量子效应器件, 如自旋电子器件、单分子器件以及量子计算机等.

本书可作为高等学校与科研院所相关学科专业研究生的专业课教材, 也可供高等学校相关专业的高年级本科生阅读, 同时也可供从事各类低维半导体材料与物理, 尤其是从事器件物理研究的相关科技工作者参考阅读.

由于作者水平有限, 书中不妥之处恳请批评指正.

编著者
2011 年 8 月

目　录

第1章　绪　　论

半导体科学技术发展的宗旨就是利用不同半导体材料所具有的物理性质, 设计和制作各种固态电子器件与集成电路. 这些器件与电路是组成通信系统、计算机系统和各种电子装置的心脏. 性能优异的半导体器件的实现, 有赖于高质量半导体材料的制备、合理器件结构的设计和优化工艺条件的选取. 按照材料结构的不同, 半导体器件可分为晶态半导体器件、非晶态半导体器件、超晶格与量子阱器件、量子线与量子点器件、宽带隙半导体器件以及有机半导体器件等; 按功能特性的不同, 半导体器件又可分为电子输运器件和光电子器件等; 而按照物理效应的不同, 半导体器件又可分为经典体效应器件和纳米量子效应器件等. 正是这些性能优异的各类固态电子器件及其集成电路, 在通信技术、计算机技术和电子线路技术中发挥着巨大作用, 从而极大地促进了整个信息科学技术的迅速发展.

纳米量子器件一般是指采用半导体异质结、超晶格、量子阱、量子线和量子点等低维结构, 设计制作的具有某些量子效应的电子器件, 也可称为低维量子器件. 如上所述, 这种器件又大体可分为电子输运器件和光电子器件两大类. 所谓电子输运器件是指在外电场作用下, 其工作特性由载流子的输运行为支配的电子器件. 例如, 异质结双极晶体管 (HBT)、高电子迁移率晶体管 (HEMT)、共振隧穿晶体管 (RTT) 和单电子晶体管 (SET) 均属于这类器件; 而光电子器件是指在光照和电场作用下, 工作特性基于载流子的光吸收跃迁或发射而实现的电子器件. 例如, 量子阱和量子点激光器、量子阱和量子点光探测器、量子阱和量子点太阳电池以及单光子器件都属于这一类.

在正式分析与讨论各种低维量子器件之前, 不妨简单回顾一下上述各种低维量子器件的发展历程, 这对我们深入理解其工作原理与器件特性将会大有裨益.

1.1　低维量子器件的发展历史

1.1.1　低维电子输运器件

HEMT 可以说是最早研制成功的低维电子输运器件, 它是利用调制掺杂异质结构中二维电子气所具有的高电子迁移率制作的超高速逻辑器件. 20 世纪 70 年代初, 分子束外延 (MBE) 技术的研发成功, 开辟了利用能带工程剪裁材料能带结构的新时代. 此后不久, 人们便利用 MBE 工艺生长出了高质量的 AlGaAs/GaAs 异质结和超晶格. 尤其是 1978 年, 美国贝尔实验室的 Dingle 等[1] 首次观测到了调制掺杂 n-AlGaAs/GaAs 异质结中电子迁移率增强的现象, 即刻引起了人们的广泛关注. 1980 年, 日本富士通公司的 Mimura 等[2] 率先采用这种结构成功研制了第一只 HEMT. 其后的几年间, 世界各国科学家又进行了一系列的理论与实验研究, 其主要思路是如何通过优化 n-AlGaAs 层的掺杂浓度和本征 AlGaAs 隔离层厚度, 以获得最高的电子迁移率. 换句话说, 就是如何最佳化 AlGaAs/GaAs 异质结界面的二维电子气面密度, 以在低温乃至室温下得到预期的高迁移率值. 经过人们的尝试与探索, 在短短的几年内便使 HEMT 的低温电子迁移率提高到了 $\sim10^6\text{cm}^2/(\text{V}\cdot\text{s})$. 与此同时, HEMT 环型振荡器、HEMT 分频器、大功率 HEMT、低噪声 HEMT 及其集成电路也相继问世.

与 HEMT 相比, HBT 的发展经历了一个暗淡时期. 早在 1951 年, Shockley 就提出了采用异质结制作双极型晶体管的概念. 但是, 由于当时受材料制备和器件制作工艺技术的限制, 这种器件问世的构想未能如愿以偿. 1983 年, Kroemer[3] 首先从理论上分析了 HBT 的电流增益特性, 从此揭开了 HBT 研究的序幕. 然而, 真正给 HBT 的研究发展带来活力的应归功于具有原子级平滑程度, 且组分和厚度能够精确控制的 MBE 等超薄层外延生长技术. 采用这些方法能够独立地控制材料的禁带宽度和掺杂浓度, 它既能使 HBT 基区获得高掺杂浓度, 又可以使基区获得 0.1μm 左右薄的厚度, 甚至还可以通过进一步优化基区能带形式, 实现载流子的弹道输运或隧穿输运, 从而使它成为继 HEMT 之后的另一种高速逻辑器件. 目前, 这类器件也已在振荡器、分频器、移位寄存器、门阵列、大功率器件及其集成电路中获得成功应用[4].

共振隧穿电子器件是对半导体超晶格施加一垂直电场时, 电子横穿势垒结构的电子输运器件. 早在 1969 年, 江崎和朱兆祥在提出半导体超晶格概念的同时, 就曾预测到了在这种多层超薄异质结构中能够产生共振隧穿现象. 1974 年, 张立纲等[5] 首次利用 MBE 技术制作成功了 AlGaAs/GaAs 双势垒结构, 并实验观测到了这种结构中的共振隧穿现象, 从而开辟了超晶格垂直电子输运研究的新局面. 1983 年, 首例采用 MBE 工艺制备的共振隧穿二极管 (RTD), 在太赫兹频率下观测到了负微分电阻 (NDR) 现象[6]. 这一研究结果大大鼓舞了人们的信心, 其后又提出了研制共振隧穿晶体管的设想, 以期利用共振隧穿具有大电流峰–谷比的 NDR 特性, 制作多稳态器件, 并使之用于多值逻辑存储电路系统. 迄今, 对共振隧穿电子器件的研究相当广泛, 已开发成功的器件主要有振荡器、逻辑门、频率倍增器以及存储器等[7].

单电子器件的研究发端于纳米半导体结构中的库仑阻塞现象. 1989 年 Scott-Thomas 等[8] 发现, 对于由 Si 表面反型层构成的窄一维沟道结构, 在电导随栅偏压的变化曲线上呈现出了周期性振荡行为. 接着, 他们又在倒置的 AlGaAs/GaAs

异质结制成的一维量子线电导的测量中, 重复了上述结果. 此后不久, Kouwenhoven 等[9] 采用分离栅技术, 利用半导体异质结试制成功了能控制单个电子进出的新器件, 并称此为量子点旋转门 (QDTS) 器件. 纳米结构或量子点中的这种库仑阻塞效应不仅是一种十分有趣的物理现象, 而且蕴含着潜在的应用前景. 在纳米技术的推动下, 一门以单电子物理学为基础的纳米电子技术应运而生. 迄今, 人们已采用各种材料体系和结构制备了量子点、纳米晶粒、纳米线阵列等零维隧穿异质结构, 在低温和室温条件下均观测到了明显的库仑阻塞和单电子隧穿振荡现象, 并试制成功了单电子晶体管. 尽管目前尚无实用化的单电子器件问世, 但是随着纳米电子学研究的不断创新与突破, 能够真正造福于人类的单电子器件以及集成电路, 将会为信息科学技术的发展带来一场新的革命.

1.1.2 低维光电子器件

低维光电子器件主要是指具有优异光发射特性的量子结构激光器和具有良好光吸收特性的量子结构红外光探测器和量子结构太阳电池等. 量子阱激光器是最早被研制成功的低维光电子器件, 世界上首例量子阱激光器是 1975 年由美国贝尔实验的 Van der Ziel 等试制成功的[10]. 1981 年, 该实验室的 Tsang[11] 又研制成功了阈值电流密度低达 0.25kA/cm^2 的量子阱激光器. 其后, 随着光通信向长距离和大容量方向发展, 需要高性能的半导体激光器光源. 1992 年, 美国加利福尼亚理工大学的科学家采用短谐振腔和激光端面的高反射率设计方案, 获得了阈值电流低达 0.25mA 的量子阱激光器. 同年, 日本的 NEC 公司采用面发光型结构, 又使量子阱激光器的阈值电流降低到了 0.19mA. 其后, 随着 MBE 技术的日臻完善和器件结构设计的进一步优化, 各种材料体系和异质结构类型的量子阱激光器不断涌现, 而且激射性能大大提高[12].

量子线与量子点激光器的概念, 最早是 1982 年由日本东京大学的 Arakawa 等提出的[13]. 他们预言, 由于量子线和量子点比量子阱具有更强的量子限制效应, 因此由它们制作的激光器会具有更低的阈值电流密度, 而且同温度的依赖关系也会进一步减弱. 但是, 由于量子线和量子点在制备工艺上所存在的困难, 人们一直没有能够真正制作出这类低维结构激光器. 直到 20 世纪 90 年代初期, 才陆续有一些关于这方面的报道[14,15]. 但是, 早期的量子线和量子点激光器, 都是采用对量子阱结构进行再蚀刻方法制作的. 这种工艺有一个致命弱点, 就是在蚀刻过程中会在量子线或量子点表面产生许多缺陷与损伤, 同时衬底表面的空间利用率也比较低, 这对产生光激射是非常不利的. 后来, 人们开始探索量子点的自组织生长技术, 即利用生长材料与衬底间具有一定晶格失配度的特点, 采用 MBE 方法并基于 S-K 模式成功生长出了具有一定密度分布和尺寸趋于均匀的量子点及其阵列. 1994 年, 第一只 InAs/GaAs 量子点激光器研制成功, 从而大大激发了人们研制量子点激光器的热情. 其后, 各种材料体系和波长激射范围的量子点激光器相继问世, 并成为低维光电子器件发展的主流[16].

由于红外探测器在夜视、跟踪、医学诊断、环境监测和空间科学等方面的广泛应用, 而受到人们的普遍重视. 在过去的 30 年间, 窄带隙的 HgCdTe 单元红外探测器已经获得了成功应用. 但是, 在开发多元阵列探测器的过程中, HgCdTe 单元探测器遇到了很大困难. 1987 年, Levine 研究小组首先在 AlAs/GaAs 掺杂量子阱中观测到了波长为 8.2μm 的强子带中红外吸收, 并试制成功了 AlGaAs/GaAs 共振隧穿红外探测器. 1988 年, 他们又研制成功了由束缚态到扩展态跃迁的多量子阱红外探测器, 从而使长波长量子阱红外探测器的性能跨上了一个新台阶. 但是量子阱红外探测器的最大不足是由于跃迁选择定则, 不能探测垂直入射的光, 一般在红外区只有比较窄的光谱响应. 而量子点是一种具有三维量子限制效应的低维体系, 其类 δ 函数状的态密度使其对垂直入射光具有敏感的响应特性, 而且任何偏振的红外光都可以诱导子带间跃迁的发生, 因此, 量子点探测器是一种更有发展前景的红外探测器. 自从 1998 年以来, 人们已先后研制成功了 InAs/GaAs 和 InGaAs/GaAs 量子点探测器、AlGaAs/InGaAs/AlGaAs 双势垒隧穿结构量子点探测器、Ge 和 Si 量子点红外探测器、高温量子点探测器、量子点/聚合物复合结构红外探测器以及 GaN 纳米结构光探测器等[17].

太阳能的利用和开发是人们在面临环境不断恶化和能源日渐短缺的形式下提出的一个新课题. 迄今, 单晶 Si 和多晶 Si 及其 Si 基薄膜太阳电池的发展早已产业化和商业化. 近年来, 人们又提出了所谓第三代太阳电池的概念, 即高效率、低成本、长寿命、无毒性和高可靠性太阳电池. 实现这种近乎理想化太阳电池的途径之一, 便是采用量子阱或量子点这类低维结构. 采用量子阱结构的主要物理依据是, 由于其中的量子阱层厚度和组分可以灵活调节, 因而可以获得最佳的带隙能量, 以满足太阳电池对不同波长的光吸收. 2000 年, Aperathitis 等[18] 采用 AlGaAs/GaAs 体系试制成功了世界上首例量子阱结构太阳电池, 其转换效率可达 9%. 日本丰田工业大学的 Yang 等[19] 采用 MBE 技术研制了 InGaAs/GaAs 多量子阱太阳电池, 其 AM1.5 照度下的能量转换效率为 18%. 英国伦敦帝国大学的 Bushnell 等[20] 采用 GaAsP/InGaAs 应变超晶格所制作的多量子阱太阳电池, AM1.5 照度下的能量转换效率为 21.9%. 近年来, 随着对量子点物理研究的不断深化和量子点自组织生长技术的逐渐成熟, 又开始了对量子点太阳电池的探索研究. 人们试图利用量子点或纳米晶粒这类零维量子结构所具有的量子限制效应和能级分立特性, 尤其是它们所呈现的多激子产生 (MEG) 效应设计太阳电池, 从而使其能量转换效率得以超乎寻常的提高, 其理论极限值可达 66%. 目前, 人们已理论和实验研究了 PbS、PbTe、PbSe、CdS、Si 等量子点中的多激子产生效应及其物理机制, 均获得了多激子产生的实验结果. 最近, Choi 等已采用 PbSe 量子点制作了首例多激子太阳电池, 其能量转换效率为 3.4%[21].

1.2 低维量子器件的未来预测

自从 20 世纪 40 年代末期晶体管发明以来, 半导体器件的发展已走过了 60 多个春秋. 纵观它的发展历史可以看出, 每伴随着一次材料制备技术的革新, 就会有一批新的器件诞生. 例如, 50 年代气相外延和液相外延工艺的出现, 使 Si 和 GaAs 半导体器件在 60 年代获得了迅速发展, 70 年代 MBE 和金属有机化学气相沉积 (MOCVD) 工艺的开发, 使半导体超晶格与量子阱器件在 80 年代相继研制成功; 而 90 年代自组织生长技术的出现, 又使各类量子点电子器件应运而生. 进入 21 世纪以来, 同时出现了多元化半导体器件竟相发展的新局面. 可以预期, 在今后的几十年中, 单电子器件、单光子器件、有机单分子器件、光子晶体器件、自旋电子器件和各类量子信息处理器件及其集成电路, 将会为信息科学技术的发展带来新曙光.

1.2.1 纳米光子器件

纳米光子器件是基于光子的吸收、跃迁、复合等性质研发的发光二极管、激光器、红外探测器、光开关、光波导、单光子器件、光学微腔以及光子带隙晶体等. 强三维量子限制效应和类 δ 函数状电子态密度, 使量子点激光器具有比量子阱激光器更好的激射特性. 尤其是低阈值电流密度的 InGaAs/AlGaAs、InGaAs/GaAs 以及 InAlAs/GaAIAs 量子点激光器的研究已取得了良好进展. 利用电激发或光激发实现的单光子器件, 在量子暗号通信中具有重要的实际应用. 采用 InAs 量子点的周期多层膜结构, 在光激发和电注入条件下实现了具有短共振腔长度和高品质因子的单光子产生器件. 此外, 采用单电子晶体管的远红外单光子探测器件也已试制成功, 该器件的最高灵敏度可达 $10^{-21} \sim 10^{-22}\mathrm{W/Hz^{1/2}}$, 此值为目前远红外光探测器最高值的 $10^3 \sim 10^4$ 倍. 光子晶体在光电子器件方面主要有三种应用[22]: 介电反射镜用于对光进行反射; 共振腔用于俘获光; 光波导用以传输光信息. 迄今, 利用二维光子晶体已制成表面发射的激光器. 尤其值得注意的是, 利用光子晶体还可以仿照半导体超晶格与量子阱那样制成光量子阱结构, 并通过调整阱宽得到不同的光子束缚态等光子效应. 有人预言, 光子晶体会在光子学和光电子学的发展中发挥重要作用, 甚至会具有某种革命性的意义.

1.2.2 磁性纳米器件

磁性纳米器件也是一类值得引起足够重视的纳米量子器件, 而这类器件的物理基础则是近年来发展起来的自旋电子学. 由载流子的向上或向下自旋与磁性杂质的相互作用可以产生一系列与自旋相关的效应, 据此可以设计新型磁性纳米量子器件. 一般来说, 自旋器件有两类: 一类是由铁磁材料组成, 如自旋阀、磁隧道结、巨磁阻隔离器以及磁阻随机存储器等; 第二类是稀释磁性半导体, 它们具有一系列崭新的物理性质, 如电子态的塞曼分裂、自旋电子极化、电子注入与输运等. 预计利用自旋传递信息, 将在量子计算和量子通信中具有良好的应用前景 [23]. 从自旋极化输运和能带不连续性可调的角度而言, 由稀释磁性半导体组成的超晶格或异质结是非常吸引人的. 如对于 II 型 InAs/GaMnSb 超晶格来说, 自由电子位于 InAs 层中, 而自由空穴处于 GaMnSb 层中. 在外磁场作用下, GaMnSb 层中由于塞曼分裂会引起导带和价带中能级的分裂, 结果使结构变为导电或者绝缘的, 并且可在一层中产生具有一定自旋极化的电子或空穴, 由此而产生特异的输运和光电性质.

1.2.3 有机纳米器件

近年来, 随着分子电子学、碳纳米管以及有机薄膜材料研究取得的长足进展, 有机纳米材料及其相关器件的研究也引起了材料物理与化学家们的普遍重视. 这类器件大体由两类组成, 即由碳纳米管制作的功能器件以及利用有机纳米薄膜或单分子制作的量子器件. 碳纳米管呈现出非常独特的电子性质, 其电子结构可以显示出金属性质, 也可以显示出半导体性质, 此取决于其直径、螺旋度和单壁或多壁等结构形式. 不同直径和螺旋度的碳纳米管可以作为功能电子器件、逻辑门和线路的连接元件, 用来建立异质结构. 对单根单壁碳纳米管的电导测量发现, 量子相干可在整根管上维持, 表现出一维量子线的特性和库仑阻塞现象. 因此, 采用碳纳米管作为有源区, 已制成了能在室温下工作的单电子晶体管. 更进一步的目标则是追求实现将单根碳纳米管在芯片上组成, 并组成能展示数字逻辑功能的电路, 其发展前景是十分诱人的.

随着有机半导体材料与器件, 尤其是有机电致发光器件所取得的研究进展, 基于有机分子和有机纳米团簇的纳米器件的研究也初露端倪. 这些器件包括有机薄膜晶体管、有机分子存储器、单分子电子器件及其集成电路等[24]. 将有机分子用于纳米电子器件的研究有两个主要优点: 一是器件尺寸可以显著减小, 即隧道结电容足够小; 二是可以使单电子器件在较高的温度下进行工作, 如基于单分子有机团簇和采用双隧穿结构的可工作在室温下的单电子晶体管已经试验成功. 单分子层石墨烯所具有的优异特性, 也将使其在未来的单分子器件中一展风彩.

1.2.4 量子信息处理器件

为了满足人类更大信息量的需求, 采用量子信息处理、传输、存储、计算与显示的各类量子信息系统越来越引起人们的高度重视. 其中, 发展基于全新原理和结构的功能强大的计算机是 21 世纪人们所面临的巨大挑战. 所谓量子计算机是利用量子力学原理进行计算的装置, 理论上讲它比目前的半导体集成电路计算机有更快的运算速度、更大的信息传输量和更高的信息安全保障. 迄今, 人们已经提出了几种实现量子比特构造和量子计算机设想的可行方案, 如离子阱量子计算机、腔量子电动力学量子计算机、核磁共振量子计算机、Si 基核自旋量子计算机以及采用单

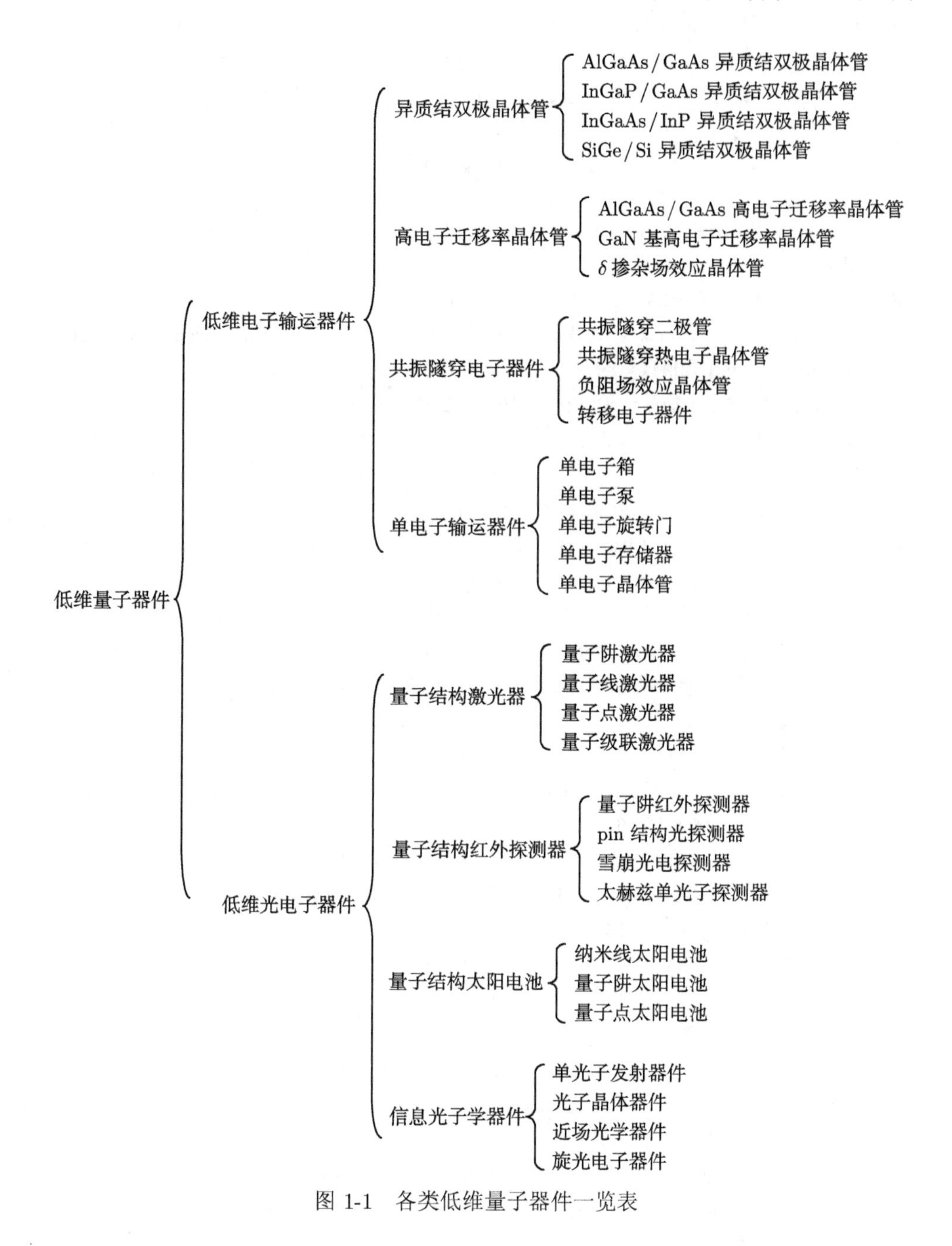

图 1-1 各类低维量子器件一览表

个电子实现二进制编码的量子点自动网络机等. 但是, 由于量子态在传输、处理和存储过程中可能因环境的干扰而从量子叠加态演化成经典的混合态, 即出现所谓的退相干问题. 因此, 在大规模量子计算中能否始终保持量子态之间的相干性, 是量子计算机走向实用化前所必须克服的问题.

为了使读者对本书所介绍的低维量子器件内容有一个清晰的认识与了解, 现将迄今为止已出现的各类低维量子器件汇总在图 1-1 中, 以供参考之用.

参 考 文 献

[1] Dingle R, Stormer H L, Gossard A C, et al. Appl. Phys. Lett., 1978, 33: 665
[2] Mimura T, Hiyamizu S, Fujii T, et al. Jpn. J. Appl. Phys., 1980, 19: L225
[3] Kroemer H. Surface Science, 1983, 132: 543
[4] Einspruch N G, Frensley W R. Heterostractrues and guantum devices. New York: Academic Press, 1994
[5] Chang L L, Esaki L, Tsu R. Appl. Phys. Lett., 1974, 24: 593
[6] Sollner T L G, Goodhue W D, Tannenwald P E, et al. Appl. Phys. Lett., 1983, 43: 588
[7] 薛增泉, 刘惟敏. 纳米电子学. 北京: 电子工业出版社, 2006
[8] Scott-Thomas J H F, Fitld S B, Kastner M A, et al. Phys. Rev. Lett., 1989, 62: 583
[9] Kouwenhoven L P, Johnson A T, Van der Vaart N C, et al. Z. Phys., 1991, B85: 381
[10] Van der Ziel J P, Dingle R, Miller R C, et al. Appl. Phys. Lett., 1975, 26: 463
[11] Tsang W T. Appl. Phys. Lett., 1981, 39: 786
[12] 江剑平, 孙成城. 异质结原理与器件. 北京: 电子工业出版社, 2010
[13] Arakawa Y, Sakaki H. Appl. Phys. Lett., 1982, 40: 939
[14] Kapon E, Hwang D M, Bhat R. Phys. Rev Lett., 1989, 63: 430
[15] Wegscheider W, Pfeiffer L N, Dignam M M, et al. Phys. Rev. Lett., 1993, 71: 4071
[16] 王占国. 物理, 2000, 29: 643
[17] 彭英才, 傅广生. 纳米光电子器件. 北京: 科学出版社, 2010
[18] Aperathitis E, Hatzopoulos Z, Kayambai M, et al. 28th Photovoltaic Specialists Conference. Alaska, 2000: 114
[19] Yang M J, Yamaguchi M, Sol. Energy Mater. Sol. Cell., 2000, 60: 19
[20] Bushnell D B, Tibbits T N D, Barnham K W J, et al. J. Appl. Phys., 2005, 97: 124908
[21] Choi J, Lim Y F, Berrios M B S, et al. Nano Lett., 2009, 9: 3749
[22] 徐少辉, 丁训民, 资剑, 等. 物理, 2002, 31: 558
[23] 夏建白. 物理, 2003, 32: 693
[24] 榊裕之, 横山直樹. ナノエレクトロニクス. 東京: Ohmsha, 2004

第 2 章　低维量子结构的物理性质

所谓低维量子结构, 是指至少能在一个空间维度上对其中的载流子输运和光学跃迁等物理行为具有量子限制的材料体系. 像超晶格与量子阱、量子线、量子点与纳米晶粒分别对载流子具有一维、二维和三维量子限制作用, 因而是一类典型的低维量子结构. 与传统的晶态体材料相比, 各种低维半导体结构具有许多新颖的物理性质, 蕴藏着丰富的物理效应. 基于这些物理性质和物理效应, 可以设计与制作各类高性能电子输运器件和光电子器件. 因此, 作为低维量子器件的物理基础, 本章首先介绍一些主要低维量子结构的能带特征、电子状态、输运特性与光学性质等, 以便于读者理解各类低维量子器件的工作原理与器件性能.

2.1　低维量子结构的能带特征

大量的理论和实验研究指出, 由能带剪裁工程实现的各种低维量子结构, 不仅对载流子具有强量子限制作用, 而且还呈现出许多相异于体材料的输运和光学性质. 这些物理性质与其中的电子状态直接相关, 而电子状态又与其能带结构密不可分.

2.1.1　异质结的能带特点

半导体异质结是由禁带宽度和晶格常数不同的两种材料组合在一起形成的结. 就结构性质而言, 由于晶格常数不同, 往往会在异质结界面产生失配位错或缺陷. 就能带特性来说, 因禁带宽度不同, 一般会在异质结界面处产生能量尖峰势垒区. 异质结的这些结构性质和能带特点对其电流输运特性和光学性质都会产生重要影响. 根据导电类型的不同, 异质结可分为反型异质结和同型异质结. 依据界面能带变化的不同, 异质结又可分为突变异质结和渐变异质结. 在不考虑两种半导体界面处包含界面态的情形下, 任何异质结的能带形式都取决于形成该异质结的两种半导体材料的电子亲和能、禁带宽度、掺杂浓度以及功函数差等因素[1].

图 2-1 是一个典型的突变 pn 异质结在形成前后的平衡能带图. 图中的 E_{g1} 和 E_{g2} 分别表示两种半导体材料的禁带宽度, δ_1 为费米能级 E_{F1} 与价带顶 E_{v1} 的能量差, δ_2 为费米能级 E_{F2} 与导带底 E_{c2} 的能量差, W_1 和 W_2 分别为真空电子能级与费米能级 E_{F1} 和 E_{F2} 的能量差, 即电子的功函数. χ_1 和 χ_2 为真空电子能级与导带底 E_{c1} 和 E_{c2} 的能量差, 即电子的亲合能. 从图 2-1(b) 可以看出, 突变 pn 异

质结的能带结构呈现出两个明显特点：①能带在界面处发生了弯曲, n 型半导体的导带底和价带顶的弯曲量为 qV_{D2}, 而且导带底在界面处形成一个向上的势垒尖峰; ②能带在界面处产生了不连续性, 即有一个突变.

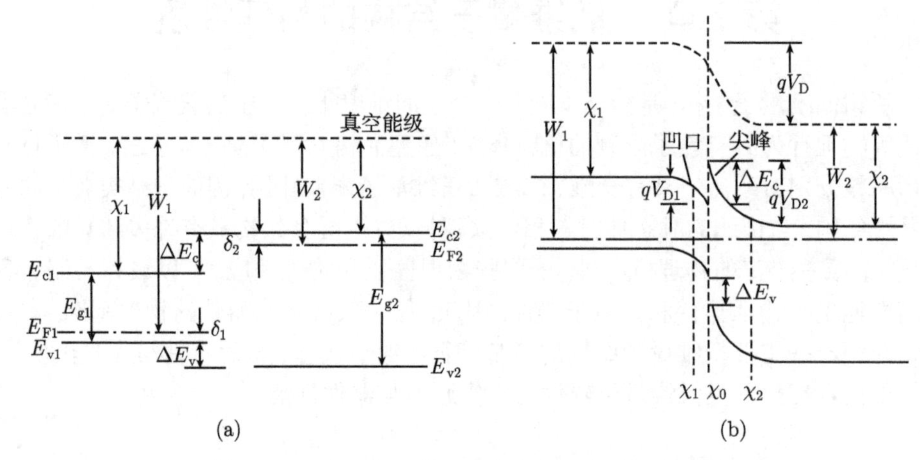

图 2-1 突变 pn 异质结在形成前后的平衡能带图

图 2-2 示出了一个典型的突变 np 异质结在形成前后的平衡能带图. 由图 2-2(b) 可以看出, 由于 n 型窄带隙材料的费米能级与 p 型宽带隙材料的费米能级形成了统一的费米能级, 因此使异质结界面处的能带发生弯曲. 与突变 pn 异质结所不同, 该异质结的导带底在界面处形成一个凹口, 而价带顶在界面处产生了一个小的势垒尖峰.

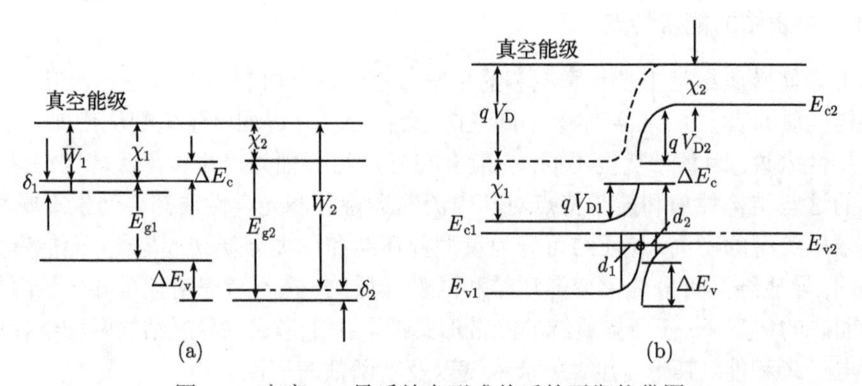

图 2-2 突变 np 异质结在形成前后的平衡能带图

2.1.2 $Al_xGa_{1-x}As/GaAs$ 调制掺杂异质结

调制掺杂 n-$Al_xGa_{1-x}As$/GaAs 异质结是由宽带隙的 n-$Al_xGa_{1-x}As$ 和非掺杂的 GaAs 组成的结, 其能带结构如图 2-3 所示. 当由 GaAs 与 $Al_xGa_{1-x}As$ 形成单

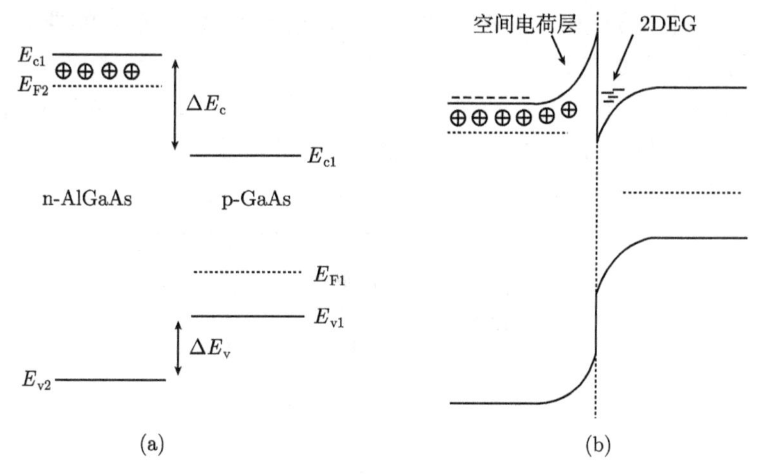

图 2-3 调制掺杂 n-$Al_xGa_{1-x}As$/GaAs 异质结形成前后的能带图

异质结时, 仅在 $Al_xGa_{1-x}As$ 层中进行施主掺杂, 而在 GaAs 中是非掺杂的, 此时 $Al_xGa_{1-x}As$ 的导带底高于 GaAs 的导带底, 而其价带顶却低于 GaAs. GaAs 具有较大的电子亲合能, 使得 n-$Al_xGa_{1-x}As$ 层中因杂质电离进入导带的电子向 GaAs 中进行空间转移, 而被电离的施主正离子留在 $Al_xGa_{1-x}As$ 层中. 这样, 电子在不同半导体层间的转移特性使其界面处的能带发生弯曲, 并在 GaAs 层中形成一个准三角形的能量势阱. 被封闭在势阱中的电子在垂直于界面方向上的运动受到了势阱的限制作用, 其能量是量子化的, 因此电子在势阱中的运动可以看成是平行于界面的准二维运动. 势阱的形成导致了量子化子能带的出现, 每个子能带对应于电子的一个分立能态. 当电子处于极低温度下而且电子数量较少时, 一般只占据第一个子能带. 而当温度较高且电子数较多时, 电子会部分地占据第二个子能带. 由于从 n-$Al_xGa_{1-x}As$ 层转移到 GaAs 中的电子分布在一个靠近界面的薄层中, 而且面密度较高, 故称为二维电子气 (2DEG). 与传统体材料相比, 二维电子气具有超高的迁移率, 这是由于它们与母体施主在空间上处于分距状态, 十分有效地避免了电离杂质散射作用, 从而为二维电子气器件提供了一个理想的输运系统[2].

2.1.3 Ge_xSi_{1-x}/Si 异质结

Ge 和 Si 同为Ⅳ族元素半导体, 二者的晶格常数差为 4%. 虽然它们之间的晶格失配度较大, 但实验发现薄膜厚度较薄时可以不产生位错, 而只有应变产生, 因此可以形成应变异质结. 图 2-4 中的 (a)、(b) 和 (c) 是在三种不同情形下形成的 Ge_xSi_{1-x}/Si 异质结能带图[3]. 图 2-4(a) 是沿 Si(001) 面衬底上生长的 $Ge_{0.2}Si_{0.8}$/Si 异质结, 为 I 型异质结, 其导带的带边失调值为 0.02eV, 价带的带边失调值为 0.15eV; 图 2-4(b) 是同样厚度的 $Ge_{0.5}Si_{0.5}$/Si 异质结在没有应变的 $Ge_{0.25}Si_{0.75}$ 缓冲层上生长的, 这是一个 II 型异质结, 其导带的带边失调值为 0.15eV, 价带的带边失调值为 0.30eV; 图 2-4(c) 则是在 (001) 面 Si 衬底上生长的 $Ge_{0.5}Si_{0.5}/Si$ 异质结, 为 I 型异质结, 其导带底的带边失调值为 0.02eV, 价带的带边失调值为 0.37eV. Ge_xSi_{1-x}/Si 异质结在异质结双极晶体管和红外探测器中具有重要应用.

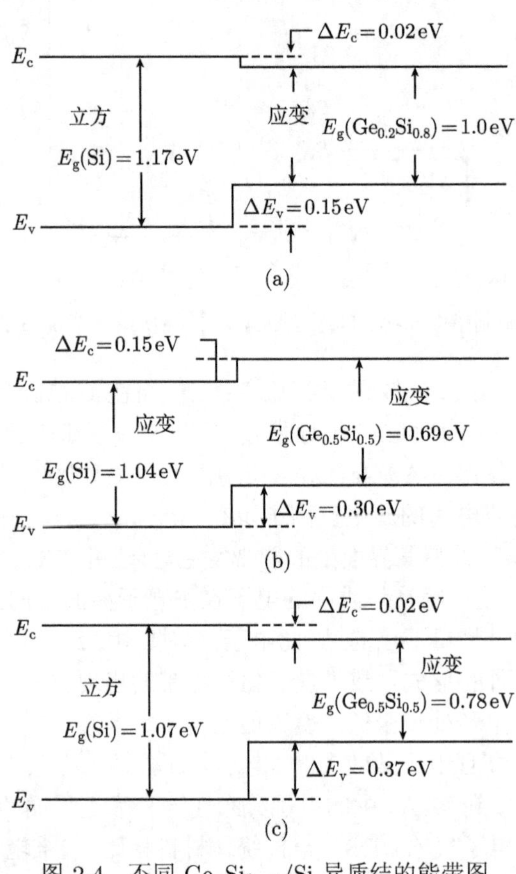

图 2-4 不同 Ge_xSi_{1-x}/Si 异质结的能带图

2.1.4 超晶格的能带结构

半导体超晶格是利用具有单原子级平滑程度的超薄层外延技术生长的多层超薄异质结构. 通常情况下, 组成超晶格的两种材料具有不同的禁带宽度、晶格常数和电子亲合力, 而且利用分子剪裁工程可以十分灵活地调整材料的组分、层厚和掺杂浓度, 因此所形成的超晶格具有相异的能带特性. 其主要结构特点是: ①它由势阱层和势垒层交替生长而成, 载流子被限制在势阱层中, 而且在势阱层中出现了能级的量子化; ②超晶格的周期远大于组成超晶格材料的晶格常数, 一般为它的几倍到几十倍; ③由于组成超晶格材料的禁带宽度不同, 在界面处将产生能带不连续性,其带边失调值由二者的禁带宽度与超晶格类型所决定.

一般而言, 利用异质结组成的超晶格称为组分型超晶格. 根据材料类型与结构形式的不同, 组分型超晶格又可分为 I 型超晶格、II 型超晶格和短周期超晶格等[4]. 由 GaAs 和 $Al_xGa_{1-x}As$ 组成的超晶格是一种典型的 I 型超晶格, 也是为数不多的晶格匹配超晶格中的一种. 它的主要结构特点是 GaAs 的导带底低于 $Al_xGa_{1-x}As$ 的导带底, 但其价带顶却高于后者. 电子与空穴的能量极小值都在 GaAs 层势阱中, 即电子与空穴都被限制在 GaAs 层中. 其布里渊区分成子能带, 子能带之间有窄的禁带, 如图 2-5(a) 所示; II 型超晶格又可分为如图 2-5(b) 和 (c) 所示的两种. 对于 $In_{1-x}Ga_xAs/GaSb_{1-y}As_y$ 超晶格而言, $In_{1-x}Ga_xAs$ 的导带底低于 $GaSb_{1-y}As_y$ 的导带底, 而前者的价带顶也低于后者的价带顶, 电子能谷位于 $In_{1-x}Ga_xAs$ 层, 而空穴能谷位于 $GaSb_{1-y}As_y$ 中, 电子与空穴在空间上是分距的; 对于 InAs/GaSb 超晶格来说, InAs 的导带底低于 GaSb 的价带顶, 所以电子位于 InAs 层内, 而空穴位于 GaSb 中. 在这种超晶格中, 随着各层膜厚的增加, InAs 层内的电子能级将下降, 而 GaSb 层内的空穴能级则上升, 其有效带隙慢慢递减.

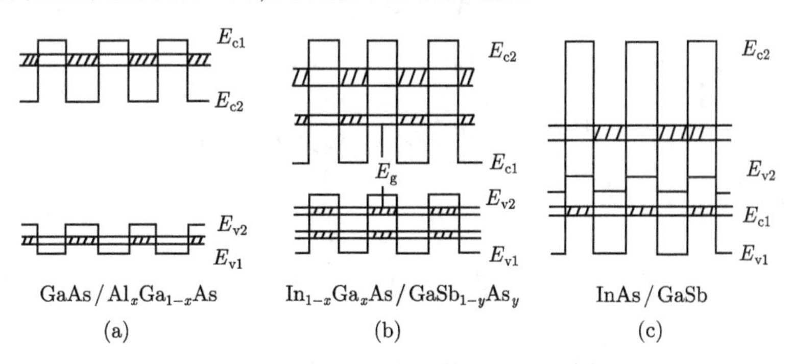

图 2-5 各种组分型超晶格的能带示意图

如果超晶格中的势垒层足够厚和带边失调值足够大, 则势阱中的电子波函数不能够扩展到势垒层中去, 而只能局域在势阱层内. 换句话说, 此时电子的运动只能被限制在势阱层内, 它们在电场和光照作用下将发生量子化能级之间的吸收、跃迁和复合等物理过程, 这时超晶格就变成了量子阱. 半导体量子阱已在高效率激光器、光探测器和光伏太阳电池方面具有潜在的应用.

2.2 低维量子结构中的电子状态

如上所述, 各种低维半导体结构具有许多显著不同于晶态半导体的新颖物理性质, 为了深入揭示这些物理性质所蕴藏的丰富内涵, 必须首先了解其中的电子状态. 对于晶态半导体而言, 利用单电子近似模型, 通过求解薛定谔方程, 可以得到电子

能量与波矢的关系 (E-$\boldsymbol{k}$ 关系) 和状态密度. 而对于分别具有一维、二维和三维量子限制效应的低维结构, 由于它们的复杂结构形状和能带特征, 因此对其电子状态的处理也相对比较复杂. 本章将主要讨论调制掺杂异质结三角形势阱、二维量子阱、一维量子线以及零维量子点中的电子能量和状态密度.

2.2.1　调制掺杂异质结三角形势阱中的电子状态

调制掺杂异质结三角形势阱的形成起因于界面能带的弯曲. 为了使处理问题简化起见, 假设势垒一侧的高度为无限大, 势阱中的电子数目很少, 电子电荷对势阱的形状没有影响. 于是, 设沿势垒高度的方向为 z 方向, 则电子在界面势阱中的波函数和能量本征值应满足如下的薛定谔方程[5]

$$\left[-\frac{\hbar^2}{2m_{\mathrm{e}}^*}\frac{\partial^2}{\partial z^2}+V(z)\right]\psi(z)=E\psi(z) \tag{2.1}$$

对于一个三角形势阱, 设势阱中的界面电场为 F_{s}, $V(z)$ 可表示为

$$V(z)=F_{\mathrm{s}}z \tag{2.2}$$

将 (2.2) 式代入 (2.1) 式中求解, 得到

$$\frac{\mathrm{d}^2\psi(z)}{\mathrm{d}z^2}+\frac{2m_{\mathrm{e}}^*}{\hbar^2}(E-qF_{\mathrm{s}}z)\psi(z)=0 \tag{2.3}$$

式中, q 为电子电荷. 令

$$u=\left(\frac{2m_{\mathrm{e}}^*}{\hbar^2}qF_{\mathrm{s}}\right)^{\frac{1}{3}}\left(z-\frac{E_z}{qF_{\mathrm{s}}}\right) \tag{2.4}$$

并将 (2.4) 式代入式 (2.3) 中, 则有

$$\frac{\mathrm{d}^2\psi}{\mathrm{d}u^2}=u\psi \tag{2.5}$$

这个微分方程的有限解是 Airy 函数, 它的具体形式是

$$A(x)=\frac{1}{\pi}\int_0^{\infty}\cos\left(\frac{1}{3}t^3+tx\right)\mathrm{d}t \tag{2.6}$$

该 Airy 函数的形状在 $x<0$ 的方向上呈振荡衰减形式, 函数为零的各点 x 值为

$$-x_i=\left[\frac{3}{2}\left(i+\frac{3}{4}\pi\right)\right]^{\frac{2}{3}},\quad i=0,1,2,\cdots \tag{2.7}$$

$$\psi(z)=CA(u)=CA\left[\left(\frac{2m_{\mathrm{e}}^*}{\hbar^2}qF_{\mathrm{s}}\right)^{\frac{1}{3}}\left(z-\frac{E_z}{qF_{\mathrm{s}}}\right)\right] \tag{2.8}$$

利用边界条件 $\psi(\infty)=0$ 和 $\psi(0)=0$, 要求

$$A\left[\left(\frac{2m_{\mathrm{e}}^*}{\hbar^2}qF_{\mathrm{s}}\right)^{\frac{1}{3}}\left(-\frac{E_z}{qF_{\mathrm{s}}}\right)\right]=0 \tag{2.9}$$

而能量 E_z 必须满足

$$-\left(\frac{2m_{\mathrm{e}}^*}{\hbar^2}qF_{\mathrm{s}}\right)^{\frac{1}{3}}\frac{E_i}{qF_{\mathrm{s}}}=-x_i,\quad i=0,1,2,\cdots \tag{2.10}$$

因此, 能量 E_i 只能取下列各值

$$E_i=\left(\frac{\hbar^2}{2m_{\mathrm{e}}^*}\right)^{\frac{1}{3}}\left[\frac{3}{2}\pi qF_{\mathrm{s}}\left(i+\frac{3}{4}\right)\right]^{\frac{2}{3}},\quad i=0,1,2,\cdots \tag{2.11}$$

上式表明, 电子在界面上三角形势阱中的能量是量子化的, 应为一系列分立的值. 每个能级之间的间隔近似为

$$\Delta E_i\approx\left(\frac{\hbar}{2m_{\mathrm{e}}^*}\right)^{\frac{1}{3}}\left[\frac{3}{2}\pi qF_{\mathrm{s}}\left(i+\frac{3}{4}\right)\right]^{-\frac{1}{3}}\pi qF_{\mathrm{s}} \tag{2.12}$$

由 (2.12) 式可以看出：①在准三角形势阱中, 能量 E_i 越大, 能级之间的间距 ΔE_i 则越小, 能级随能量升高而越加靠近, 最后趋于连续; ②界面电场 F_{s} 越强, 即势阱形状越尖, 能级间距 ΔE_i 越大, 因此量子化效应也越显著. 图 2-6 是一个三角形势阱中的子能带分布示意图.

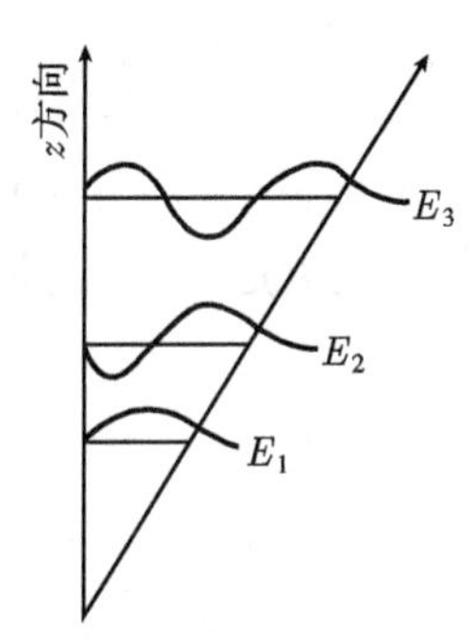

图 2-6 准三角形势阱中的量子化能级

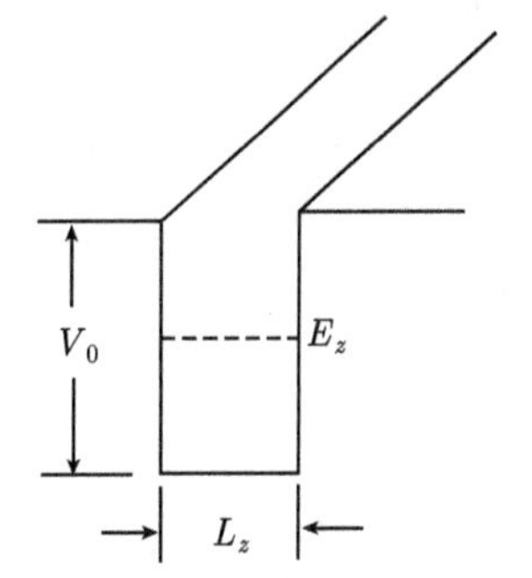

图 2-7 二维方形势阱示意图

2.2.2 二维量子阱中的电子状态

1. 电子能量

在这种情形中, 可以将量子阱中电子的运动看成是一个电子在二维方形势阱中的运动. 在二维方形势阱中, 如果电子只在 z 方向受到尺寸为 L_z 势阱的限制, 那么在 xy 平面内可以自由运动 (图 2-7), 此时体系所满足的薛定谔方程为

$$\left[\frac{-\hbar^2}{2m_{\mathrm{e}}^*}\nabla^2 + V(z)\right]\psi(x,y,z) = E\psi(x,y,z) \tag{2.13}$$

波函数采用

$$\psi(x,y,z) = \psi(x,y)\psi(z) \tag{2.14}$$

的形式, 其中, $\psi(x,y)$ 是电子在 xy 平面内运动的波函数, 它的复数形式为

$$\psi(x,y) = A\exp(\mathrm{i}k_x x + \mathrm{i}k_y y) \tag{2.15}$$

式中, k_x 和 k_y 分别为 x 和 y 方向上的波矢. 将 (2.14) 式和 (2.15) 式代入 (2.13) 式中可得

$$\frac{\hbar^2}{2m_{\mathrm{e}}^*}(k_x^2 + k_y^2)\psi(x,y) = E(x,y)\psi(x,y) \tag{2.16}$$

和

$$\left[\frac{-\hbar^2}{2m_{\mathrm{e}}^*}\frac{\partial^2}{\partial z^2} + V(z)\right]\psi(z) = E_z\psi(z) \tag{2.17}$$

在无穷势阱的近似下, 量子化的能量 E_z 为

$$E_z = E_n = \frac{\hbar^2\pi^2}{2m_{\mathrm{e}}^* L_{\mathrm{z}}^2}n^2, \quad n = 1,2,3,\cdots \tag{2.18}$$

因此, 在二维方形势阱中运动的电子总能量为

$$E = E_n + E(x,y) = \frac{\hbar^2\pi^2}{2m_{\mathrm{e}}^* L_z^2}n^2 + \frac{\hbar^2}{2m_{\mathrm{e}}^*}(k_x^2 + k_y^2), \quad n = 1,2,3,\cdots \tag{2.19}$$

由上式可以看出：①电子的能量在 z 方向是量子化的, 而在 x 和 y 方向是连续的; ②z 方向上的能量与势阱宽度 L_z^2 成反比关系, 即势阱宽度越窄, 其能量越大, 量子化能级间距也越大[6].

2. 状态密度

状态密度是表征半导体中电子状态的另一个十分重要的物理量. 对于二维量子阱来说, 设电子处在一个边长为 L 的正方形中, 它在 $\boldsymbol{k}$ 空间的等能曲线应该是一个圆, 而 $\boldsymbol{k}$ 空间允许的状态密度为 $L^2/4\pi^2$, 能量 E 和波矢 $\boldsymbol{k}$ 的关系是

$$E = \frac{\hbar^2 k^2}{2m_{\mathrm{e}}^*} = \frac{\hbar^2}{2m_{\mathrm{e}}^*}(k_x^2 + k_y^2) \tag{2.20}$$

在此圆内允许存在的状态数为

$$N = 2\pi k^2\left(\frac{L}{2\pi}\right)^2 = 2\pi(2m_{\mathrm{e}}^* E/\hbar^2)\left(\frac{L}{2\pi}\right)^2 \tag{2.21}$$

由于单位面积电子气的 $L=1$, 于是有

$$N=(m_{\mathrm{e}}^{*}/\pi\hbar^{2})E \tag{2.22}$$

由此得到态密度为

$$\rho(E)=m_{\mathrm{e}}^{*}/\pi\hbar^{2} \tag{2.23}$$

上式表示量子阱中的二维态密度是与能量无关的常数, 这是二维电子运动的一个显著特点.

2.2.3 一维量子线中的电子状态

量子线是指利用聚焦离子束蚀刻制备, 或利用外加电场下的分裂栅技术形成, 或采用金属催化的气–液–固生长的低维结构. 换句话说, 在这种小量子体系中, 电子只在一个方向上的运动是自由的, 而在另外两个方向的运动则受到量子约束. 下面, 分矩形截面和圆形截面两种情形分别讨论其中的电子状态[7].

1. 电子能量

1) 矩形截面量子线

设一维量子线为矩形截面的无限深势阱, 在 y 和 z 方向上的长和宽分别为 L_y 和 L_z, 依据薛定谔方程, 可以直接写出其波函数为

$$\psi(x,y,z)=\mathrm{e}^{\mathrm{i}k_x}\cdot\frac{2}{\sqrt{ab}}\sin\frac{n\pi y}{L_y}\sin\frac{m\pi z}{L_z},\quad n,m=1,2,3,\cdots \tag{2.24}$$

相应的能量本征值为

$$E_{nm,k}=\frac{\pi^{2}}{2m_{\mathrm{e}}^{*}}\left(\frac{n^{2}}{L_y^{2}}+\frac{m^{2}}{L_z^{2}}\right)+\frac{k^{2}}{2m_{\mathrm{e}}^{*}} \tag{2.25}$$

其中, k 是沿 x 方向的波矢; $k^2/2m_{\mathrm{e}}^{*}$ 代表在 x 方向自由运动的能量; 第一项表示在 y 和 z 方向受到约束后产生的量子化能级. 由 (2.25) 式可见, 量子化能级间距分别与该方向上约束长度的平方成反比关系.

2) 圆形截面量子线

设一维量子线是一个半径为 R 的圆形截面无限深势阱, 则体系所满足的薛定谔方程可以在极坐标中写出. 令 $\psi(r)=\mathrm{e}^{\mathrm{i}k_z}f(r)\mathrm{e}^{\mathrm{i}m\theta}$, 则 $\psi(r)$ 满足下式

$$\frac{\mathrm{d}^{2}\psi}{\mathrm{d}r^{2}}+\frac{1}{r}\frac{\mathrm{d}\psi}{\mathrm{d}r}+\left[\varepsilon-\frac{(m_{\mathrm{e}}^{*})^{2}}{r^{2}}\right]\psi=0 \tag{2.26}$$

式中, $\varepsilon=2m_{\mathrm{e}}^{*}[E-(k^{2}/2m_{\mathrm{e}}^{*})]$. 式 (2.26) 为贝塞尔方程, 因此 $\psi(r)$ 可由下式表示

$$\psi(r)=\mathrm{J}_{m}(\sqrt{\varepsilon}r) \tag{2.27}$$

由边界条件 $\mathrm{J}_m(\sqrt{\varepsilon}R)=0$ 可以确定出贝塞尔函数的零点 x_{ml}, 这样就可以确定出本征能量

$$E=\frac{1}{2m_{\mathrm{e}}^*}\left(\frac{x_{ml}}{R}\right)^2+\frac{k^2}{2m_{\mathrm{e}}^*} \tag{2.28}$$

由上式可以看出, 本征能量与量子线截面尺寸的平方成反比关系. 利用贝塞尔函数的积分公式, 可以求出波函数的归一化系数, 最后得到形如下式的波函数

$$\psi(r)=\mathrm{e}^{\mathrm{i}k_z}\frac{1}{\sqrt{\pi}R\mathrm{J}_{m+1}(x_{ml})}\mathrm{J}_m(\sqrt{\varepsilon_{ml}}r)\mathrm{e}^{\mathrm{i}m\theta} \tag{2.29}$$

2. 状态密度

对于截面为矩形的一维量子线而言, 如果电子在 x 方向自由运动, 在 y 和 z 方向受到量子约束, 在 y 和 z 方向的能量分别用 E_{ny} 和 E_{nz} 表示, 则电子的能量本征值为

$$E=\frac{\hbar^2}{2m_{\mathrm{e}}^*}k_x^2+E_{ny}+E_{nz} \tag{2.30}$$

式中, E_{ny} 和 E_{nz} 分别为

$$E_{ny}=\frac{\hbar^2}{2m_{\mathrm{e}}^*}\left(\frac{\pi n_y}{L_y}\right)^2 \tag{2.31}$$

$$E_{nz}=\frac{\hbar^2}{2m_{\mathrm{e}}^*}\left(\frac{\pi n_z}{L_z}\right)^2 \tag{2.32}$$

式中, L_y 和 L_z 分别为量子线在 y 和 z 方向的尺寸. 此时, E_{ny} 和 E_{nz} 状态的总数为

$$\left(\frac{2}{\dfrac{2\pi}{L}}\right)\int_{-k}^{k}\mathrm{d}k=\frac{2L}{\pi}k=\frac{2L}{\pi}\left(\frac{2m_{\mathrm{e}}^*}{\hbar^2}\right)^{\frac{1}{2}}\sqrt{E-E_{ny}-E_{nz}} \tag{2.33}$$

而状态密度为

$$\begin{aligned}\rho(E)&=\left(\frac{2m_{\mathrm{e}}^*}{\hbar^2}\right)^{\frac{1}{2}}\frac{2L}{\pi}\frac{1}{2}\frac{1}{\sqrt{E-E_{ny}-E_{nz}}}\\&=\frac{\sqrt{2m_{\mathrm{e}}^*}L}{\pi\hbar}\frac{1}{\sqrt{E-E_{ny}-E_{nz}}}\end{aligned} \tag{2.34}$$

因此, 一维量子线的总状态密度为

$$\rho(E)\mathrm{d}E=\sum\rho(E-E_{ny}-E_{nz})\mathrm{d}E \tag{2.35}$$

即

$$\rho(E)=\frac{\sqrt{2m_{\mathrm{e}}^*}L}{\pi\hbar}\sum_{ny,nz}\frac{1}{\sqrt{E-E_{ny}-E_{nz}}} \tag{2.36}$$

图 2-8 给出了一个矩形截面量子线结构示意图和与之相对应的状态密度分布.

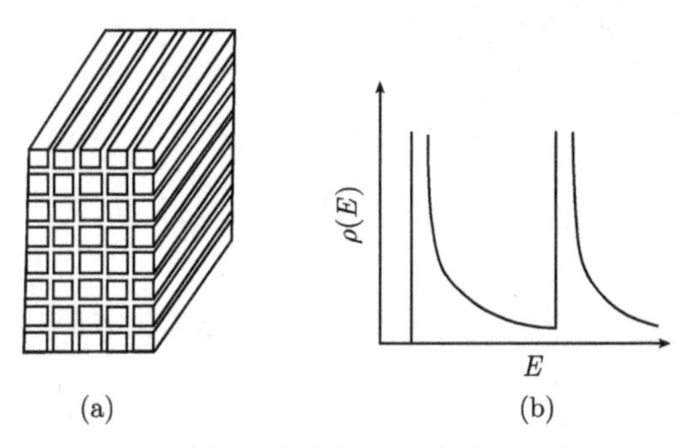

图 2-8 一维量子线结构 (a) 和态密度分布 (b)

2.2.4 零维量子点中的电子状态

量子点是利用物理自组织生长或化学自组装合成形成的具有三维量子限制效应的低维体系. 通过控制量子点的形状、结构与尺寸就可以调节其能隙大小, 以满足理论研究和器件设计等不同需要. 量子点有各种类型. 按其几何形状, 量子点可分为箱形量子点、球形量子点、四面体量子点、柱形量子点; 按其对电子与空穴的量子封闭作用, 量子点可分为 I 型量子点和 II 型量子点. 下面简要介绍箱形量子点和球形量子点中的电子状态[8].

1) 箱形量子点

箱形量子点是用 x、y 和 z 三维空间坐标描述其几何形状的量子点. 当它在三个方向上的尺寸 a、b 和 c 都减小到电子的德布罗意波长时, 就得到了三维量子限制. 在该量子体系中, 由于电子在 x、y 和 z 三个方向上的运动都是量子化的, 所以需要 k、l 和 n 三个量子数来表征.

在箱形量子点中, 电子波函数依然满足三维薛定谔方程, 因此电子的总能量为

$$E = E_x + E_y + E_z = \frac{\hbar^2}{2m_{\mathrm{e}}^*}\left[\left(\frac{k\pi}{a}\right)^2 + \left(\frac{l\pi}{b}\right)^2 + \left(\frac{n\pi}{c}\right)^2\right] \tag{2.37}$$

与此相应, 有效状态密度为

$$\rho(E) = \sum_{k,l,n} \frac{1}{abc}\delta[E - E_x(k) - E_y(l) - E_z(n)] \tag{2.38}$$

上述各式中, $E_x(k)$、$E_y(l)$、$E_z(n)$ 为箱形量子点在 x、y 和 z 三个维度上的量子化能级. 由 (2.37) 式可知, 随着量子点尺寸的减小, 体系的能量会进一步增加, 即能量的量子化效应也越显著. 图 2-9 是箱形量子点的结构形状与态密度分布.

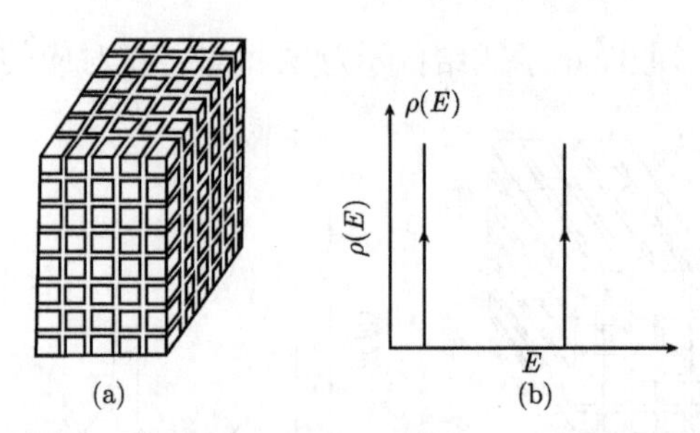

图 2-9　箱形量子点的结构 (a) 和态密度分布 (b)

2) 球形量子点

将量子点看作一个球形, 可以在球极坐标形式下求解其电子能量. 假设一个半导体量子点的电子和空穴的有效质量分别为 m_{e}^* 和 m_{h}^*, 则电子和空穴的单粒子薛定谔方程可以写成

$$-\frac{\hbar^2}{2m_\alpha^*}\psi_\alpha(r) = E_\alpha\psi_\alpha(r) \tag{2.39}$$

式中, 下标 α 表示电子 e 和空穴 h. 假定量子点边界处为无限大势垒, 当 $r = R$ 时, 则有

$$\psi_\alpha(r) = 0 \tag{2.40}$$

于是本征函数和本征能量分别为

$$\psi_\alpha(r) = \frac{(4\pi R^3)^{-\frac{1}{2}}}{\mathrm{j}_l + l(k_{nl})}\mathrm{j}_l\left(k_{nl}\frac{r}{R}\right)\mathrm{Y}_l^m(\theta,\phi) \tag{2.41}$$

和

$$E_\alpha = \frac{\hbar^2}{2m_\alpha^*}\left(\frac{k_{nl}}{R}\right)^2 \tag{2.42}$$

这里 j_l 是 l 阶球贝塞尔函数; k_{nl} 是它的 n 个根; $\mathrm{Y}_l^m(\theta,\phi)$ 是球谐函数. 因此, 我们可用量子数 n、l 和 m 来标记该系统的量子态.

设价带顶的能量为零, 则电子和空穴的能量分别为

$$E_{\mathrm{e}} = E_{\mathrm{g}} + \frac{\hbar^2}{2m_{\mathrm{e}}^*}\left(\frac{k_{n_{\mathrm{e}}l_{\mathrm{e}}}}{R}\right)^2 \tag{2.43}$$

和

$$E_{\mathrm{h}} = -\frac{\hbar^2}{2m_{\mathrm{h}}^*}\left(\frac{k_{n_{\mathrm{h}}l_{\mathrm{h}}}}{R}\right)^2 \tag{2.44}$$

2.3　低维量子结构中的激子状态

激子是固体中的一种元激发. 晶态半导体中的激子是三维的, 量子阱中的激子由于受到势垒限制作用, 只能在平行于界面的 x 和 y 平面中自由运动, 而在量子阱

z 生长方向的运动将会受到限制. 在理想情况下, 即势垒高度为无穷大, 同时势阱宽度趋于零, 此时电子与空穴在 z 方向的运动完全被禁止, 这时就变为二维激子. 它所具有的束缚能和玻尔半径与量子阱的结构参数密切相关, 因此直接影响着材料的光学性质. 如果说量子阱中的激子为二维激子, 可以分别将量子线和量子点中的激子称为一维和零维激子.

2.3.1 量子阱中的激子

在三维情形下, 激子的结合能为

$$E_n = \frac{R_{\mathrm{y}}^*}{n^2}, \quad n = 1, 2, 3, \cdots \tag{2.45}$$

式中, R_{y}^* 是有效里德伯常量, 它可由下式给出

$$R_{\mathrm{y}}^* = \frac{\mu_{\mathrm{r}} e^4}{2\hbar^2 \varepsilon^4} \tag{2.46}$$

式中, ε 是材料的介电常数; μ_{r} 是电子有效质量和空穴有效质量的折合质量, 即

$$\mu_{\mathrm{r}}^* = m_{\mathrm{e}}^* m_{\mathrm{h}}^* / (m_{\mathrm{e}}^* + m_{\mathrm{h}}^*) \tag{2.47}$$

对于量子阱中的二维激子, 考虑到电子与空穴之间的相互作用, 则有下面的薛定谔方程

$$-\frac{\hbar^2}{2\mu_{\mathrm{r}}}\left(\frac{\partial^2}{\partial x^2} + \frac{\partial^2}{\partial y^2}\right)\psi - \frac{e^2}{\varepsilon\sqrt{(x^2+y^2)}}\psi = E\psi \tag{2.48}$$

通过对 (2.48) 式求解, 其能量本征值可由下式给出

$$E_n = \frac{R_{\mathrm{y}}^*}{\left(n + \dfrac{1}{2}\right)^2}, \quad n = 0, 1, 2, 3, \cdots \tag{2.49}$$

由 (2.49) 式可知, 当 $n = 0$ 时, 二维激子的束缚能是三维激子的四倍. 图 2-10 示出了由计算得到的量子阱中归一化激子束缚能与势阱宽度的关系和二维激子的

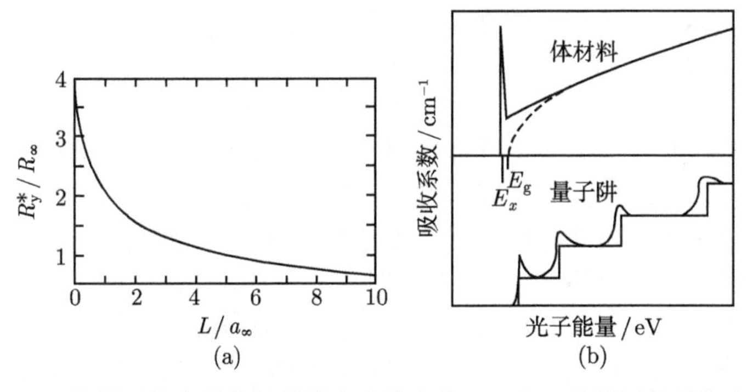

图 2-10 二维激子的束缚能随势阱宽度的变化 (a) 和二维激子的吸收光谱 (b)

吸收光谱[9,10].

2.3.2 量子点中的激子

采用有效质量近似, 假定球形量子点具有抛物线型能带结构以及球形无限对称势阱, 在量子点半径 R 与体相激子玻尔半径 $a_{\rm B}$ 之比分成三种受限的情况下, 可以对其激子的能量蓝移进行如下计算. 即在弱受限条件下 ($R \gg a_{\rm B}$), 最低的激子能量蓝移 $\Delta E = 0.67\hbar^2\pi^2/2MR^2$, M 为激子平移质量, $M = m_{\rm e}^* + m_{\rm h}^*$, $m_{\rm e}^*$ 和 $m_{\rm h}^*$ 分别为电子和空穴的有效质量; 在电子受限条件下 ($\alpha_{\rm h} \ll R \ll \alpha_{\rm e}$), $\Delta E = \hbar^2\pi^2/m_{\rm e}^*R^2$, 其中 $\alpha_{\rm e}$, $\alpha_{\rm h}$ 分别为电子和空穴的玻尔半径; 在强受限条件下 ($R \ll \alpha_{\rm h}$, $R \ll \alpha_{\rm e}$), $\Delta E = \hbar^2\pi^2/2\mu_{\rm r}R^2$, $\mu_{\rm r}$ 为电子和空穴的折合质量. 采用上述模型的假定, 在强受限条件下体系的哈密顿量为[11]

$$
\begin{aligned}
H = & -\frac{\hbar^2\nabla^2}{2m_{\rm e}^*} - \frac{\hbar^2\nabla^2}{2m_{\rm h}^*} - \frac{e^2}{\varepsilon_1|\boldsymbol{r}_{\rm e} - \boldsymbol{r}_{\rm h}|} + V_{\rm e}(\boldsymbol{r}_{\rm e}) + V_{\rm h}(\boldsymbol{r}_{\rm h}) \\
& + \frac{e^2}{2R}\sum_{n=0}^{\infty}\alpha_n\left[\left(\frac{\boldsymbol{r}_{\rm e}}{R}\right)^{2n} + \left(\frac{\boldsymbol{r}_{\rm h}}{R}\right)^{2n}\right] \\
& - \frac{e^2}{R}\sum_{n=0}^{\infty}\alpha_n\left(\frac{\boldsymbol{r}_{\rm e}\cdot\boldsymbol{r}_{\rm h}}{R^2}\right)\rho_n(\cos Q_{\rm eh})
\end{aligned}
\tag{2.50}
$$

上式中, $\alpha_n = (n+1)(\varepsilon-1)/\varepsilon_1(n\varepsilon+n+1)$, $\varepsilon = \varepsilon_1/\varepsilon_2$, ε_1 和 ε_2 分别为量子点与基质的介电常数, $\boldsymbol{r}_{\rm e}$ 和 $\boldsymbol{r}_{\rm h}$ 分别为电子与空穴的坐标, $Q_{\rm eh}$ 为电子与空穴相对于球形量子点中心的张角, ρ_n 是在求势分布时的展开球谐函数.

量子点中最低量子化能量, 即 (2.50) 式哈密顿量的基态能量为

$$
E(R) = E_{\rm g} + \frac{\hbar^2\pi^2}{2R^2}\left[\frac{1}{m_{\rm e}^*} + \frac{1}{m_{\rm h}^*}\right] - \frac{1.786e^2}{\varepsilon_1 R} + \overline{\frac{e^2}{R}\sum_{n=1}^{\infty}\alpha_n\left(\frac{S}{R}\right)^{2n}}
\tag{2.51}
$$

式中, 第一项为体材料的禁带宽度, 第二项为量子受限项, 第三项为库仑屏蔽项, 最后一项为表面极化项, 其值为 $-0.124e^2\left(\frac{1}{m_{\rm e}^*} + \frac{1}{m_{\rm h}^*}\right)/\hbar^2\varepsilon_1^2$.

从 (2.51) 式可以看出式中各项与量子点半径 R 的相互关系. 量子受限项与 $1/R^2$ 成正比, 而库仑势与 $1/R$ 成正比, 二者都随 R 的减小而增大. 前者导致能量向高能方向移动, 即谱峰蓝移; 当量子点半径 R 大于体相激子玻尔半径 $a_{\rm B}$ 时, 量子受限作用很小, 主要体现在电子–空穴的库仑作用项, 表现为激子受限; 当 R 减小时, 受限项的增大超过库仑势而成为主要项, 因而最低激发态能量向高能端移动, 粒子能级出现量子化. 球形量子点的量子尺寸效应, 已在具有间接带隙的 Si、Ge 量子点和 ZnS、PbS 化合物量子点中由实验证实.

2.4 低维量子结构中的载流子输运

低维量子结构的复杂性,使其中的载流子运动亦呈现出不同的输运现象. 如平行于调制掺杂异质结中的二维电子气输运,垂直于超晶格异质结的隧穿输运,热电子的实空间转移而导致的负微分电阻特性,以及量子点中的库仑阻塞与单电子隧穿等,就是几种最典型的输运现象.

2.4.1 二维电子气的散射机构

讨论电场中电子的输运,必须考虑各种散射机构的影响,因为它们是制约迁移率提高的重要因素. 一般来说,输运问题所涉及的最本质的物理量是动量为 $\boldsymbol{k}$(或能量为 E) 的电子所受到散射的概率

$$W(\boldsymbol{k}) = 1/\tau(\boldsymbol{k}) \tag{2.52}$$

或者是散射角为 θ 的散射概率 $W(\boldsymbol{k},\theta)$. 若 $W(\boldsymbol{k},\theta)$ 或 $W(\boldsymbol{k})$ 为已知,就可以计算迁移率等物理量. 上式中, $\tau(\boldsymbol{k})$ 为散射的平均自由时间或动量弛豫时间. 下面,定性地讨论与二维电子气散射相关的一些问题[12,13].

1. 电离杂质散射

电离杂质散射是由掺入半导体中的施主或受主杂质电离而导致的散射,特别是在低温条件下它将起支配作用. 图 2-11 是由计算得到的二维电子气迁移率与二维电子气面密度 (电子面密度) 的关系,它反映了电离杂质散射对迁移率的影响. AlGaAs 空间隔离层越厚,二维电子气与电离施主母体的空间距离越大,迁移率也越高;当电子面密度较小时,电离杂质散射将减小,迁移率随着电子面密度的增加而增大. 而当电子面密度超过 $\sim 10^{11}\mathrm{cm}^{-2}$ 之后,由于库仑散射作用加强,迁移率又

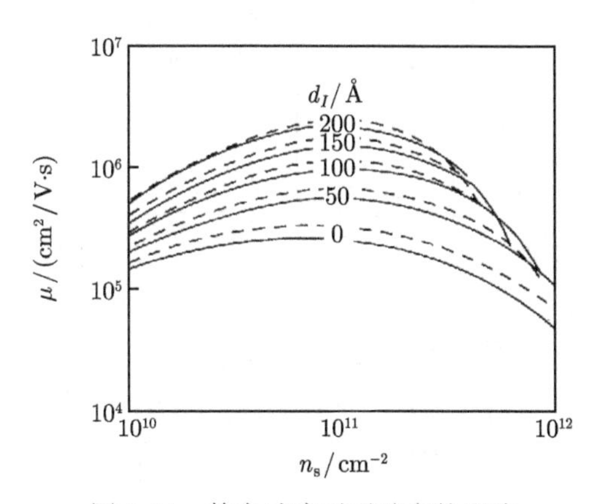

图 2-11 掺杂浓度对迁移率的影响

开始下降, 这说明电子面密度存在一个使二维电子气获得高迁移率的最佳值. 一般认为, 当电子面密度较小时, 迁移率主要受到三角形势阱中杂质散射的限制; 当电子面密度较大时, 势垒层中的电离杂质散射将起主要作用, 而本征隔离层中的杂质散射不会产生重要影响.

2. 晶格振动散射

就晶格振动散射来说, 主要是由光学波和声学波引起的散射, 光学波分为纵光学波和横光学波. 在 GaAs 这种极性晶体中, 纵光学波散射起着主要作用, 称为极化光学波散射或极化光学声子 (PO) 散射. 在这种情形下, 迁移率与温度的关系可由下式给出

$$\mu_{\mathrm{PO}} = A/T^2 + B/T^6 \tag{2.53}$$

在 77K 温度下, 有 $\mu_{\mathrm{PO}} \propto \dfrac{1}{T^6}$; 而在 300K 附近, 则有 $\mu_{\mathrm{PO}} \propto \dfrac{1}{T^2}$.

声学波也分为纵声学波和横声学波两种. 纵声学波所产生的散射称为声学波形变势 (DP) 散射, 这是一种弹性散射. 对于约束在宽度为 L_z 量子阱中的二维电子气, 当温度较高时, 由声学波形变势所产生的散射概率为

$$\frac{1}{\tau_{\mathrm{A}}} = \frac{3}{4}\frac{kTm_{\mathrm{e}}^*}{\hbar^3 c^2}\frac{Z_{\mathrm{A}}^2}{\rho L_z} \tag{2.54}$$

式中, Z_{A} 是形变势电位常数, ρ 为材料的质量密度, c 为声速. 由 (2.54) 式可知, 小尺寸的量子阱将会使散射概率增大. 在高温下, 声学波形变势的散射概率正比于材料的温度, 而低温下将与温度无关. 在极性晶体中, 声学波可以通过压电效应引起极化, 由此产生的静电势将对载流子产生散射作用, 称为声学波压电 (PE) 散射, 它在低温下可以起到重要作用. 图 2-12 是由理论计算求出的 n-AlGaAs/GaAs 调

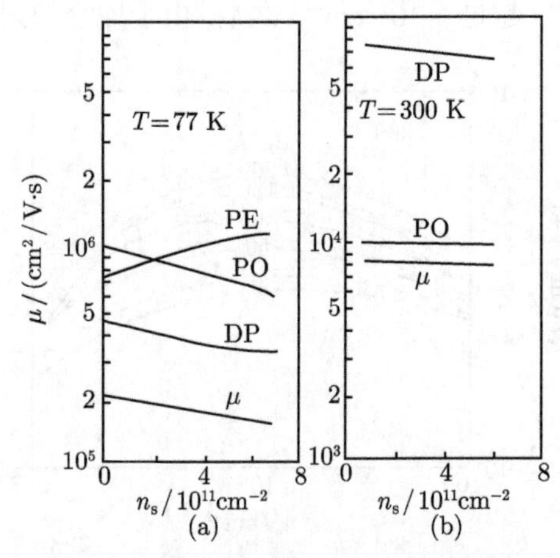

图 2-12　晶格振动散射对迁移率的影响

制掺杂异质结的二维电子气迁移率与电子面密度的关系. 在低温 77K 时, 声学形变势散射和极化光学声子散射都随电子面密度的增加而增大, 因此二维电子气迁移率随电子面密度的增加而减小, 如图 2-12(a) 所示. 在 300K 时, 极化光学声子散射将占主导地位, 电子面密度对迁移率的影响不大, 如图 2-12(b) 所示.

3. 界面粗糙度散射

异质结界面的晶格失配或应变会造成界面在几何上的不平整性, 这相当于有一个起伏的势场对二维电子气在输运过程中产生散射作用. 界面粗糙度可用两个参数进行表征: 一个是界面起伏的高度差 Δ, 另一个是沿界面方向起伏的平均周期 Λ, 利用这两个参数写出等效散射势场, 可以计算出 n-AlGaAs/GaAs 异质结势阱中由界面粗糙度散射所限定的迁移率与势阱中电子面密度的关系, 如图 2-13 所示. 很显然, 随着电子面密度的增加, 二维电子气迁移率迅速减小, 这是由于电子面密度的增加, 势阱能带弯曲程度增大, 电子波函数越加靠近界面, 因此受界面的散射作用越强烈.

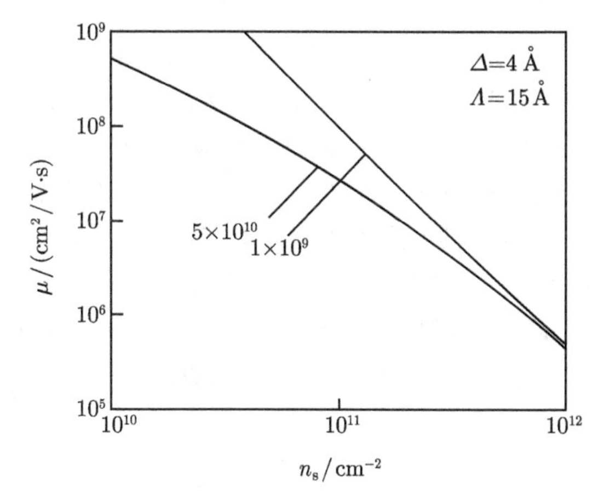

图 2-13 界面粗糙度散射对迁移率的影响

4. 合金无序性散射

对于 n-AlGaAs/GaAs 调制掺杂异质结而言, n-AlGaAs 势垒高度是有限的, 三角形势阱中的波函数可以渗透到势垒中去. 由于 Al 和 Ga 元素在 AlGaAs 中的无序分布, 使其周期势场将受到干扰, 由此对二维电子气产生散射作用. 图 2-14 是利用计算得出的由合金无序性散射对二维电子气迁移率的影响. 随着电子面密度的增加, 电子波函数将更靠近界面, 渗透到 n-AlGaAs 层中的部分因此而增加, 从而使散射作用加强. 例如, 当电子面密度从 $\sim 10^{10}\text{cm}^{-2}$ 增加到 $\sim 10^{12}\text{cm}^{-2}$ 时, 迁移率将从 $\sim 10^{9}\text{cm}^{2}/\text{V·s}$ 急速降低到 $\sim 10^{6}\text{cm}^{2}/\text{V·s}$ 以下.

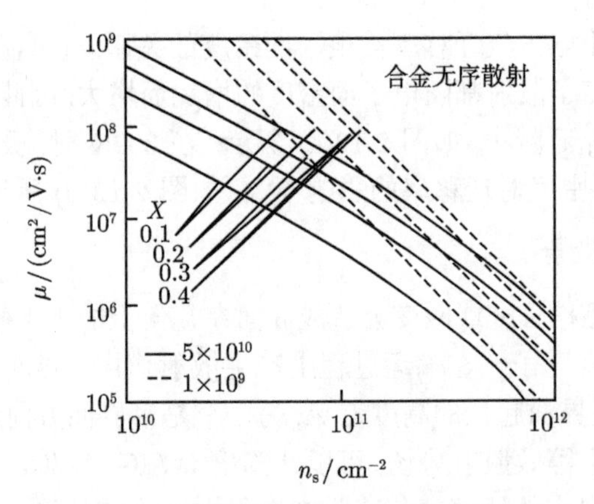

图 2-14　合金无序性散射对迁移率的影响

2.4.2　双势垒结构的共振隧穿输运

1. 双势垒共振隧穿的基本原理

首例双势垒共振隧穿输运现象是 1974 年在 MBE 生长的 AlGaAs/GaAs 双势垒异质结中发现的, 它所描述的物理事实可由图 2-15 进行说明: 在忽略散射的前提下, 参与隧穿的电子在整个输运过程中必须同时满足两个基本条件, 即能量守恒和横向动量守恒. 在无外加偏压时, 假若势阱中第一个量子化能级的能量 E_0 高于发射极电子的费米能级 E_F, 则以上两个条件均不能满足, 此时不会有共振隧穿现象发生, 如图 2-15(a) 所示. 当外加偏压增大, 使 E_0 低于发射极的电子费米能级 E_F, 但高于发射极导带底, 此时所有在 z 方向能量等于 E_0 的发射极电子 (费米球的一片, 如图 2-15(c) 所示) 均与势阱内相同 $k_{/\!/}$ 的态发生共振. 也就是说, 当满足如下条件

$$E = E_0 + \frac{\hbar^2 k_{/\!/}^2}{2m_\mathrm{w}^*} \leqslant E_\mathrm{F} \tag{2.55}$$

和

$$0 \leqslant \hbar k_{/\!/} \leqslant \left[2m_\mathrm{w}^*\left(E_\mathrm{F}-E_0\right)\right]^{\frac{1}{2}} \tag{2.56}$$

时, 电子将会有较大的概率隧穿过双势垒结构, 如图 2-15(b) 所示. 以上二式中, m_w^* 为势阱中电子的有效质量. 随着外加偏压进一步升高, $E_\mathrm{F}-E_0$ 增大, 满足 (2.55) 式和 (2.56) 式的电子数增多, 隧穿电流进一步增加, 当 E_0 与发射极导带底对齐时, 隧穿电流将达到峰值. 若再进一步增大偏压, 使 E_0 低于发射极导带底时, (2.55) 式和 (2.56) 式无法满足, 此时共振隧穿截止, 隧穿电流由峰值跌至谷区电流, 出现所谓的负微分电阻现象, 如图 2-15(d) 所示.

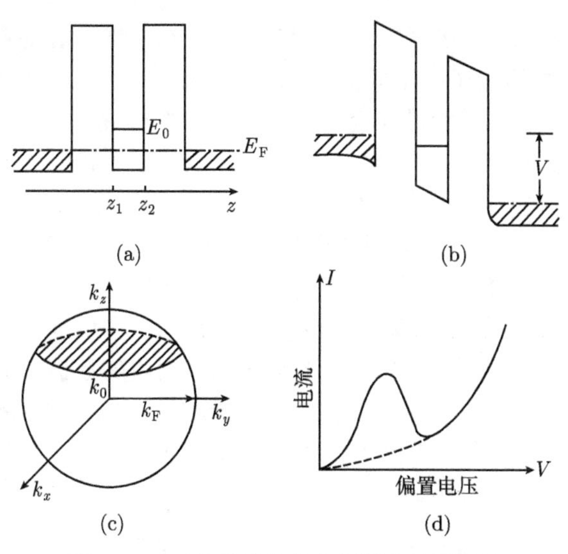

图 2-15 双势垒结构的共振隧穿输运特性

2. 结构参数对共振隧穿特性的影响

由上面的讨论可知, 对于一个双势垒超晶格, 只有当势垒左侧的电子能量与势阱中的量子化能级一致时, 电子才能几乎无反射地隧穿过整个结构, 并进入势垒的右侧, 其他能量的电子将被反射回来而不能通过. 图 2-16 是一个典型的双势垒超晶格的共振隧穿输运特性. 很显然, 在电子能量分别为 0.08eV 和 0.32eV 时, 出现了两个尖锐的共振峰.

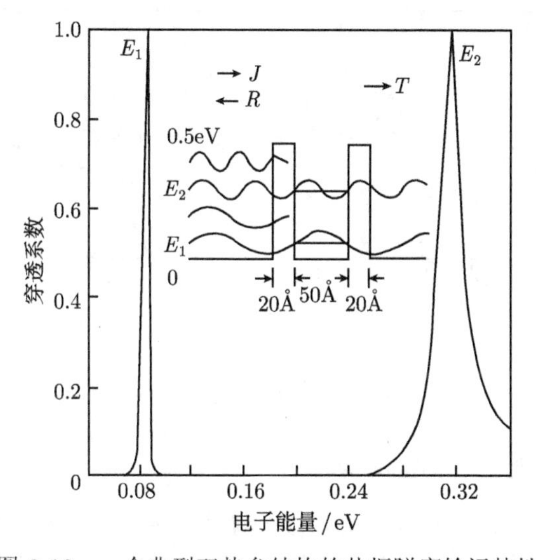

图 2-16 一个典型双势垒结构的共振隧穿输运特性

研究指出, 隧穿概率 $TT^*(E_z)$ 将随势垒层厚 L_B, 势垒高度 V_0 和量子阱宽度 L_w 而变化, 图 2-17 给出了在不同的 L_B、V_0 和 L_w 时, AlGaAs/GaAs 超晶格的隧穿概率 $TT^*(E_z)$ 随电子能量的变化关系. 图 2-17(a) 是一个 GaAs/$Al_xGa_{1-x}As$ 双势垒结构示意图, 两侧为掺 Si 的施主层, AlGaAs 势垒和 GaAs 势阱均是非掺杂的. 在图 2-17(b) 中, 将 L_w 固定在 7nm, 使势垒厚度 L_B 由 3.1nm(11 个原子层) 到 1.4nm(5 个原子层) 之间变化, 其共振峰的位置基本上不变, 而隧穿概率 $TT^*(E_z)$ 将随 L_B 的减小而显著增大; 在图 2-17(c) 中, 将 L_B 固定在 2.3nm, 使量子阱宽 L_w 从 5nm 增大到 9nm, 则隧穿概率 $TT^*(E_z)$ 的峰值位置向低能侧移动, 与此同时峰值半宽也将随之而减小. 另外, 组分 x 的变化也将引起隧穿概率的变化, 这是由于 x 的变化引起了 V_0 变化的缘故. 图 2-17(d) 是当 $L_w = 7$nm 和 $L_B = 3.1$nm 时, 隧穿概率 $TT^*(E_z)$ 随组分数 x 的变化关系. 随着 x 的减小, 隧穿概率的峰值位置向低能侧移动, 同时峰值半宽明显加大[14].

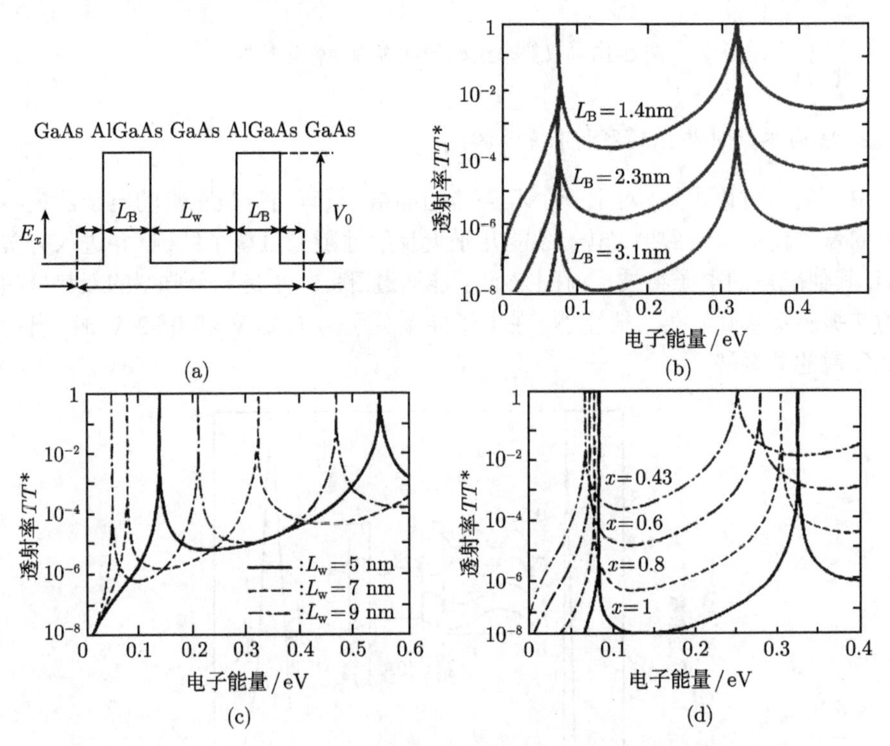

图 2-17　AlGaAs/GaAs 超晶格结构的隧穿概率与结构参数的关系

2.4.3　异质结中热电子的实空间转移

大家知道, 在 AlGaAs/GaAs 调制掺杂异质结的 GaAs 势阱内的电子迁移率很高, 而 AlGaAs 势垒层中的电子迁移率却很低. 如果在平行于异质结界面的方向上加一电场, 势阱中的电子将很容易被加热, 因为电子从电场吸收的能量 $\mathrm{d}E/\mathrm{d}t = q\mu F^2$ 正比于迁移率. 当 GaAs 中电子积累的能量使它们能跳出势阱时, 电子将有可能被散射而返回到 AlGaAs 层中, 如图 2-18 所示. 电子一旦进入 AlGaAs 层, 有效质量将增加, 迁移率将降低, 电子立刻变冷使速度下降, 因而电子在空间的转移将在电流–电压特性上出现一个负阻区, 这种热电子的转移特性与异质结的势阱深度、尺寸和掺杂等因素直接相关.

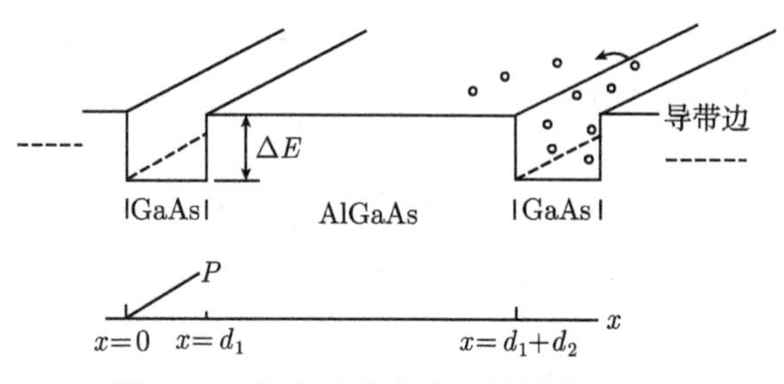

图 2-18 热电子在实空间的转移示意图

采用蒙特卡罗模拟方法可给出热电子发射的比较精确的定量计算. 假设势阱为理想的方形势阱, 并且势阱足够宽, 可以不考虑势阱中的量子尺寸效应. 计算中考虑 GaAs 中的两个能谷 $\Gamma(000)$ 和 $L(111)$, 而 AlGaAs 中只考虑一个能谷 $L(000)$. 散射机构包括声学声子散射、光学声子散射、压电散射、等价及非等价的谷间散射、电离杂质散射以及 AlGaAs 中的合金无序散射. 图 2-19 是稳态的电子速度和电场关系的计算结果, 其负阻现象明显可见. 在 AlGaAs 中的电子迁移率越低, 峰谷比越大. 图 2-20 是 AlGaAs/GaAs 异质结构中不同势垒厚度以及不同势垒高度下计算的电子速度与电场的关系. 从图中可以看到, 如果合理选择结构参数, 可以使异质结获得较好的负阻特性[15].

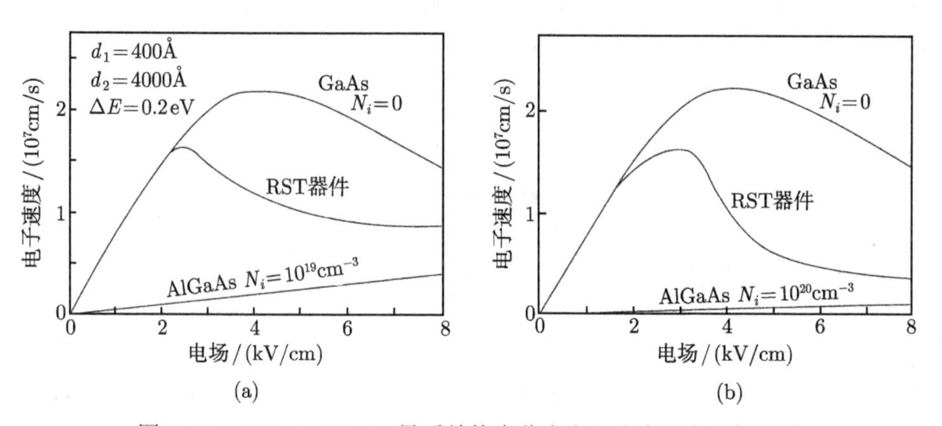

图 2-19 AlGaAs/GaAs 异质结构中稳态电子速度和电场的关系

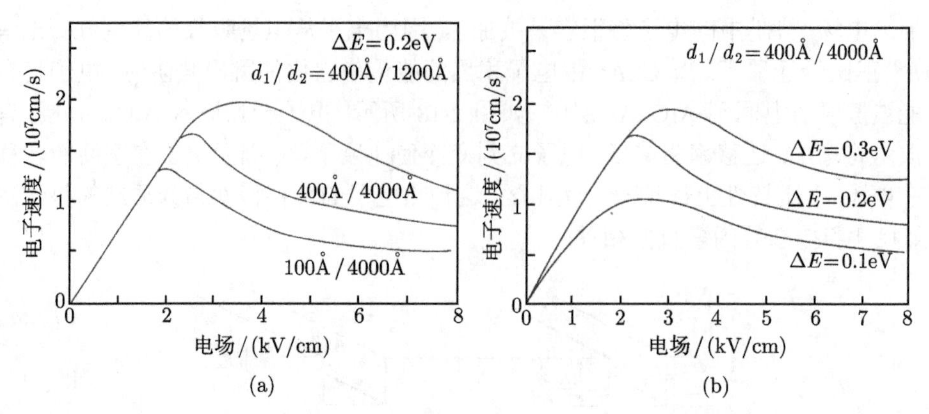

图 2-20 AlGaAs/GaAs 异质结构中不同势垒厚度 (a) 和势垒高度 (b) 的电子速度与电场的关系

2.4.4 零维体系的库仑阻塞现象

这里所说的零维量子体系, 主要是指微小隧道结、半导体量子点或纳米晶粒等一类介观体系. 研究这类细小体系中的电子输运现象, 就是讨论微小隧道结中或量子点中的单电子隧穿和库仑阻塞等内容. 隧道结是由两个金属电极与夹在其中的绝缘体构成的, 由结电容所确定的静电能量, 在低温下与热能 kT 为同一数量级. 当电子通过该隧道结时, 会使隧道势垒两端的电位发生变化. 如果结面积很小, 由一个电子隧穿而引起的电位差变化可达几个毫伏左右. 如果此时静电能量的变化比热能 kT 还要大, 那么由一个电子隧穿引起的电位变化将会对下一个电子的隧穿产生阻止作用, 这就是所谓的库仑阻塞现象[16]. 从经典物理观点来看, 如果电子不具有足够高的能量, 它是不能越过势垒的. 但按照量子力学原理, 电子有可能以一定的概率穿越势垒, 如图 2-21(a) 所示. 对于宏观隧道结而言, 每个电子的隧穿过程是互不相关的, 尽管隧穿电流的平均值可以控制, 但每个电子何时发生隧穿过程却并不能控制.

如果结面上的电荷量为 Q, 则隧道结的静电能量为 $\dfrac{Q^2}{2C}$. 如果有一个电子发生隧穿, 使 Q 仅变化 e, 如图 2-21(b) 所示. 那么隧穿前后的静电能量变化为

$$\Delta E = \frac{(Q-e)^2}{2C} - \frac{Q^2}{2C} = \frac{e}{C}\left(\frac{e}{2} - Q\right) \tag{2.57}$$

如果 (2.57) 式的右侧采用 V 来表示, 则有

$$\Delta E = E_{\rm c} - eV \tag{2.58}$$

因此, 电子要发生隧穿必须使加在结上的电压 $V > E_{\rm c}/e$. 与此相反, 如果电压 $V < E_{\rm c}/e$, 在足够低的温度 $(kT = E_{\rm c})$ 下不能发生隧穿.

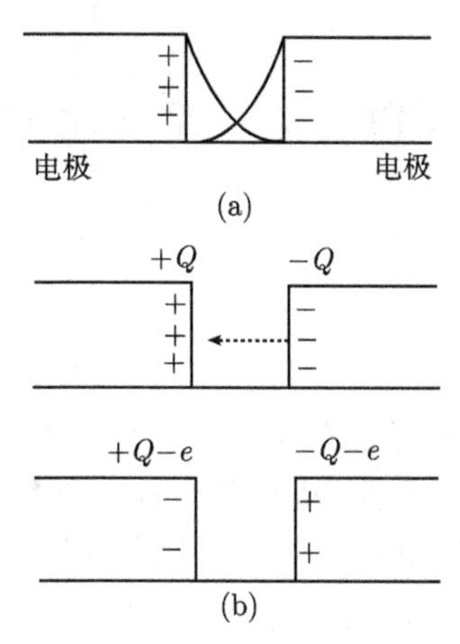

图 2-21 电子隧穿前后的库仑能变化

同样, 在反方向的电子发生隧穿时, 静电能量仅变化

$$\frac{(Q+e)^2}{2C}-\frac{Q^2}{2C}=eV+E_{\rm c} \tag{2.59}$$

当结电压 $V>-E_{\rm c}/e$ 时, 电子不能发生隧穿. 由上述讨论可知, 在足够低的温度下, 当 $|V|<E_{\rm c}/e$, 即 $|Q|<e/2$ 时, 隧穿过程是被禁止的, 此现象就是所谓的库仑阻塞.

库仑阻塞的原理还可以用图 2-22 加以说明. 图中 $A_1\to B_1$ 表示电子的隧穿过程, 比较隧穿过程前后的 $E_{\rm c}$ 可知, 在 $Q=\pm e/2$ 的区域内, 在 $A_2\to B_2$ 的隧穿过程 $E_{\rm c}$ 减少, 而在 $A_3\to B_3$ 的过程中 $E_{\rm c}$ 增加. 从整个系统的自由能考虑, 在单电子隧穿过程中, 只允许自由能减少的 $A_2\to B_2$ 过程发生, 而自由能增加的 $A_3\to B_3$ 过程是被禁止的, 因此会产生库仑阻塞现象.

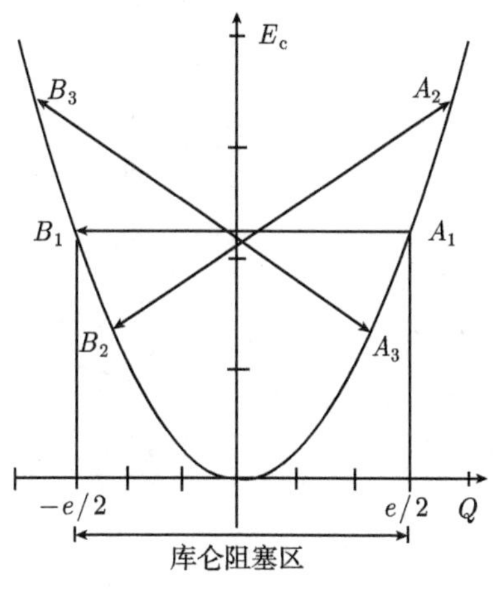

图 2-22 库仑阻塞的基本原理

2.5　低维量子体系的光学性质

2.5.1　量子阱中的二维激子特性

1. 激子束缚能

量子阱中的二维激子具有比体材料的激子大四倍的束缚能, 即 $E_{\text{ex}}=4R_{\text{y}}^{*}$, R_{y}^{*} 为有效里德伯常量, 但玻尔半径仅有体材料中激子的一半 $(a_{\text{B}}/2)$. 在多量子阱结构中, 激子的束缚能和玻尔半径都将受到势阱宽度和深度的影响. 在很宽的势阱中, 二维激子的特性和体材料情形差不多; 对于中等阱宽并有一定深度的势阱, 二维激子由于受到势阱的限制, 电子和空穴平均分开的距离将减小, 因而将体现出平面激子的特性, 使其束缚能增加; 对于非常薄的势阱, 电子和空穴的波函数将更多地渗透到势垒层中去, 这样由于量子阱的限制作用减小, 平面激子的特性反而会减弱.

设体系维度为 D, 每边长度为 L, 采用理论计算可以得到基态激子束缚能 $E_{\text{ex}}^{1\text{s}}$ 和基态激子振荡强度 $f_{1\text{s}}$ 的值. 当势阱宽度 $L_z \leqslant a_{\text{B}}$ 时, 由于激子受到量子尺寸效应的影响, $E_{\text{ex}}^{1\text{s}}$ 和 $f_{1\text{s}}$ 会具有较大的值. 当 L 较小时, $f_{1\text{s}}$ 与 $a_{1\text{s}}/L(D=1)$, $a_{1\text{s}}/L^2(D=2)$ 和 $1/L^3(D=3)$ 均成正比关系. 图 2-23 是体材料 $(D=1)$、量子阱 $(D=2)$、量子点 $(D=3)$ 的基态激子束缚能 $E_{\text{ex}}^{1\text{s}}$ 和振子强度 $f_{1\text{s}}$ 随材料体系边长 L 的变化. 对于量子阱来说, 当 L 比较小时波函数会出现收缩现象, 这表明电子–空穴间的库仑相互作用对激子束缚能和振子强度的变化起着一个重要作用[17].

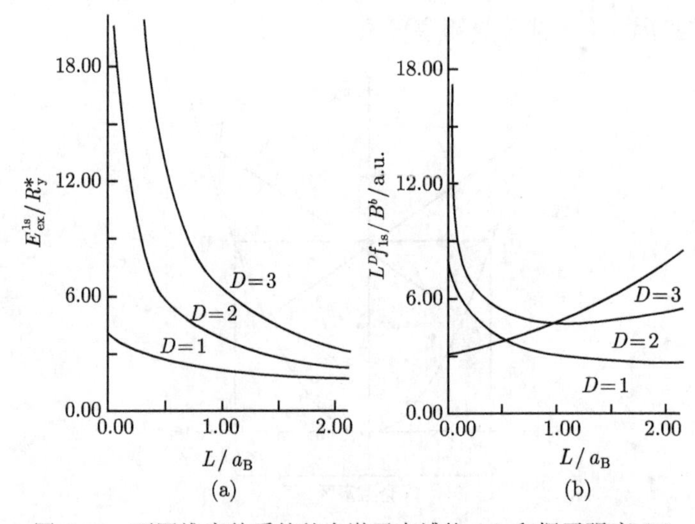

图 2-23　不同维度体系的基态激子束缚能 (a) 和振子强度 (b)

$Al_xGa_{1-x}As/GaAs$ 量子阱是一种最典型的低维半导体结构, 已在各种量子阱光电子器件中获得了成功应用. 图 2-24 是当组分数 x 分别为 0.15 和 0.30 时, 由理论计算得到的 $Al_xGa_{1-x}As/GaAs$ 量子阱的激子束缚能. 由图可以看到, 轻空穴和重空穴的有效质量对激子束缚能的贡献产生了有趣的相互竞争现象. 对于无限深势阱而言, 轻空穴在势阱的 xy 平面内具有较大的有效质量, 因而激子束缚能较大; 而在有限深势阱中, 轻空穴在垂直于 xy 平面内的 z 方向不受约束, 因而激子束缚能较小, 这可以从图中曲线的明显交叉现象看出. 对于较宽的势阱来说, 量子势阱的封闭作用由势阱的宽度决定. 此时轻空穴在 xy 平面内的有效质量将起支配作用, 因此包含轻空穴的激子束缚能将会增大; 而在较窄的势阱内, 激子的封闭范围由势垒层中的隧穿衰减作用所决定, 重空穴被势阱所禁闭, 故使得包含有重空穴的激子束缚能增大.

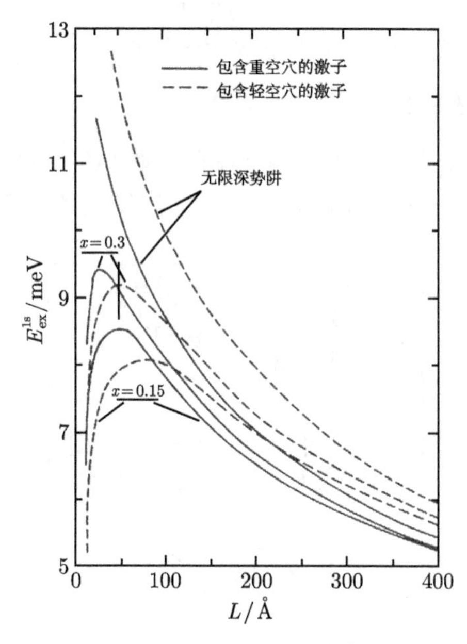

图 2-24 $Al_xGa_{1-x}As/GaAs$ 量子阱的激子束缚能

2. 振子强度

假定二维激子处于一个宽度为 L_z 的量子阱中, 则二维激子与体材料三维激子的振子强度之比为

$$\frac{f_{1s}^{2D}}{f_{1s}^{3D}} = \frac{8a_B}{L_z} \tag{2.60}$$

该比值显然远大于 1, 而且与阱宽 L_z 成反比关系. 对于一个实际的量子阱, 因势垒一般都具有一定的高度, 所以当 L_z 很小时, 电子和空穴的波函数将进入势垒区, 上

述关系不再成立. 在激发态的情形下, 则有

$$|\psi_{ns}^{2D}(0)|^2 = (2n-1)^{-3}|\psi_{1s}^{2D}(0)|^2 \tag{2.61}$$

$$|\psi_{ns}^{3D}(0)|^2 = n^{-3}\left|\psi_{1s}^{3D}(0)\right|^2 \tag{2.62}$$

可以看出, 随着 n 的增大, 二维激子的振子强度将比三维激子的减小得快. 令 $a_{\mathrm{B}}k = E/R_{\mathrm{y}}^{*}$, 可以求得

$$|\psi_{k}^{2D}(0)|^2 = \frac{2}{1+\exp\left(-2\pi/a_{\mathrm{B}}k\right)} \tag{2.63}$$

$$|\psi_{k}^{3D}(0)|^2 = \frac{2\pi/a_{\mathrm{B}}k}{1-\exp\left(-2\pi/a_{\mathrm{B}}k\right)} \tag{2.64}$$

当 $E = 0$ 时, 也就是在子带边, 将有 $|\psi_{k}^{2D}(0)|^2 = 2$. 甚至当 $E = 10R_{\mathrm{y}}^{*}$ 时, $|\psi_{k}^{2D}(0)|^2 = 1.3$, 此值仍大于不考虑激子效应时体材料激子的振子强度.

3. 低温下的二维激子吸收

在低温条件下, 量子阱光谱中自由激子的吸收和发光占主导地位. 图 2-25 是 $Al_{0.3}Ga_{0.7}As/GaAs$ 多量子阱结构在 1.8K 时的激发光谱、吸收光谱和 PL 谱的测

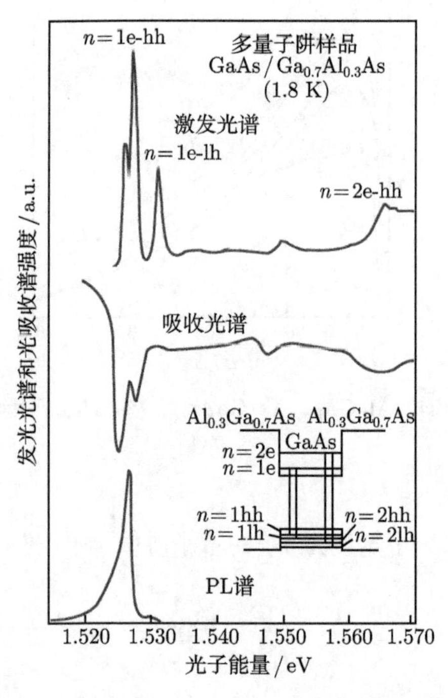

图 2-25 $Al_{0.3}Ga_{0.7}As/GaAs$ 多量子阱的光谱特性

量结果. 在吸收光谱和激发光谱上出现的两个很尖锐的峰, 相当于 $n=1$ 的 e-hh 和 e-lh 子带间自由激子的跃迁, 而在 PL 谱相应位置上的两个峰则是自由激子复合产生的发光. 导致量子阱中自由激子吸收和光致发光占主导地位的原因主要是激子的二维特性, 因为在量子阱中吸收一个光子并产生一个二维激子的概率, 正比于一个二维激子所占据面积的导数. 而且与杂质有关的吸收和发光过程都将依赖于杂质的数量. 当量子阱宽度 L_z 减小时, 杂质数量相应减少, 但是 L_z 的减小使电子和空穴在 xy 平面内的库仑吸引作用增强, 因而使得激子玻尔半径减小, 光吸收亦得到增强.

4. 室温下的二维激子吸收

对于一般体材料, 只能在低温下才能观测到激子的吸收峰. 但是, 室温下在量子阱的吸收光谱中也能看到很强和尖锐的激子吸收峰, 图 2-26 是 GaAs/AlAs 量子阱和 $Al_{0.3}Ga_{0.7}As$/GaAs 量子阱的室温吸收光谱. 在图 2-26(a) 中, $n=1$ 和 $n=2$ 的两个峰相当于重空穴和轻空穴的自由激子吸收, 出现这一特点的原因是由于量子阱中的激子具有较大的束缚能, 因此离带边吸收较远. 温度升高, 光学声子散射会使激子峰展宽, 但展宽的程度和体材料相差不多, 因而仍能使激子峰明显地表现出来. 从图 2-26(b) 中可以看到, 在量子阱材料的光吸收谱上有三个平台, 分别对应于 $n=1,2,3$ 的子能带跃迁, 吸收边向高能方向移动, 无疑这是由量子约束效应引起的. 在每个平台边缘均有明显的激子吸收峰, 对 $n=1$ 的子能带跃迁可分出两个峰, 分别对应于重、轻空穴激子. 对于 $n=2$ 和 $n=3$ 的子能带跃迁, 这两个峰

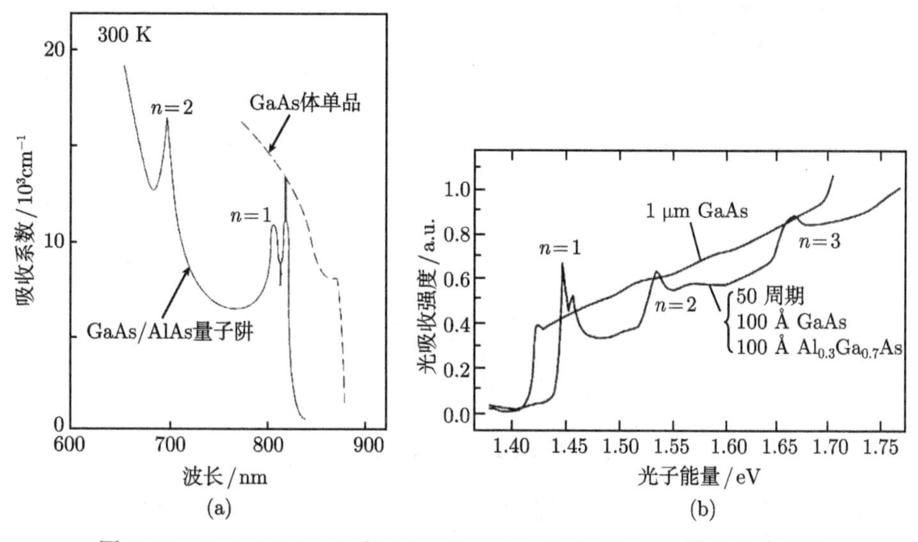

图 2-26 GaAs/AlAs(a) 和 $Al_{0.3}Ga_{0.7}As$/GaAs(b) 量子阱的吸收光谱

区分得不太明显. 二维激子吸收峰的这些特点, 起因于它具有比体材料激子大四倍的束缚能. 因此, 在室温下晶格热振动易于使体材料中的激子离解, 但不能使二维激子离解[18].

2.5.2 量子阱的发光特性

量子阱的发光特性是量子阱光学性质研究中的一个重要方面. 由于量子阱中具有量子化的能级, 一维压缩的态密度和强二维激子效应, 这使得量子阱比体材料和异质结会呈现出更加优异的光致发光和电致发光特性. 在量子阱中, 导带电子和价带空穴的能量本征值分别为[19]

$$E_{\mathrm{e}} = \frac{\hbar^2}{2m_{\mathrm{e}}^*}\left(k_x^2 + k_y^2\right) + E_{\mathrm{e}}\left(n_{\mathrm{e}}\right) + E_{\mathrm{g}} \tag{2.65}$$

$$E_{\mathrm{h}} = \frac{\hbar^2}{2m_{\mathrm{h}}^*}\left(k_x^2 + k_y^2\right) + E_{\mathrm{h}}\left(n_{\mathrm{h}}\right) \tag{2.66}$$

取布洛赫函数为 u, 因此有电子和空穴的波函数为

$$\phi_{n\mathrm{e}}(\boldsymbol{r}) = \psi_{n\mathrm{e}}(z)\mathrm{e}^{\mathrm{i}(k_x x + k_y y)}u_{\mathrm{c}} \tag{2.67}$$

$$\phi_{n\mathrm{h}}(\boldsymbol{r}) = \psi_{n\mathrm{h}}(z)\mathrm{e}^{\mathrm{i}(k_x x + k_y y)}u_{\mathrm{v}} \tag{2.68}$$

相应的跃迁矩阵元为

$$\langle\phi_{n\mathrm{e}}|p|\phi_{n\mathrm{h}}\rangle = \langle\psi_{n\mathrm{e}}(z)|\psi_{n\mathrm{h}}(z)\rangle\langle u_{\mathrm{c}}|p|u_{\mathrm{v}}\rangle \tag{2.69}$$

由于电子从价带顶到导带底的跃迁是允许跃迁, 故$\langle u_{\mathrm{c}}|p|u_{\mathrm{v}}\rangle$ 不为零, 所以(2.69)式的第一项亦不为零, 即

$$\langle\psi_{n\mathrm{e}}|\psi_{n\mathrm{h}}\rangle \neq 0 \tag{2.70}$$

对于能够保持波函数对称性的本征态 n, 选择定则可由下式给出

$$n_{\mathrm{e}} = n_{\mathrm{h}}(= n) \text{ 或 } \Delta n = n_{\mathrm{e}} - n_{\mathrm{h}} = 0 \tag{2.71}$$

因此, 跃迁能量为

$$\Delta E(n, k_x, k_y) = E_{\mathrm{g}} + E_{\mathrm{e}}(n) + E_{\mathrm{h}}(n) + \frac{\hbar^2}{2}\left(\frac{1}{m_{\mathrm{e}}^*} + \frac{1}{m_{\mathrm{h}}^*}\right)(k_x^2 + k_y^2) \tag{2.72}$$

图 2-27 是一个典型量子阱的带间跃迁模式图. 跃迁能量 $\Delta E(n)$ 由下式给出

$$\Delta E(n) = E_{\mathrm{g}} + E_{\mathrm{e}}(n) + E_{\mathrm{h}}(n) \tag{2.73}$$

图 2-28 是量子阱的发光波长与阱层宽度依赖关系的理论计算与实验结果的比较, 易于看出二者有非常好的一致性. 并且随着阱层宽度增加, 发光波长向长波长方向移动.

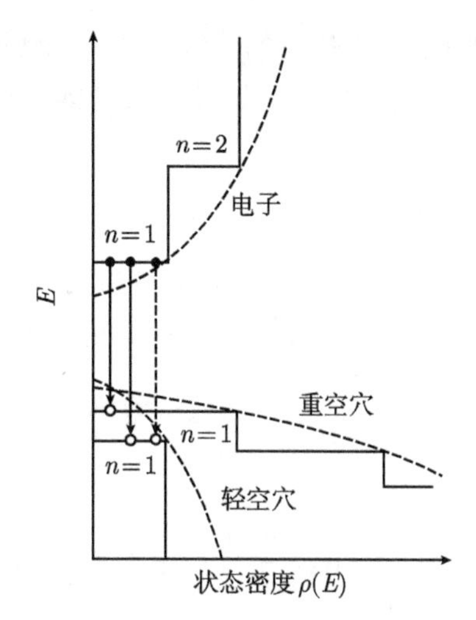

图 2-27 一个典型量子阱的带间跃迁模式

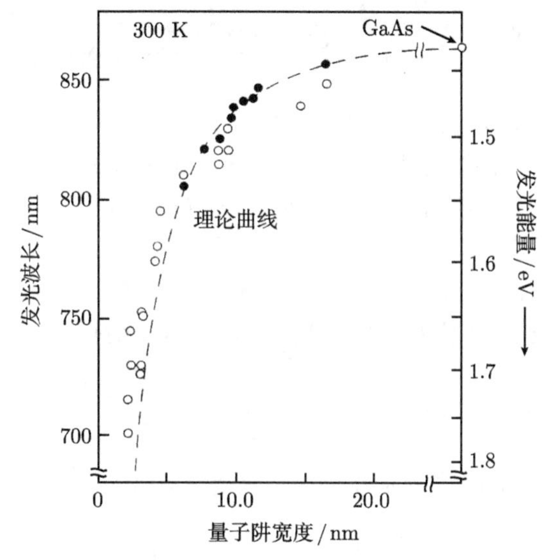

图 2-28 量子阱的发光波长与阱层宽度的依赖关系

2.5.3 零维体系的量子尺寸效应

1. 量子尺寸效应的物理含义

所谓量子尺寸效应, 是当半导体材料从体相逐渐减小至某一临界尺寸以后, 其中的载流子的运动将受到强量子封闭性的限制, 同时导致其能量的增加. 与此相应, 电子性质也将从体相的连续能带结构变成类分子的准分裂能级. 并且由于能量的增加, 使原来的能隙随之增加, 因此光吸收谱和光发射谱向短波长方向移动, 呈现出人们预期的谱峰蓝移现象. 零维体系的尺寸越小, 谱峰蓝移现象越加显著. 量子尺寸效应的最本质体现在以下三个方面, 即激子束缚能的增加、带隙的宽化和发光谱峰的蓝移.

2. 量子尺寸效应的理论表述

设微晶粒的半径为 R, 介电常数为 ε, 基质材料的介电常数为 ε_n, 电子和空穴在微晶粒内的位置分别为 $\boldsymbol{r}_{\mathrm{e}}$ 和 $\boldsymbol{r}_{\mathrm{h}}$, 因此其势函数可由下式给出[20]

$$V(\boldsymbol{r}_{\mathrm{e}},\boldsymbol{r}_{\mathrm{h}})=\pm\frac{e^2}{\varepsilon|\boldsymbol{r}_{\mathrm{e}}-\boldsymbol{r}_{\mathrm{h}}|}+P(\boldsymbol{r}_{\mathrm{e}})+P(\boldsymbol{r}_{\mathrm{h}})\pm P_{\mathrm{M}}(\boldsymbol{r}_{\mathrm{e}},\boldsymbol{r}_{\mathrm{h}}) \tag{2.74}$$

式中,

$$\begin{cases}P(\boldsymbol{r})=\displaystyle\sum_{n=0}^{\infty}\alpha_n\left|\frac{\boldsymbol{r}}{R}\right|^{2n}\cdot\frac{e^2}{2R}\\ \alpha(n)=(\varepsilon_n-1)(n+1)/\varepsilon(\varepsilon_n n+n+1)\\ \varepsilon_n=\varepsilon/\varepsilon_m\\ P_{\mathrm{M}}(\boldsymbol{r}_{\mathrm{e}},\boldsymbol{r}_{\mathrm{h}})=\displaystyle\sum_{n=0}^{\infty}\alpha_n\frac{e^2\boldsymbol{r}_{\mathrm{e}}^n\cdot\boldsymbol{r}_{\mathrm{h}}^n}{R^{2n+1}}P_n(\cos\theta)\end{cases} \tag{2.75}$$

其中, n 为主量子数; θ 为 $\boldsymbol{r}_{\mathrm{e}}$ 和 $\boldsymbol{r}_{\mathrm{h}}$ 的夹角, 对于 (2.74) 式, 如果两个电荷符号相反则为负值, 如果符号相同则为正值; $P(\boldsymbol{r})$ 是 $\boldsymbol{r}=0$ 时吸引电荷的矢径方向的电场, 当 $\varepsilon>\varepsilon_m$ 时它随着 R 的减小往正方向增加; $P_{\mathrm{M}}(\boldsymbol{r}_{\mathrm{e}},\boldsymbol{r}_{\mathrm{h}})$ 是由极化电荷导致的表面极化项.

假定电子和空穴的波函数为 S 函数, 则 $n=1$ 时 P_{M} 项的矩阵为零. 而当 $n=0$ 时 P_{M} 项为 $(\varepsilon_{\mathrm{A}}-1)/\varepsilon R$, 消去 $P(\boldsymbol{r}_{\mathrm{e}})$ 和 $P(\boldsymbol{r}_{\mathrm{h}})$, 则有

$$V_0(\boldsymbol{r}_{\mathrm{e}},\boldsymbol{r}_{\mathrm{h}})=\frac{-e^2}{\varepsilon|\boldsymbol{r}_{\mathrm{e}}-\boldsymbol{r}_{\mathrm{h}}|}+\sum_{n=1}^{\infty}\frac{\boldsymbol{r}_{\mathrm{e}}^{2n}+\boldsymbol{r}_{\mathrm{h}}^{2n}}{R^{2n+1}}\cdot\frac{e^2}{2} \tag{2.76}$$

V 的角标 0 表示球内的净电荷为 0. 于是, 薛定谔方程为

$$\left|\frac{-\hbar^2}{2m_{\mathrm{e}}^*}\nabla_{\mathrm{e}}^2+\frac{-\hbar^2}{2m_{\mathrm{h}}^*}\nabla_{\mathrm{h}}^2+V_0(\boldsymbol{r}_{\mathrm{e}},\boldsymbol{r}_{\mathrm{h}})\right|\Phi_0(\boldsymbol{r}_{\mathrm{e}},\boldsymbol{r}_{\mathrm{h}})=E\Phi_0(\boldsymbol{r}_{\mathrm{e}},\boldsymbol{r}_{\mathrm{h}}) \tag{2.77}$$

波函数 ψ 的近似解为 S 波函数

$$\psi_n(\boldsymbol{r})=\frac{C_n}{\boldsymbol{r}}\sin\frac{n\pi r}{R},\quad E_n=\frac{\hbar^2\pi^2n^2}{2m^*R^2} \tag{2.78}$$

假定没有相互作用, 体系波函数可写成 $\Phi_n=\psi_n(\boldsymbol{r}_{\mathrm{e}})\cdot\psi_n(\boldsymbol{r}_{\mathrm{h}})$, 于是最低激发态 $\Phi_0=\psi_{1\mathrm{s}}(\boldsymbol{r}_{\mathrm{e}})\cdot\psi_{1\mathrm{s}}(\boldsymbol{r}_{\mathrm{h}})$ 的能量为

$$E=E_{\mathrm{g}}+\frac{\hbar^2\pi^2}{2R^2}\left|\frac{1}{m_{\mathrm{e}}^*}+\frac{1}{m_{\mathrm{h}}^*}\right|-\frac{1.8e^2}{\varepsilon R}+\overline{\frac{e^2}{R}\sum_{n=1}^{\infty}\alpha_n\left(\frac{\boldsymbol{r}}{R}\right)^{2n}} \tag{2.79}$$

由 (2.79) 式可以看出式中各项作为微晶粒半径 R 的函数演变关系. 式中第一项为带隙宽度, 第二项为局域能量, 第三项为库仑引力, 第四项为表面极化效应. 局域项随 $1/R^2$ 成正比例增加, 库仑项随 $1/R$ 成正比例减小, 表面极化项与电子–空穴之间的引力以及镶嵌微晶粒的基质材料等因素直接相关.

3. 各种微晶粒的量子尺寸效应

理论计算和实验观测证实, 在许多微晶粒中都存在着明显的量子尺寸效应. 图 2-29(a) 是 CdSe 微晶粒的激子束缚能随晶粒尺寸的变化. 其中, 实线是利用有效质量近似由 (2.79) 式计算得到的结果, 圆圈表示微晶粒的发光峰值能量随晶粒尺寸的变化, 虚线和点线是利用紧束缚近似得到的计算结果. 这些结果均显示出, 当 CdSe 微晶粒尺寸小于 6nm 时, 其激子跃迁能量急速增加.

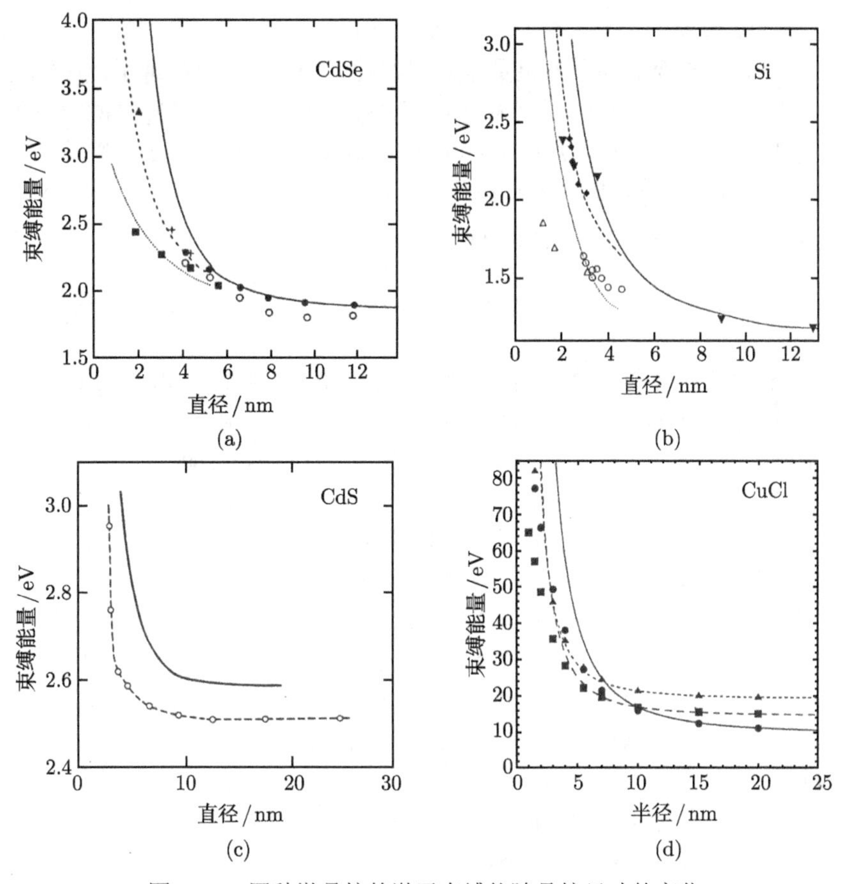

图 2-29 四种微晶粒的激子束缚能随晶粒尺寸的变化

图 2-29(b) 示出了 Si 微晶粒的激子束缚能随晶粒尺寸的变化, 其中实线为采用有效质量近似的计算结果, 点线为最近邻原子轨道强结合计算的结果. 由图可以看出, 其发光峰值能量随着晶粒尺寸的减小未呈现出明显的蓝移, 即使晶粒尺寸减小到 2nm 以下其能量漂移也不太明显. 对于镶嵌在 SiO_x 或 SiN_x 基质中的 Si 微晶粒而言, 其光吸收可以认为是由于量子尺寸效应引起的. 而对于光发射来说, 很多情形下则是由表面和界面的发光中心所导致, 或者说是起因于与氧相关的缺陷. 此时发光的峰值能量不随晶粒尺寸变化, 但发光强度随晶粒尺寸的减小而显著增强.

图 2-29(c) 是利用变分计算得到的镶嵌在 GeO_2 中 CdS 微晶粒的束缚能量与晶粒尺寸的关系. 当晶粒尺寸小于 8nm 时开始出现蓝移现象, 这与带隙宽度随晶粒尺寸的变化关系吻合一致.

图 2-29(d) 生长在 NaCl 中 CuCl 量子点的激子束缚能随晶粒尺寸的变化. 关于量子点中的激子特性, 可分为两种情形进行讨论, 即激子封闭区域和电子与空穴独立封闭区域. 如果量子点的半径大于激子玻尔半径, 激子可以被认为是一种复合粒子, 此时为激子封闭区域. 如果量子点半径比较小, 被封闭在量子点中的电子和空穴依靠库仑相互作用存在, 此时称为电子与空穴独立封闭区域, NaCl 中的 CuCl 量子点就是一个典型实例. 从该图可以看出, 其中的大部分区域为激子封闭区域, 激子复合体的束缚能随着量子点半径的减小而单调增大. 尤其是当量子点半径小于 4nm 后, 激子复合体束缚能呈指数急剧增大.

参考文献

[1] 刘恩科, 朱秉升, 罗晋生. 半导体物理学. 第四版. 北京: 国防工业出版社, 1994

[2] 佐佐木昭夫. 量子效应半导体. 东京: 电子情报通信学会, 2000

[3] Kasper E. 硅锗的性质. 余金中, 译. 北京: 国防工业出版社, 2002

[4] 黄和鸾, 郭丽伟. 半导体超晶格. 沈阳: 辽宁大学出版社, 1992

[5] 川路绅治. 二维电子气和磁场. 东京: 朝仓书店. 2007

[6] 虞丽生. 半导体异质结物理. 第二版. 北京: 科学出版社, 2006

[7] 夏建白, 朱邦芬. 半导体超晶格物理. 上海: 上海科学技术出版社, 1994

[8] 彭英才, 傅广生. 纳米光电子器件. 北京: 科学出版社, 2010

[9] Bastard G, Mendz E E, Chang L L, et al. Phys. Rev., 1982, B26: 1974

[10] 岡本紘. 超格子の光物性と応用. 東京: コロナ社, 1988

[11] 新井敏弘. 表面科学, 1993, 14: 90

[12] 傅英, 陆卫. 半导体量子器件物理. 北京: 科学出版社, 2005

[13] Ando T. Jpn. J. Phys. Soc., 1982, 51: 3900

[14] 榊裕之. 超晶格异质结器件. 东京: 工业调查会, 1989

[15] Glisson T H, Hauser J R, Littejohn M A, et al. J. Appl. Phys., 1986, 51: 5445

[16] Kouwenhoven L P, Johnson A T, Van der Vaart N C, et al. Z. Phys., 1991, B85: 381
[17] 舛本泰章, 松浦满. 固体物理, 1986, 21: 493
[18] Schmitt R S, Chemla D S, Miller D A B. Adv. Phys., 1989, 38: 89
[19] 青柳克信, 南不二雄, 吉野淳二. 先端材料光物性. 東京: コロナ社, 2008
[20] 新井敏弘. 固体物理, 1988, 23: 739

第 3 章　异质结双极晶体管

顾名思义, 所谓异质结双极晶体管 (HBT) 就是采用具有不同禁带宽度的半导体材料组成的异质结, 作为发射结或集电结有源区形成的双极型晶体管. 与传统的同质结双极晶体管 (BJT) 相比, HBT 有着许多明显优点. 例如, 具有高的跨导、高的电流增益、低的噪声、大的电流驱动能力和良好的电压承载特性等, 从而使其在功率放大器、电压控制振荡器、混频器、无线局域网、卫星通信系统、大功率雷达接收器以及高速逻辑电路中具有广阔的应用前景. 本章首先简要介绍 HBT 的器件结构和能带特点, 然后重点分析和讨论 HBT 中的载流子输运性质和器件工作特性.

3.1　HBT 的器件结构

与常规的同质结双极晶体管相比, HBT 所具有的优异特性来自于以下两个方面：①形成发射结的两种材料具有不同的禁带宽度. 一般而言, 由于发射区材料比基区材料的禁带宽度大, 故可以有效抑制少数载流子从基区向发射区的反向注入. 这样, 即使发射区和基区具有相同的掺杂浓度, 仍可以获得很高的注入比. ②利用 MBE 等超薄层外延工艺能够精密控制 HBT 的纵向结构参数, 如基区宽度、基区和发射区掺杂浓度等, 以降低基区串联电阻和缩短载流子的基区渡越时间. ③更为重要的是, 在一定条件下有可能使从发射区注入的载流子以弹道或近弹道方式渡越基区, 这将使器件的电流增益大为提高, 器件的频率特性明显改善, 以实现器件的高速工作. 制作 HBT 的材料体系大体有如下四种, 即 AlGaAs/GaAs、InGaP/GaAs、InGaAs/InP 和 SiGe/Si 异质结等.

3.1.1　AlGaAs/GaAs HBT

AlGaAs/GaAs HBT 是人们最早利用 MBE 技术实现的 HBT 结构. 对于一个如图 3-1 所示的 npn 型 AlGaAs/GaAs HBT, n 型发射区是由宽带隙的 AlGaAs 形成, p 型基区是由窄带隙的 GaAs 形成, 集电区则是由低掺杂和高掺杂的 n 型 GaAs 组成[1]. 这是一种以发射结为异质结, 集电结为同质结而形成的单异质结双极晶体管. 为了形成欧姆接触, 通常要在发射极和 AlGaAs 发射区之间生长一层高掺杂浓度的 n^+-GaAs 层.

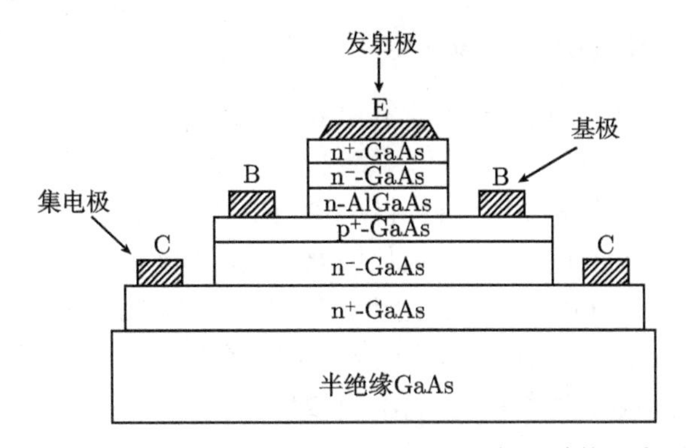

图 3-1 npn 型 AlGaAs/GaAs HBT 的剖面结构示意图

3.1.2 InGaP/GaAs HBT

与 AlGaAs/GaAs HBT 相比, InGaP/GaAs HBT 具有较大的价带带边失调值和较小的导带带边失调值. 前者将导致较高的发射区注入效率和较高的器件增益, 而后者将会改善在大电流注入下的载流子输运特性, 图 3-2 是采用 MOCVD 工艺在 GaAs(100) 衬底上生长的 InGaP/GaAs HBT 结构的剖面图. 该器件由掺杂浓度为 $3 \times 10^{18}\text{cm}^{-3}$ 和厚度为 6000Å的 n^+-GaAs 缓冲层、掺杂浓度为 $1\times10^{16}\text{cm}^{-3}$ 和厚度为 5000Å的 n-GaAs 集电区、掺杂浓度为 $1\times10^{19}\text{cm}^{-3}$ 和厚度为 1000Å的 p-GaAs 基区、掺杂浓度为 $1\times10^{18}\text{cm}^{-3}$ 和厚度为 300Å的发射区、掺杂浓度为 $1\times10^{18}\text{cm}^{-3}$ 和厚度为 1000Å的 n-InGaP 限制层、掺杂浓度为 $4\times10^{18}\text{cm}^{-3}$ 和厚度为 1300Å的 n^+-GaAs 覆盖层构成[2].

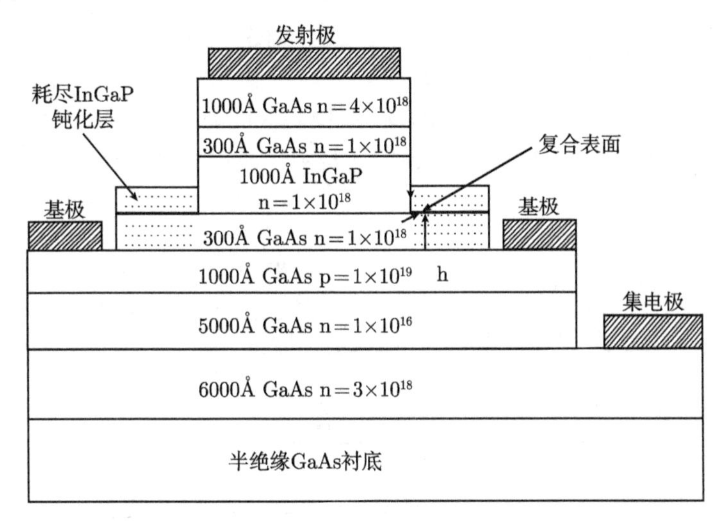

图 3-2 npn 型 InGaP/GaAs HBT 的剖面结构示意图

3.1.3 InGaAs/InP HBT

现代数据通信、仪表测量、电子战争和雷达系统需要能工作在从直流到 100GHz 频率范围内的高速数据处理和混合信号集成电路. 而基于 GaAs 集成电路的工作频率只能达到 13GHz, 因此开发新型材料体系的 HBT 势在必行. 由于 InP 基 HBT 的截止频率可以高达 100GHz 以上, 因此可以满足上述电子系统的需要. 例如, Chen 等[3] 制作了 InGaAs/InP HBT, 其截止频率可达 165GHz. Kurishima 等[4] 制作了双异质结 InGaAs/InP HBT, 其截止频率和混合振荡频率分别高达 155GHz 和 90GHz, 表 3-1 是该双异质结 HBT 的结构参数.

表 3-1　InGaAs/InP 双异质结 HBT 的结构参数

生长层	材料	厚度/Å	掺杂浓度/cm^{-3}
覆盖层	n^+-InGaAs	700	3×10^{19}
	n^+-InP	300	2×10^{19}
发射区	n-InP	700	7×10^{17}
基区	i-InP	50	非掺杂
	p^+-InGaAs	450	2×10^{19}
集电区	i-InGaAs	200	非掺杂
	i-InGaAsP(E_g=0.82eV)	200	非掺杂
	i-InGaAsP(E_g=1.00eV)	200	非掺杂
	n-InP	100	$(3\sim9)\times10^{17}$
	i-InP	1900	非掺杂
次集电区	n-InGaAs	4000	4×10^{18}
缓冲层	i-InP	1000	非掺杂

3.1.4 SiGe/Si HBT

SiGe/Si HBT 异质结制备技术的发展, 使高性能的 SiGe/Si HBT 能够得以实现. 它的主要优点是具有高的截止频率, 这是由于通过减薄 SiGe 基区厚度可以大

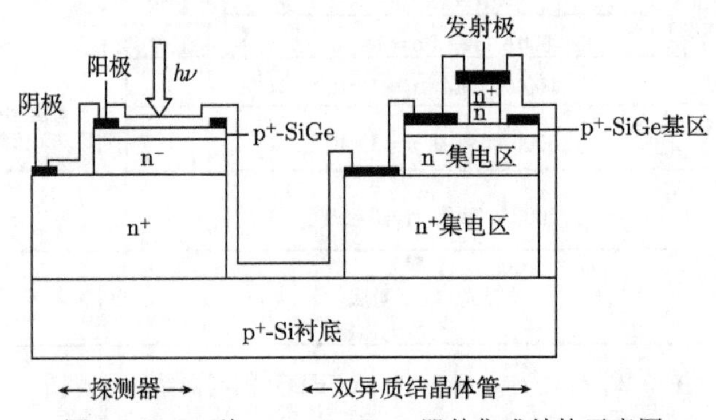

图 3-3　pin 型 SiGe/Si HBT 器件集成结构示意图

大缩短少数载流子的渡越时间, 增加 SiGe 基区的掺杂浓度可以减小基区电阻. 更为重要的是, 能够将 SiGe/Si HBT 与 pin 型 SiGe/Si 光探测器集成在同一衬底上, 从而显著提高光电子集成电路的工作速度. 图 3-3 是一个 pin 型 SiGe/Si 光探测器与 SiGe/Si HBT 的器件集成结构示意图[5]. 其中, HBT 的发射区和集电区是掺 Sb 的 Si 层 (即 n/n^- 层和 n^+/n^- 层), 基区是窄带隙的 p^+-SiGe 层. pin 结构则由 n^+/n^- 区和 p^+-SiGe 区组成, n^- 区作为 pin 的本征吸收层, 整个集成单元被台面结构隔离.

3.2 不同能带形式的 HBT

异质结双极晶体管的概念最初是由肖克莱提出的, 其后 Kroemer 又从理论上证明了 HBT 所具有的电流增益特性. 但是, 由于当时器件制作技术上的困难和受半导体材料种类与特性的限制, 这种器件问世的设想未能如愿以偿. 应该说, 真正为 HBT 的发展带来生机的是 MBE 和 MOCVD 工艺的出现. 由于采用这类超薄层外延技术可以对材料的能带进行剪裁, 即通过灵活调整材料的膜层厚度、组分配比与掺杂浓度等, 以制作出具有不同能带形式的 HBT. 其能带结构大体可以分为如下三类, 即宽带隙发射区 HBT、缓变基区 HBT 和宽带隙集电区 HBT. 而根据发射结类型的不同, 宽带隙发射区 HBT 又可分为突变发射结 HBT 和缓变发射结 HBT 两种.

3.2.1 宽带隙发射区 HBT

宽带隙发射区 HBT 是指发射区具有较大的禁带宽度, 而基区和集电区具有相对较窄的禁带宽度, 下面以 AlGaAs/GaAs HBT 为例进行介绍. 图 3-4(a) 是一个具有突变发射结的 npn 型 AlGaAs/GaAs HBT 能带图, 由于 AlGaAs 带隙较宽, 而 GaAs 带隙相对较窄, 所以在发射结处的导带出现了能量的不连续性, 即产生了一个带边失调值 ΔE_{c}. 该尖锋势垒的形成, 阻碍了电子从发射区向基区的有效注入, 即减小了 HBT 的注入效率. 为了提高 HBT 的电流增益, 人们又提出了缓变发射结 HBT 的设想, 如图 3-4(b) 所示. 在这种能带结构中, 如果使材料组分数 x 在几百埃的范围内进行变化, 就可以避免上述问题的出现. 它的主要优点是: ①可以减少载流子在空间电荷区内的复合; ②能够增加注入载流子的漂移速度; ③有效抑制空穴从基区向发射区的注入[6].

依据双极型晶体管的电流输运理论, 当 HBT 采用宽带隙发射区后, 在空穴反向注入发射区因素的限制下, 其电流增益为

$$\beta = \frac{(D_{\mathrm{n}}/D_{\mathrm{p}})n_{\mathrm{e}}W_{\mathrm{e}}\exp(\Delta E_{\mathrm{g}}/kT)}{p_{\mathrm{b}}W} \tag{3.1}$$

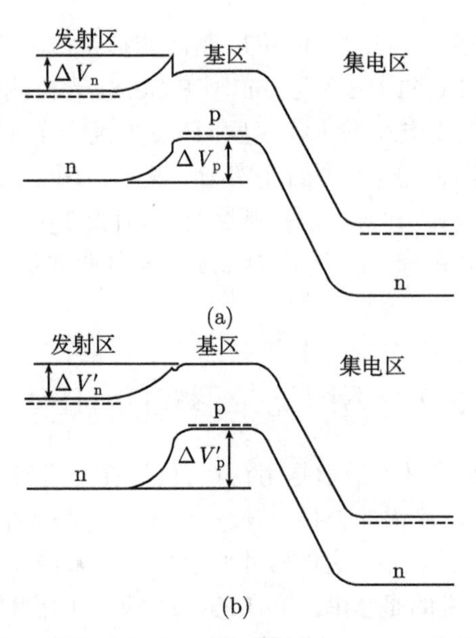

图 3-4　突变发射结 (a) 和缓变发射结 (b)HBT 的能带示意图

式中, D_n 和 D_p 分别为电子和空穴的扩散系数; n_e 为发射区的电子浓度; p_b 为基区的空穴浓度; W 是准中性基区的宽度; W_e 为发射结耗尽层的宽度. 通常情况下, 发射区与基区的带隙能量差 $\Delta E_g > 250\text{meV}$, 它可使 β 值比同质结双极晶体管提高 10^4 倍. 即使基区掺杂浓度较高, 而发射区掺杂浓度较低, 仍可以保证有足够大的电子注入效率. 在 HBT 中, 基区掺杂浓度可以高达 10^{20}cm^{-3}, 因此即使基区厚度较薄, 其薄层电阻仍可以进一步降低, 因而使 HBT 的最高截止频率 f_{max} 大大增加. 同时, 如果发射区的掺杂浓度大幅度减小, 可使发射结空间电荷区在发射结的一侧增宽许多, 因而会使发射结电容由此而减小. 这样, 储存在发射区的空穴, 在具有突变结的情形下会基本消失, 而在缓变异质结的情形下也会大为减少, 因此会使 HBT 的工作频率明显增加.

3.2.2　缓变基区 HBT

半导体能带工程可以通过调整材料的组分数 x 而控制其禁带宽度. 为了使 HBT 中的电子从发射区注入到基区后, 尽快地渡越基区并到达集电区, 除了电子的扩散运动之外, 还可以通过漂移运动而实现, 而这又必须以漂移电场的建立为前提, 由图 3-5 所示的缓变基区能带形式便可以满足这一需求. 从图中可以看到, 在靠近发射区的带隙宽度为 E_{g0}, 靠近集电区的带隙宽度为 $E_{g0} - E_g$, 该带隙的偏移建立了大小为 E_g/W_b 的导带能量梯度. 该能量梯度是一个准电场, 它可以同时使电子以扩散和漂移方式渡越基区, 从而有效改善了 HBT 中载流子的输运特性. 在同质结双极晶体管中, 漂移电场一般为 2~6kV/cm. 而在 HBT 中, 漂移电场可增大 2~5

倍以上. 尤其是在 AlGaAs/GaAs HBT 中, 注入电子在这一强电场驱动下可以获得一个较大的漂移速度, 但不发生速度饱和, 从而使截止频率显著提高[7].

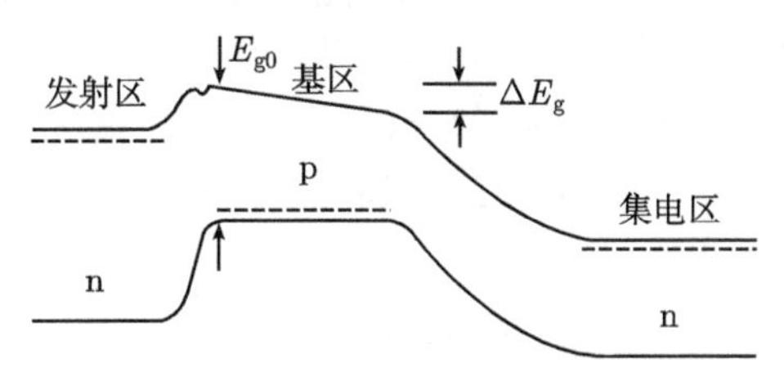

图 3-5 缓变基区 HBT 的能带示意图

3.2.3 宽带隙集电区 HBT

设计宽带隙集电区 HBT 的设想是考虑到当集电结处于正向偏置时, 可以阻止空穴从集电区向基区的注入, 这类似于宽带隙发射区效应. 这种能带结构形式可以大幅度减小饱和存储电荷密度, 加快器件处于饱和区时的关闭速度. 采用宽带隙集电区的另一个优点是击穿电压的增加, 这是由于在宽带隙材料中碰撞电离作用减弱, 而且漏电流也将随之而减小.

实验还发现, 如果采用双异质结构设计 HBT, 即发射区和集电区同为宽带隙材料, 利用双异质结器件在正反两个方向上对称工作的特点, 将为电路设计提供更大的灵活性. 此时需要注意的是, 结构上应避免在集电结处形成导带势垒, 这可以通过引入组分渐变和设置阻挡层或偶极层来实现. 图 3-6 示出了宽带隙发射区和集电区双异质结 HBT 的能带形式.

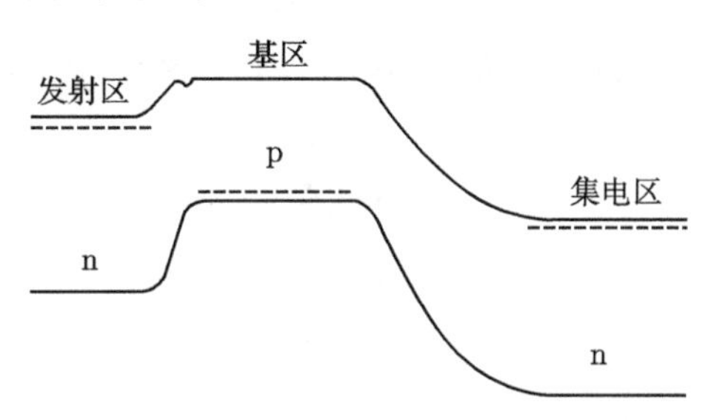

图 3-6 双异质结 HBT 的能带示意图

3.3 HBT 中的载流子输运过程

半导体中的载流子输运过程支配着器件的工作特性. 对于一个双极型晶体管而言, 能使器件高速工作的主要参数是载流子渡越基区的时间. 换句话说, 如果从发射结注入的电子能以最快的速度渡越基区, 而尽量减少在基区中的复合机会以被集电区所收集, 便可以获得较高的电流增益, 这一点对于 HBT 来说显得尤为重要.

3.3.1 宽带隙发射区 HBT 中的载流子输运

对于一个如图 3-4(a) 所示的宽带隙发射区和突变发射结 HBT 而言, 导带底的带边失调值 ΔE_c 在发射区产生了一热能峰值. 由于 ΔE_c 远大于热能 kT, 所以当基区中的电子被集电区快速抽取时, 便破坏了发射区和基区界面的热平衡状态. 此时, 注入到基区中的电子, 具有与 ΔE_c 大体相当的动能与速度. 其初始漂移速度可表示为

$$\upsilon_0 \approx (2\Delta E_c/m_e^*)^{\frac{1}{2}} \tag{3.2}$$

式中, m_e^* 为电子的有效质量. 对于非抛物线型的 Γ 能谷情形, 则有

$$m_e^* = 0.067m_0\left[1+\frac{4.94}{E_g}(\Delta E_c)\right] \tag{3.3}$$

式中, m_0 为电子的静止质量; E_g 为半导体材料的禁带宽度. 由 (3.2) 式和 (3.3) 式可知, 当 $\Delta E_c = 0.3\text{eV}$ 时, 其 υ_0 值可以高达 $9\times10^7\text{cm/s}$.

从发射区注入的电子, 能否以弹道方式在基区中进行输运, 取决于基区的结构形式和电子所经受的散射过程. 假若在基区中电子不遭受任何散射作用, 那么具有 10^8cm/s 速度的电子渡越 0.1μm 厚基区的时间仅有 0.1ps. 与热扩散情形相比, β 值可以增加一个数量级以上, 而基区时间常数可以减少 1/10. 不过在实际情形中, 由于基区中能量弛豫的影响, 会使得渡越基区的电子呈现出热载流子状态[8].

依据载流子的热扩散模型, 基区渡越时间

$$\tau_b = \frac{qW_b}{2k}\cdot\frac{1}{T_c\mu_e} \tag{3.4}$$

式中, W_b 为基区宽度; T_c 为电子温度; μ_e 为电子迁移率. 假定电子的散射机构以电离杂质散射为主, 则有

$$\mu_e \propto T_c^{1.5} \tag{3.5}$$

$$\tau_b \propto T_c^{2.5} \tag{3.6}$$

由此可见, 随着 T_c 的增加, τ_b 将迅速减小.

3.3.2 缓变基区 HBT 中的载流子输运

对于如图 3-5 所示的缓变基区 HBT, 由于禁带宽度的空间变化, 必然会在基区内部产生内建电场. 其电场强度可由下式给出[9]

$$E_{bi} = \Delta E_g/(qW_b) \tag{3.7}$$

式中, q 为电子电荷; ΔE_g 为基区两端的带隙能量之差. 对于 $Al_xGa_{1-x}As/GaAs$ HBT 而言, ΔE_g 随组分数 x 而连续发生改变. 由 (3.4) 式可以估算出, 当 $x = 0.2$ 和 $W_b = 1\mu\text{m}$ 时, $E_{bi} \approx 25\text{kV/cm}$.

应当注意的是, 缓变基区 HBT 中电子的输运特性与通常样品中的漂移速度–电场 (υ_{d}-E) 依赖关系稍有不同, 即只要 ΔE_{g} 不大于基区低能隙一侧的 Γ 能谷与 L 能谷的能量差 (对于 GaAs 来说, $\Delta E^{\Gamma\text{-}L}=0.28\mathrm{eV}$), 那么电子将位于 Γ 能谷中. 此时, 它们具有小的有效质量, 亦即具有大的迁移率, 这样就不会发生所谓的速度饱和现象.

下面, 进一步估测电子漂移速度的大小. 由电压随时间的变化

$$\frac{\mathrm{d}V_{\mathrm{d}}}{\mathrm{d}t}=\frac{qE_{\mathrm{bi}}}{m_{\mathrm{e}}^{*}}-\frac{V_{\mathrm{d}}}{\tau_{\mathrm{m}}} \tag{3.8}$$

可以得到

$$V_{\mathrm{d}}=\frac{q\tau_{\mathrm{m}}}{m_{\mathrm{e}}^{*}}\left[1-\exp\left(-\frac{t}{\tau_{\mathrm{m}}}\right)\right]E_{\mathrm{bi}} \tag{3.9}$$

式中, τ_{m} 表示动量弛豫时间. 被注入到基区中的电子, 经过 τ_{m}(对于 $\mu_{\mathrm{e}}=10^{3}\mathrm{cm}^{2}/\mathrm{V{\cdot}s}$, $\tau_{\mathrm{m}}=40\mathrm{fs}$) 时间后, 将以一定的速度发生漂移. 例如, 当 $E_{\mathrm{bi}}=25\mathrm{kV/cm}$ 和 $\mu_{\mathrm{e}}=10^{3}\mathrm{cm}^{2}/\mathrm{V{\cdot}s}$ 时, $\upsilon_{\mathrm{d}}=2.5\times10^{7}\mathrm{cm/s}$. 当 E_{bi} 较小时, 基区中电子的热扩散运动与漂移运动同时存在. 而当 ΔE_{bi} 足够大时, 漂移运动将超过扩散运动而起主导作用, 从而使电子可以迅速渡越基区而到达集电极.

3.3.3 HBT 发射区–基区空间电荷区中的载流子复合

讨论 HBT 中的电子输运过程, 不可忽视注入电子在发射区–基区空间电荷区中的复合过程. 一般而言, 这种复合由以下三种情形构成, 即 Shockley-Read-Hall(SRH) 复合、俄歇复合和辐射复合. 图 3-7 示出了一个 npn 型 AlGaAs/GaAs HBT 发射结的能带图和复合电流的构成.

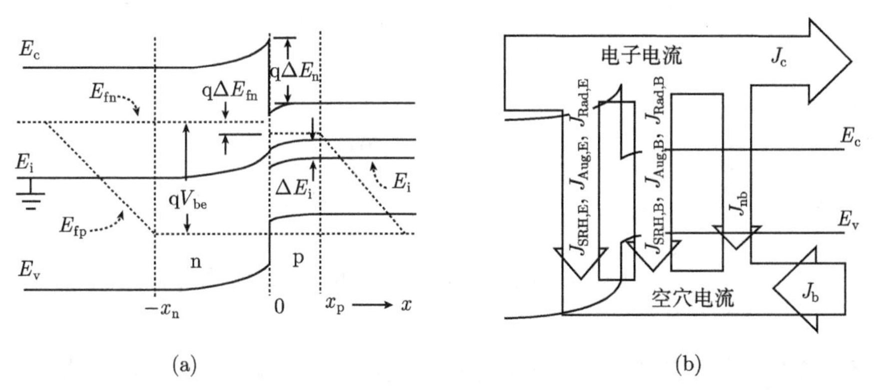

图 3-7 npn 型 AlGaAs/GaAs HBT 发射结的能带图 (a) 和复合电流的构成 (b)

理论分析指出, SRH 复合电流 $J_{\mathrm{SRH,B}}$ 和 $J_{\mathrm{SRH,E}}$, 俄歇复合电流 $J_{\mathrm{Aug,B}}$ 和 $J_{\mathrm{Aug,E}}$ 以及辐射复合电流 $J_{\mathrm{Rad,B}}$ 和 $J_{\mathrm{Rad,E}}$ 分别由以下各式给出[10]

$$J_{\mathrm{SRH,B}} \approx C_{\mathrm{s}} \frac{N_{\mathrm{D}} n_{\mathrm{i,p}}}{\tau_{\mathrm{n0,p}} n_{\mathrm{i,n}}} \exp\left[q \frac{\Delta E_{\mathrm{i}} - N_{\mathrm{rat}} V_{\mathrm{bi}}}{kT}\right] \tag{3.10}$$

$$J_{\mathrm{SRH,E}} \approx C_{\mathrm{s}} \frac{\pi n_{\mathrm{i,n}}}{2\tau_{\mathrm{n}}} \exp\left[\frac{qV_{\mathrm{be}}}{kT}\right] \tag{3.11}$$

$$J_{\mathrm{Aug,B}} \approx C_{\mathrm{s}} n_{\mathrm{i,p}}^2 A_{\mathrm{p,p}} N_{\mathrm{A}} \exp\left[q \frac{V_{\mathrm{be}} - \Delta E_{\mathrm{fn}}}{kT}\right] \tag{3.12}$$

$$J_{\mathrm{Aug,E}} \approx C_{\mathrm{s}} n_{\mathrm{i,n}}^2 A_{\mathrm{n,n}} N_{\mathrm{D}} \exp\left[q \frac{V_{\mathrm{be}}}{kT}\right] \tag{3.13}$$

$$J_{\mathrm{Rad,B}} \approx \frac{qC_{\mathrm{s}} V_{\mathrm{bi}}}{kT} n_{\mathrm{i,p}}^2 B_{\mathrm{p}} (1 - N_{\mathrm{rat}}) \exp\left[q \frac{V_{\mathrm{be}} - \Delta E_{\mathrm{fn}}}{kT}\right] \tag{3.14}$$

$$J_{\mathrm{Rad,E}} \approx \frac{qC_{\mathrm{s}} V_{\mathrm{bi}}}{kT} n_{\mathrm{i,n}}^2 B_{\mathrm{n}} N_{\mathrm{rat}} \exp\left[\frac{qV_{\mathrm{be}}}{kT}\right] \tag{3.15}$$

以上各式中, ΔE_{fn} 为发射区和基区的准费米能级之差; N_{D} 和 N_{A} 分别为发射区和基区的掺杂浓度; V_{be} 为发射结外加偏压; V_{bi} 为内建电压; ΔE_{i} 是由于 AlGaAs 和 GaAs 之间的能量差在突变发射结界面产生的不连续性; $n_{\mathrm{i,n}}$ 和 $n_{\mathrm{i,p}}$ 分别为发射区和基区中的本征载流子浓度; $\tau_{\mathrm{n0,p}}$ 为基区中少数载流子的寿命; A_{n} 和 A_{p} 分别为电子和空穴的俄歇系数; B_{n} 和 B_{p} 分别为电子和空穴的辐射复合系数. 而 C_{s} 则由下式给出

$$C_{\mathrm{s}} = kT \sqrt{\frac{2\varepsilon}{qN_{\mathrm{A}}(1 - N_{\mathrm{rat}}) V_{\mathrm{bi}}}} \tag{3.16}$$

式中, N_{rat} 为基区和发射区的掺杂比, 即

$$N_{\mathrm{rat}} = \frac{N_{\mathrm{A}}}{N_{\mathrm{A}} + N_{\mathrm{D}}} \tag{3.17}$$

而 V_{bi} 则由下式给出

$$V_{\mathrm{bi}} = \frac{kT}{q} \ln\left(\frac{N_{\mathrm{A}} N_{\mathrm{D}}}{n_{\mathrm{i,p}}^2}\right) + \Delta E_{\mathrm{c}} = \frac{kT}{q} \ln\left(\frac{N_{\mathrm{A}} N_{\mathrm{D}}}{n_{\mathrm{i,p}} n_{\mathrm{i,n}}}\right) + \Delta E_{\mathrm{i}} \tag{3.18}$$

图 3-8 是由理论计算得到的空间电荷区复合电流与发射结外加偏压的关系. 可以看到, 每种电流都与外加偏压 V_{be} 呈现出一种典型的指数依赖关系, 只是在较大的偏压下呈现出少许的偏离.

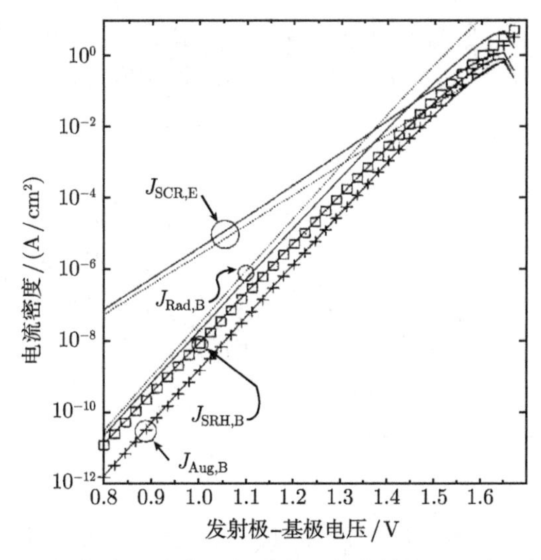

图 3-8 HBT 空间电荷区复合电流与发射结外加偏压的关系

3.3.4 宽带隙集电区 HBT 中的载流子输运

HBT 中载流子输运特性的蒙特卡罗模拟结果指出, 在集电结空间电荷区靠近基区边缘约 500Å的范围内存在着明显的速度过冲现象[11]. 但是, 在该区的大部分范围内, 平均速度却比较低, 这是因为进入集电结空间电荷区中的电子具有较大的动能, 较强的谷间散射使大部分电子由 Γ 能谷转移到了平均速度较低的 L 能谷中去. 空间电荷区中低的平均速度, 将会导致较长的集电结渡越时间和相对较大的集电结时间常数.

在基区渡越时间得到有效减小之后, 降低集电结渡越时间 τ_{c} 便成为改善集电区中载流子输运的一个主要参数. τ_{c} 可由两部分组成, 即

$$\tau_{\mathrm{c}}=\frac{W_{\mathrm{bc}}}{2\upsilon_{\mathrm{c}}}+r_{\mathrm{e}}C_{\mathrm{bc}} \tag{3.19}$$

式中, W_{bc} 为集电结空间电荷区宽度; υ_{c} 为空间电荷区中电子的有效速度; r_{e} 为发射结的微分电阻; C_{bc} 为集电结电容.

理论分析证实, 增加集电区的掺杂浓度以减薄空间电荷区宽度, 可以使速度过冲得到增强. 人们提出了一种所谓的弹道收集晶体管 (BCT), 利用电子在空间电荷区中的近弹道输运, 以使集电结渡越时间显著缩短, 其能带图如图 3-9(a) 所示. 这是一种 $\mathrm{np^{+}ip^{+}n^{+}}$ 结构, 紧靠 $\mathrm{n^{+}}$ 集电区中 $\mathrm{p^{+}}$ 层的存在可使 i 型收集层中的电场减弱, i 型层中适当较弱的电场将会使电子能保持较高的速度, 但同时又不会导致电子由 Γ 谷向 L 谷的大量转移. 模拟结果表明, 电子在集电区中的平均速度可达

4.5×10^7cm/s. 图 3-9(b) 是在不同电场强度下, 利用计算得到的电子速度与渡越距离的关系. 当电场强度为 20kV/cm 时, 电子的平均速度可达 6×10^7cm/s[12].

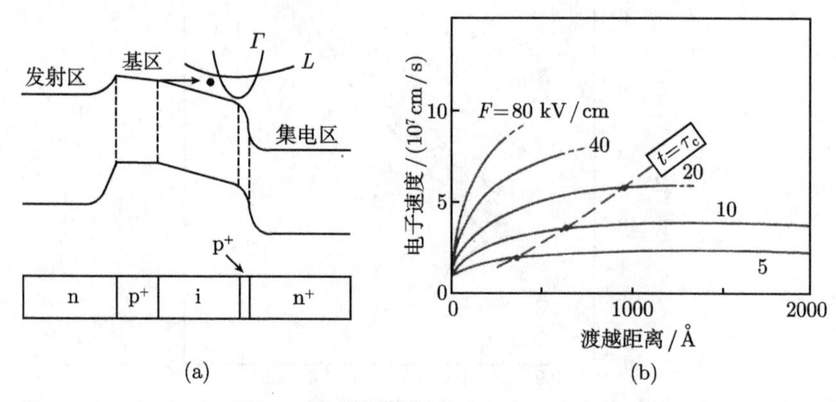

图 3-9　$np^+ip^+n^+$ 结构 BCT 的能带图 (a) 和电子速度与渡越距离的关系 (b)

3.4　HBT 的器件特性

HBT 是利用能带工程和异质结特点实现的高性能电子输运器件. 由于 HBT 比同质结器件在材料性质和结构设计上具有更大的灵活性, 因而其呈现出许多优异性质. 表征器件性能的主要物理参数有电流增益、工作频率、电流–电压特性、噪声特性以及温度特性等. 下面对此进行简要分析与讨论.

3.4.1　电流增益

考虑一个如图 3-10 所示的 AlGaAs/GaAs HBT, 发射区为宽带隙的 n-AlGaAs 材料, p 型基区和 n 型集电区均为窄带隙的 GaAs 材料. 发射极电流 I_e 由三部分组成, 即由发射区注入并越过发射结势垒进入基区导带中的电子电流 I_n, 通过界面

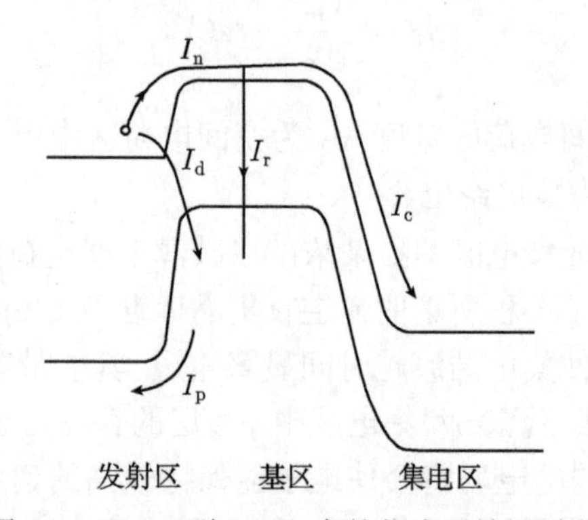

图 3-10　npn 型 HBT 中的载流子输运过程

缺陷进入基区价带并与空穴复合的缺陷电流 I_d(包括复合电流和隧穿电流), 以及基区的空穴越过势垒进入发射区的空穴电流 I_p. 因为集电结处于反向偏置, 反向电流极小. 集电极电流 I_c 主要由发射区注入到基区的少子流漂移到集电区而形成, 它们在漂移过程中将在基区中被复合掉一部分, 形成基区复合电流 I_r.

发射极、基极和集电极三部分的电流可分别由以下三式表示[13]

$$I_e = I_n + I_p + I_d \tag{3.20}$$

$$I_b = I_p + I_r + I_d \tag{3.21}$$

$$I_c = I_n - I_r \tag{3.22}$$

对于一个双极型晶体管发射极的电流放大系数, 即电流增益可表示为

$$\beta = I_c/I_b = \frac{I_n - I_r}{I_p + I_r + I_d} < \frac{I_n}{I_p} \equiv \beta_{max} \tag{3.23}$$

β_{max} 实际上就是 HBT 发射结的注入比.

分析指出, 影响 β 值的参数有两个, 一个是注入效率 η_e, 另一个是基区输运系数 a_b, 二者可分别由下式表示

$$\eta_e = I_n/(I_n + I_p + I_d) \tag{3.24}$$

$$a_b = (I_n - I_r)/I_n \tag{3.25}$$

现在讨论 η_e 和 a_b 与 β 值的关系. 假定 AlGaAs/GaAs HBT 的注入比足够大, 忽略空穴注入电流 I_p, (3.24) 式可简化为

$$\eta_e = I_n/(I_n + I_d) \tag{3.26}$$

此时共发射极电流增益为

$$\beta = \eta_e/(1 - \eta_e) = I_n/I_d \tag{3.27}$$

按照载流子扩散理论则有

$$I_n \propto \exp(qV/kT) \tag{3.28}$$

而依据载流子复合理论, 可得

$$I_d \propto \exp(qV/nkT) \tag{3.29}$$

将 (3.28) 式和 (3.29) 式代入 (3.27) 式中, 可以得到

$$\beta = \frac{I_n}{I_d} \propto \exp\left(1 - \frac{1}{n}\right) qV/kT \tag{3.30}$$

因为复合电流对增益没有贡献, 所以只有当 $I_{\rm n} > I_{\rm d}$ 时晶体管才有放大作用. 当 $I_{\rm n} \gg I_{\rm d}$ 时, 发射极总电流 $I_{\rm e} \approx I_{\rm n}$, 于是 (3.30) 式变为

$$\beta \propto I_{\rm e}^{\left(1-\frac{1}{n}\right)} \tag{3.31}$$

复合电流的存在使晶体管的增益随发射极电流的增加而增加. 图 3-11 是 AlGaAs /GaAs HBT 的电流增益 β 与发射极电流 $I_{\rm e}$ 的关系[14]. 可以看到, 对三种不同 Al 组分的 HBT, 都得到了 $n \approx 2.0$ 的结果, 表明耗尽区的复合电流是发射结空间电荷区中占主导地位的缺陷电流. 当隧道电流在缺陷电流中起主要作用时, (3.29) 式可改写为

$$I_{\rm d} \propto \exp(AV) \tag{3.32}$$

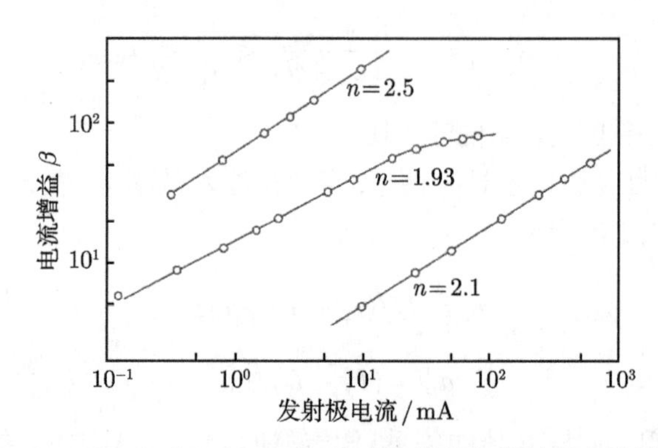

图 3-11　AlGaAs/GaAs HBT 的电流增益与发射极电流的关系

3.4.2　电流−电压特性

图 3-12(a) 示出了一个发射极面积为 $2\times3.5\mu\text{m}^2$ 的 AlGaAs/GaAs HBT, 在不同基极电流 $I_{\rm b}$ 下的集电极电流 $I_{\rm c}$ 与发射极–集电极偏压 $V_{\rm ce}$ 的关系[15]. 可以看出, 它有几个不同于 Si 双极晶体管的特点: ①由于发射极与集电极的启动电压之差, 使得非零偏压 $V_{\rm ce}$ 产生了一个正向集电极电流 $I_{\rm c}$; ②在较大的 $I_{\rm b}$ 和 $V_{\rm ce}$ 条件下, HBT 呈现出了一个负微分电导, 此归因于在较大电流和较高温度下的载流子加热效应. 一般而言, 随着温度的增加, HBT 的电流增益将会减小; ③直流电流增益会随着集电极电流的增加而增大, 并且在大集电极电流下会出现饱和现象.

图 3-12(b) 示出了 AlGaAs/GaAs HBT 的集电极电流 $I_{\rm c}$ 和基极电流 $I_{\rm b}$ 随发射结偏压 $V_{\rm be}$ 的变化. 正如在图中所看到的那样, 当 $V_{\rm be}$ 较小时, 集电极电流 $I_{\rm c}$ 的理想因子等于 1, 这意味着此时扩散电流起着一个支配作用; 而当 $V_{\rm be}$ 较小时, 基极电流 $I_{\rm b}$ 的理想因子为 2, 这说明此时复合电流在基区中占主导地位. 而在较大的 $V_{\rm be}$ 下, 串联电阻效应对于 $I_{\rm c}$ 和 $I_{\rm b}$ 均起着一个重要作用.

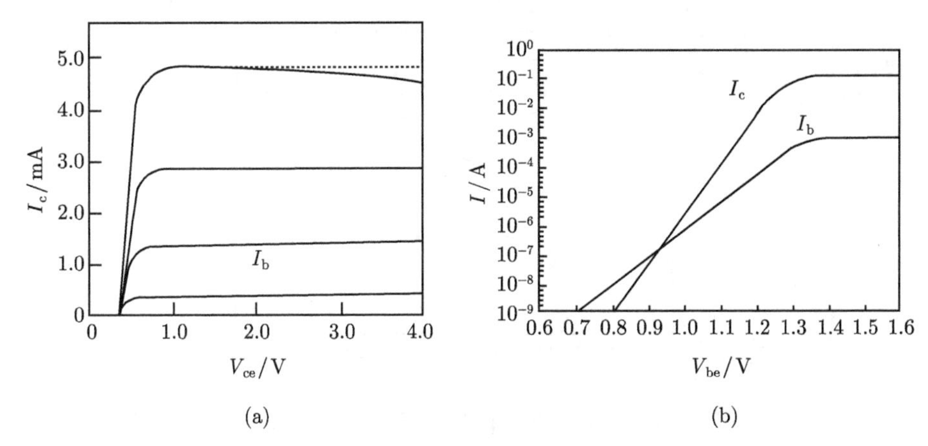

图 3-12 AlGaAs/GaAs HBT 的集电极电流 I_c 与 V_{ce}(a) 和集电极电流 I_c 和基极电流 I_b 与 V_{be}(b) 的关系

HBT 的集电极电流可以利用 Moll-Ross-Kroemer 关系进行解释. 如果集电极电流由基区输运过程所制约, 那么集电极电流密度可由下式表示

$$J_c = \frac{qD_n n_{ie}^2 \exp(qV_{be}/kT)}{\displaystyle\int_0^{W_b} p(x)\mathrm{d}x} \tag{3.33}$$

式中, D_n 为电子的扩散系数; $p(x)$ 是基区中空穴浓度, 它随距离 x 而变化.

对于基极电流而言, 由于宽带隙 AlGaAs 和窄带隙 GaAs 的存在, 它比 Si 同质结双极晶体管具有更复杂的表达形式. 一般而言, AlGaAs 中的深能级缺陷 (例如, DX 中心) 将会起着一个控制 HBT 发射结中复合电流的作用. HBT 中的基极电流由以下四个部分组成: ①基区中的复合电流; ②发射结空间电荷区中的复合电流; ③发射区中的复合电流; ④边缘电流. 考虑到上述情形, 基极电流可由下式给出

$$I_b \approx \exp(qV_{be}/nkT) \tag{3.34}$$

式中, n 为二极管的理想因子, 其值在 1~2. 如果少数载流子寿命较短, 基区中的复合电流将起支配作用, 此时 $n = 1$, 并且电流增益 $\beta = I_c/I_b$ 为一常数. 而如果 AlGaAs 中的深能级中心密度较大, 在发射结空间电荷区中的复合过程占主导地位, 则 $n = 2$, 并且 β 值随 I_c 的增加而增大, 但随温度的升高而减小. 如果是发射区中的复合过程占统治地位, 那么 n 的值将会等于 1, 而且 β 值会随温度升高而减小, 而边缘电流则归因于在发射极边缘的高表面复合速度. 图 3-13 示出了一个 AlGaAs/GaAs HBT 的电流增益随集电极电流的变化. 可以看到, 在较大的集电极电流下, β 值可达 100 以上.

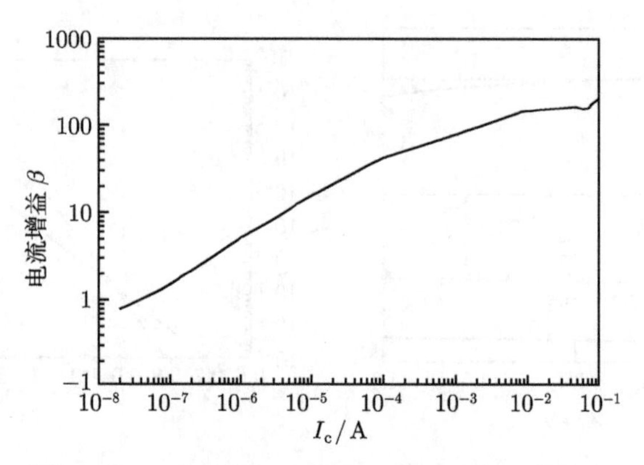

图 3-13　AlGaAs/GaAs HBT 的 β 随 I_c 的变化

3.4.3　频率特性

频率特性是描述 HBT 器件性能的一个重要参量. 为了改善晶体管的频率特性, 常规的同质结晶体管通常采用提高注入比的方法, 亦即使发射区高掺杂而基区低掺杂, 但这样会造成发射结电容和基区电阻都比较大. 对于 HBT 来说, 在保证获得同样注入比的条件下, 可以采用降低发射区掺杂浓度而适当提高基区掺杂浓度的办法. 这样, 既减小了发射结的电容, 同时又降低了基区的电阻[16].

1. 最高振荡频率 $f_{\max}$

按照半导体器件物理, 高频晶体管的最高振荡频率为[17]

$$f_{\max}=\frac{1}{2}(f_{\mathrm{t}}f_{\mathrm{c}})^{\frac{1}{2}} \tag{3.35}$$

式中, f_{t} 为使共发射极电流增益变为 1 的频率, 它与延迟时间成反比关系, 即

$$\tau_{\mathrm{ec}}=\tau_{\mathrm{b}}+\tau_{\mathrm{e}}+\tau_{\mathrm{d}}+\tau_{\mathrm{c}} \tag{3.36}$$

式中, τ_{b}、τ_{e}、τ_{d} 和 τ_{c} 分别为基区少子渡越时间、发射结电容充电时间、集电结空间电荷区渡越时间和集电结渡越时间. 而

$$f_{\mathrm{c}}=1/(2\pi R_{\mathrm{b}}C_{\mathrm{c}}) \tag{3.37}$$

这样, R_{b} 的减小可使 f_{c} 增加, 因而使晶体管的最高振荡频率增加.

此外, 开关晶体管的开关时间可由下式给出[18]

$$\tau_{\mathrm{s}}=\frac{5}{2}R_{\mathrm{b}}C_{\mathrm{c}}+\frac{R_{\mathrm{b}}}{R_{\mathrm{L}}}\tau_{\mathrm{b}}+(3C_{\mathrm{c}}+C_{\mathrm{L}})R_{\mathrm{L}} \tag{3.38}$$

式中, C_{c} 为集电极电容; R_{L} 和 C_{L} 分别为电路的负载电阻和电容; τ_{s} 直接由基区电阻 R_{b} 和基区渡越时间 τ_{b} 决定, 而

$$\tau_{\mathrm{b}}=\frac{W_{\mathrm{b}}^2}{2D_{\mathrm{n}}} \tag{3.39}$$

式中, W_b 为基区宽度; D_n 为电子的扩散系数. 在 HBT 中, 由于基区能够实现高掺杂, 这样在保证同样基区电阻的条件下, 基区宽度可以相应地减小, 从而缩短基区渡越时间, 提高了振荡频率.

2. 特征频率 f_T

特征频率是表征 HBT 的最常用和最重要的高频性能参数, 它可由下式表示

$$f_T = \{2\pi[\tau_e + \tau_b + (R_{ee} + R_c)C_{bc}]\}^{-1} \tag{3.40}$$

由上式可知, 为了提高 f_T, 需要合理设计 HBT 的横向与纵向结构参数. 即通过减小时间常数, 而使 f_T 得到大幅度提高.

1) 发射结电容充电时间 τ_e

发射结电容充电时间 τ_e 可由下式表示

$$\tau_e = \frac{kT}{qI_c}(C_{be} + C_{bc}) \tag{3.41}$$

从上式可以看出, τ_e 随集电极电流 I_c 的增加而减小. 所以, 对于以高 I_c 工作的 HBT 来说, 与其他时间常数相比, τ_e 对 f_T 的贡献较小. 换言之, τ_e 为 f_T 添置了上限. 从器件制作角度讲, 减小 τ_e 的主要途径是降低发射区掺杂浓度和减小发射结面积, 借以减小发射结势垒电容.

2) 基区渡越时间 τ_b

一般地说, τ_b 往往是四个时间常数中较长的一个, 成为决定 f_T 的主要因素, 减小 τ_b 的最主要途径是减薄基区宽度 W_b. 对于均匀基区 HBT, τ_b 的表达式为

$$\tau_b = W_b^2/(2kT\mu_e/q) \tag{3.42}$$

由于 μ_e 的不同, GaAs 基区中的 τ_b 将比 Si 同质结双极晶体管缩短 1/3~1/5. 例如, 当 $W_b = 0.1\mu m$, 基区掺杂浓度为 $1\times10^{19}/cm^3$ 时, $\tau_b \approx 2ps$. 而对于具有大倾斜度的缓变基区 HBT 而言

$$\tau_b = W_b/\mu_e E_{bi} \tag{3.43}$$

由上式可见, 在强内建电场作用下, τ_b 可以得到明显改善.

3) 集电结渡越时间 τ_c

当基区的漂移电子流渡越集电结势垒区时, 将引起势垒区内载流子的重新分布, 进而导致势垒区充放电电流的变化. 以 v_s 表示电子的漂移速度, X_{mc} 表示集电结势垒区宽度, 则有

$$\tau_c = X_{mc}/2v_s \tag{3.44}$$

由于 GaAs 的 v_s 比 Si 约大 1.5 倍, 所以 τ_c 可以具有比常规双极晶体管更小的值.

4) 集电区时间常数 $[(R_{ee}+R_c)C_{bc}]$

集电区时间常数是由于发射区与集电区寄生电阻 R_{ee} 和 R_c 所导致的一个时间常数. 对于 HBT 来说, 由于其他时间常数较小, 所以在交流情形下这个时间常数是不可忽视的. 减小这一时间常数的主要工艺措施是降低集电区电阻和减小集电结面积, 以使 R_c 和 C_{bc} 减小.

5) 基区电阻 R_b

在 HBT 中, 基区掺杂浓度可高达 $10^{19}/cm^3$ 以上, 所以内基区电阻仅为 Si 双极晶体管的 1/5~1/10, 这对于抑制发射极的电流集边效应是很有效的. 因此, 影响 HBT 高频特性的主要原因是外基区电阻. 若进一步减小 HBT 的寄生电阻与寄生电容, 使器件的所有时间常数之和小于 1.5ps, 预计其 f_T 可达 100GHz 以上.

3.4.4 温度特性

温度对器件特性的影响主要分为两个方面：一方面是环境温度的改变, 这将导致器件内部物理参数的改变; 另一方面是器件的自加热效应, 这是由器件内部的功率耗散而引起的升温效应. 尤其是温度对电流增益 β 具有至关重要的影响, 图 3-14(a) 是实验测量得到的 AlGaAs/GaAs HBT 在不同温度下的 β 值与发射极电流 I_e 的关系. 可以看到, 在不同温度下直线的斜率基本不变, 说明了理想因子 n 与温度无关. 但是, β 值在 80K 时比 300K 时降低了一半, 说明注入的电子电流 I_n 和缺陷电流 I_d 的比值在低温下减小了[19].

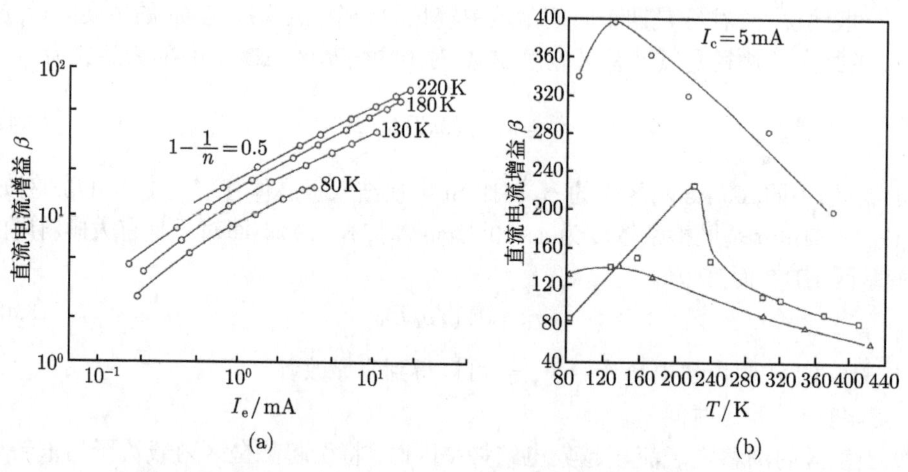

图 3-14　AlGaAs/GaAs HBT 的电流增益与温度的依赖关系

图 3-14(b) 是一个 AlGaAs/GaAs HBT 的 β 与温度的直接依赖关系[20]. 与图 3-14(a) 所不同, 在低温下增益 β 值随温度的升高而增加, 这种现象仍可用复合电流随温度升高而在总电流中的比重下降这一事实进行解释. 然而, 在较高的温度

下增益随温度上升会很快的下降, 这可能是由异质结界面的组分不完全渐变造成的. 在突变异质结中, 当 AlGaAs 中的 Al 组分数 x 小时, ΔE_{v} 的数值还不足以使注入的空穴电流完全被忽略, 其电子流与空穴流之比为

$$\left(\frac{I_{\mathrm{n}}}{I_{\mathrm{p}}}\right)_{\text{异质结}} = \left(\frac{I_{\mathrm{n}}}{I_{\mathrm{p}}}\right)_{\text{同质结}} \exp\left(\frac{\Delta E_{\mathrm{v}} + \Delta E_{\mathrm{I}}}{kT}\right) \tag{3.45}$$

式中, ΔE_{I} 是由界面组分渐变而使导带的带边失调值 ΔE_{c} 下降的部分. 式 (3.45) 中的指数因子随温度上升而很快下降, 从而引起增益随温度的上升而下降.

文献 [21,22] 报道了 $Al_{0.3}Ga_{0.7}As$/GaAs HBT 的电流增益与温度的依存关系, 图 3-15 示出了由模拟计算得到的具有突变发射结和缓变发射结 $Al_{0.3}Ga_{0.7}As$/GaAs HBT 在 300~500K 温度范围内 β 与电流密度间的关系曲线. 显而易见, 当集电极电流 I_{c} 较小 ($< 10\mathrm{A/cm^2}$) 时, 随着 I_{c} 的增加 β 值呈指数增加, 而且对于同一 I_{c}, 在较低的温度下具有较大的 β 值. 而当 I_{c} 较大 ($> 10\mathrm{A/cm^2}$) 时, β 值随 I_{c} 的增加呈现饱和状态, 而且此时温度依赖性已不大明显. HBT 在高温时电流增益下降的主要原因是发射结空间电荷区的复合电流和基区向发射区注入的空穴电流随温度升高而快速增加的缘故. 如果适当增加 Al 的组分数 x, 使发射区的禁带宽度增加, 有助于空间电荷区复合率的减小, 从而会改善 HBT 的电流增益.

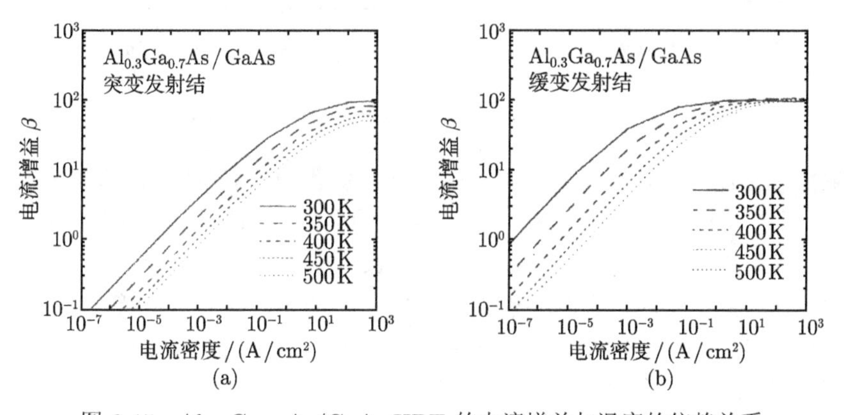

图 3-15 $Al_{0.3}Ga_{0.7}As$/GaAs HBT 的电流增益与温度的依赖关系

3.5 SiGe/Si HBT 的器件性能

除了Ⅲ-Ⅴ族的 AlGaAs/GaAs HBT 之外, Ⅳ-Ⅳ族的 SiGe/Si HBT 也是一类重要的异质结双极晶体管. 与同质结 Si 双极型晶体管相比, SiGe/Si HBT 具有下列优点: ①与同质结器件相比, 在基区掺杂一定时, HBT 的基极电流急剧下降. 此外, 基区带隙的变窄, 使 I_{c}-V_{be} 关系朝着降低开启电压的方向变化, 图 3-16(a) 示出了

集电极电流 I_c 随 V_{be} 的变化; ②高速性能突出. 由于 Ge 含量在缓变基区中所产生的自建场很强, 因此可以采用这一方法使电子在基区的渡越时间大幅度下降. 在同样的工艺条件下, SiGe/Si HBT 的 f_T 比标准 Si 双极型晶体管的 f_T 高许多, 其最高值可达 115GHz, 图 3-16(b) 示出了其 f_T 随 I_c 的变化关系[23]; ③Early 电压较高. 即使基区掺杂浓度不变, Early 电压也会随着 Ge 含量的增加而变大, 这是由于带隙变化影响了受基区输运限制的电流改变所导致的一个直接结果; ④除此之外, SiGe/Si HBT 在器件结构与制作工艺上能与标准的 Si 双极工艺以及 Bi CMOS 工艺相兼容, 这样可以大大简化 SiGe/Si HBT 集成电路的设计与制作技术, 从而提高器件的工作特性.

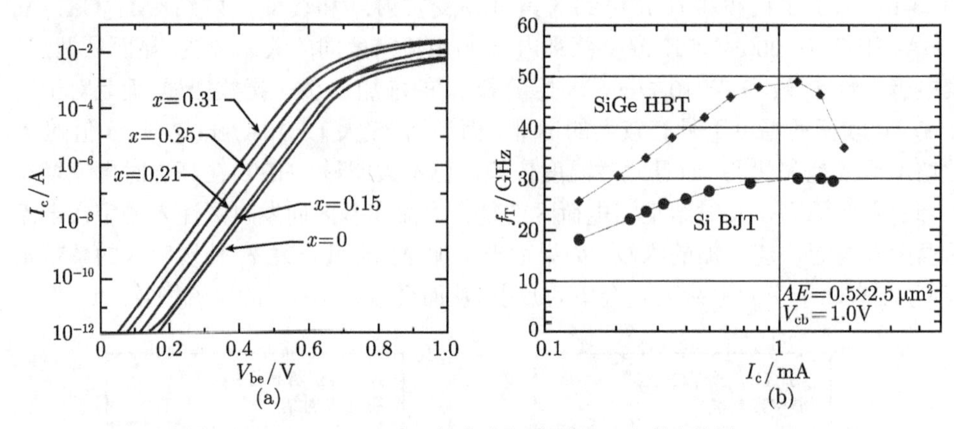

图 3-16　SiGe/Si HBT 的集电极电流 (a) 和特征频率 (b)

SiGe/Si HBT 的制作工艺大体与 Si 双极晶体管相类似, 关键是基区 SiGe 层的生长. 图 3-17 示出了几种不同 SiGe 生长类型的典型 SiGe/Si HBT 剖面结构. 一种是控制工艺条件, 进行 SiGe 层的选择外延生长, 使 SiGe 层只沉积在 SiO_2 或 Si_3N_4 膜层上刻开的窗口中, 如图 3-17(a) 所示; 另一种是非选择外延生长, SiGe 层在 Si 片上大面积生长. 形成基区沉积后, 再在 SiGe 上沉积多晶 Si 薄膜形成发射区, 如图 3-17(b) 所示; 第三种则是通过一次外延同时完成基区和发射区的生长, 其后再通过 Ga 的注入或采用选择腐蚀的方法与薄基区接触. 而后利用低温沉积, 用介质膜层实现钝化和采用台面腐蚀实现器件隔离, 如图 3-17(c) 所示[24].

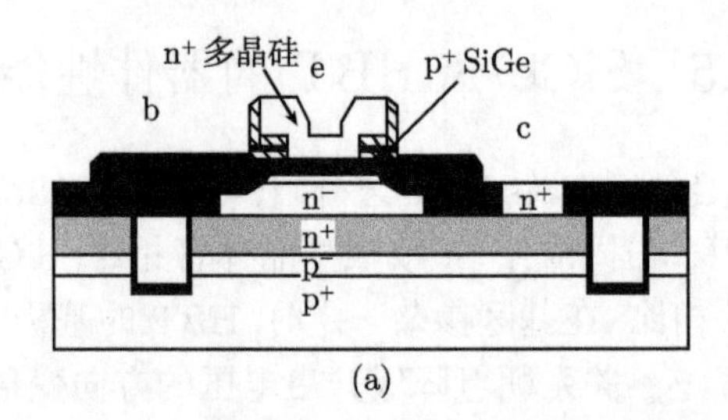

(a)

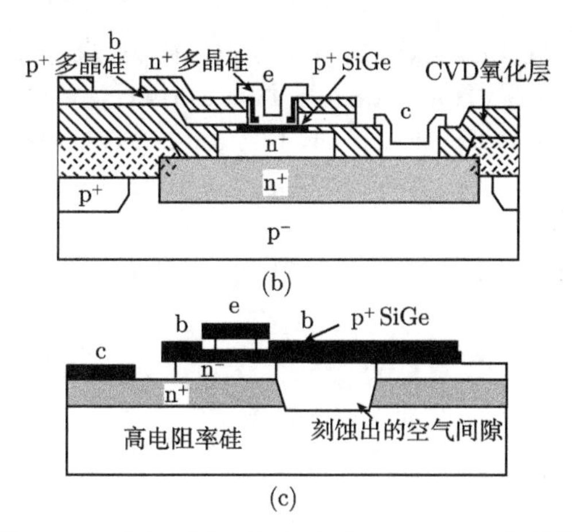

图 3-17 具有不同结构的典型 SiGe HBT 截面图

参 考 文 献

[1] Kroemer H. Proc. IEEE, 1982, 70: 13

[2] Yang Y F, Hsu C C, Yang E S. IEEE Trans. Electron Devices, 1994, 41: 643

[3] Chen Y K, Nottenburg R N, Panish M B, et al. IEEE Trans. Electron Device Letters, 1989, 10: 267

[4] Kurishima K, Nakajma H, Kobayashi T, et al. IEEE Trans. Electron Devices, 1994, 41: 1319

[5] Luan H C, Lim D R, Lee K K, et al. Appl. Phys. Lett., 1999, 75: 2909

[6] 施敏. 现代半导体器件物理. 刘晓彦, 等译. 北京: 科学出版社, 2002

[7] Einspruch N G, Frensley W R. Heterostructures and quantum devices. New York: Academic Press, 1994

[8] Tomizawa. IEEE Trans. Electron Device Letters, 1984, 5: 362

[9] 横山直树, 西秀敏. 电子通信学会志, 1985, 69: 33

[10] Searles S, Pulfrey D L. IEEE Trans. Electron Devices, 1994, 41: 476

[11] 叶良修. 小尺寸半导体器件的蒙特卡罗模拟. 北京: 科学出版社, 1997

[12] 榊裕之. 超晶格异质结器件. 东京: 工业调查会, 1989

[13] 吕红亮, 张玉明, 张义门. 化合物半导体器件. 北京: 电子工业出版社, 2009

[14] Konagai M, Takahashi K. J. Appl. Phys., 1975, 46: 2120

[15] Asbeck P M. IEEE IEDM Short course: Heterostructure transistors, New York, 1988

[16] 虞丽生. 半导体异质结物理. 第二版. 北京: 科学出版社, 2006

[17] Ladd G O, Jr D I. IEEE Trans. Electron Devices, 1970, 17: 413

[18] Hayes J R, Capasso F, Gossard A C, et al. Electron Letters, 1983, 19: 410

[19] Konagai M, Takahashi K. J. Appl. Phys., 1975, 46: 2120

[20] Chand N, Fischer R, Henderson T, et al. Appl. Phys. Lett., 1984, 45: 1068

[21] Liu W, Fan S K. IEEE Trans. Electron Devices, 1993, 40: 1351

[22] Ng C M S, Houston P A. IEEE Trans. Electron Devices, 1997, 44: 17

[23] Harame D L, Comfort J H, Cressler J D, et al. IEEE Trans. Electron Devices, 1995, 42: 455

[24] Gruhle A, Kibbel I, Konig u, et al. IEEE Trans. Electron Devices Letters, 1992, 13: 206

第 4 章　高电子迁移率晶体管

高电子迁移率晶体管 (HEMT) 是利用调制掺杂异质结中二维电子气 (2DEG) 所具有的高电子迁移率效应, 设计并制作的高速逻辑器件, 最具有代表性的是 AlGaAs/GaAs HEMT. 其工作原理类似于传统的 Si-MOSFET, 因此它是一种典型的场效应半导体器件. 与 Si-MOSFET 相比, AlGaAs/GaAs HEMT 具有如下几个明显优点: ①即使不对沟道层进行人为掺杂, 仍可以在 AlGaAs/GaAs 界面势阱中获得较高的 2DEG 浓度; ②由于高浓度的 2DEG 与其母体施主杂质的空间分距, 具有很高的电子迁移率, 从而使 HEMT 有很高的工作速度; ③与 Si-SiO_2 系统相比, 由 MBE 生长的 AlGaAs/GaAs 界面是非常平坦的, 因而可以有效地减少载流子的界面粗糙度散射. 与 GaAs MESFET 相比, AlGaAs/GaAs HEMT 在 77K 的载流子迁移率为前者的 5 倍, 跨导为前者的 3 倍, 显示出良好的工作特性. 本章首先介绍调制掺杂 AlGaAs/GaAs 异质结中二维电子气的物理性质, 然后侧重讨论 AlGaAs/GaAs HEMT 的工作特性, 最后对 GaN HEMT 和 δ 掺杂场效应晶体管的输运性质进行简单介绍.

4.1　调制掺杂异质结中的二维电子气

4.1.1　2DEG 的面密度

在第 2 章中, 我们已经简单介绍了调制掺杂异质结的能带特性与 2DEG 的形成过程. 进而指出, 由于处于界面三角形势阱中的 2DEG 与母体施主的空间分距, 有效地避免了电离杂质散射, 因此使其迁移率大大提高[1]. 研究表明, 调制掺杂异质结三角形势阱中的电子面密度是影响其迁移率的一个重要物理量, 它与势阱的深度、掺杂浓度以及本征隔离层厚度等结构参数密切相关. 对于一个如图 4-1(a) 所示的 n-AlGaAs/GaAs 调制掺杂异质结来说, 电子面密度可以采用理论计算方法求出. 在一个三角形势阱中, 二维电子气的能量可由下式写出[2]

$$E_n \approx \left(\frac{\hbar^2}{2m_e^*}\right)^{\frac{1}{3}}\left(\frac{3}{2}\pi qF_s\right)^{\frac{2}{3}}\left(n+\frac{3}{4}\right)^{\frac{2}{3}} \tag{4.1}$$

式中, n 是量子数; F_s 是电场强度. 如果考虑 GaAs 三角形势阱中只有最低两个子能带被电子所占据的情形, 则有

$$E_0 \approx 1.83\times10^{-6}F_s^{2/3}(\text{eV}) \tag{4.2}$$

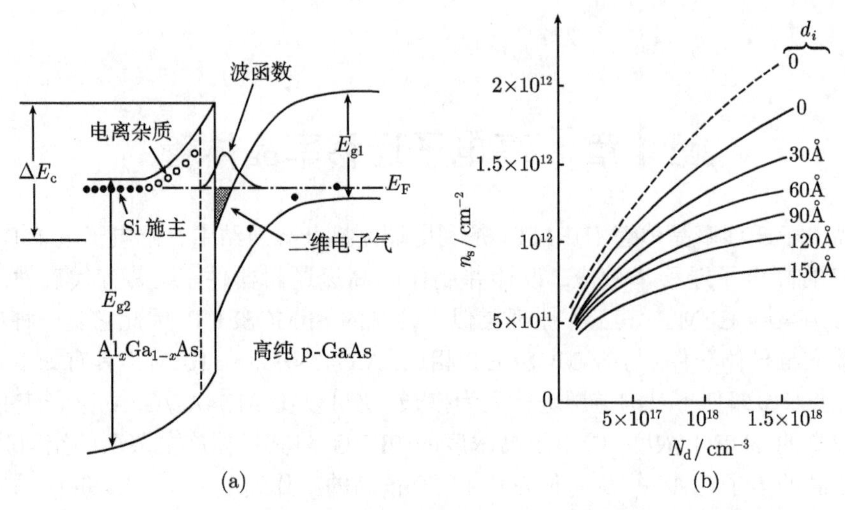

图 4-1　n-AlGaAs/GaAs 调制掺杂异质结的能带 (a) 和计算得到的电子面密度与施主杂质浓度的关系 (b)

$$E_1 \approx 3.23 \times 10^{-6} F_s^{2/3} (\text{eV}) \tag{4.3}$$

为了推导电子面密度 n_s 的表达式, 应首先建立它与界面电场 F_{is}(指 GaAs 层与本征 AlGaAs 层之间的界面电场) 的关系. 在势阱中的电场应遵守泊松方程, 故有

$$\frac{\mathrm{d}F_s}{\mathrm{d}x} = -\frac{q}{\varepsilon_0\varepsilon_1}[n(x) + N_{a1}] \tag{4.4}$$

式中, $n(x)$ 是体材料电子浓度; N_{a1} 是非掺杂 GaAs 缓冲层中的电离受主浓度. 在势阱内积分 (4.4) 式, 并利用 $F_s = 0$ 和 $F_s = F_{is}$ 两个边界条件, 则有

$$\varepsilon_0\varepsilon_1 F_{is} = qn_s + qN_{a1}W_1 \tag{4.5}$$

式中, ε_0 是真空介电常数; ε_1 是非掺杂 GaAs 的介电常数; W_1 是耗尽层宽度. 通常情形下, 由于 N_{a1} 是很小的, 因此 (4.5) 式中的第二项可以忽略, 于是有

$$\varepsilon_0\varepsilon_1 F_{is} \approx qn_s \tag{4.6}$$

为了求出 GaAs 三角形势阱中的二维电子气面密度, 必须首先推导出 n_s 和费米能级之间的关系. 对于一个具有单一量子化能级的二维电子气系统, 其态密度为

$$\rho(E) = \frac{m_e^*}{\pi\hbar^2} \tag{4.7}$$

利用费米–狄拉克统计, 可以推导出电子面密度与费米能级位置和温度的关系为

$$n_s = \rho(E)\int_{E_0}^{E_1} \frac{\mathrm{d}E}{1 + \mathrm{e}^{(E-E_F)/kT}} + 2\rho(E)\int_{E_1}^{\infty} \frac{\mathrm{d}E}{1 + \mathrm{e}^{(E-E_F)/kT}}$$

$$= \rho(E)\left(\frac{kT}{q}\right)\ln\left[\left(1+\mathrm{e}^{(E_\mathrm{F}-E_0)/kT}\right)\left(1+\mathrm{e}^{(E_\mathrm{F}-E_1)/kT}\right)\right] \tag{4.8}$$

对于 (4.8) 式, 如果在低温下第二子能带没有被电子占据, 则有

$$n_\mathrm{s} = \rho(E)(E_\mathrm{F}-E_0) \tag{4.9}$$

而如果第二子能带有电子占据, 则有

$$n_\mathrm{s} = \rho(E)(E_1-E_0) + 2\rho(E)(E_\mathrm{F}-E_1) \tag{4.10}$$

从 (4.9) 式可以看出, 当第二子能带为空态时, 二维电子气面密度等于态密度与费米能级和基态之间能量差的乘积. 图 4-1(b) 是利用计算得到的电子面密度 n_s 和施主掺杂浓度 N_d 的关系.

4.1.2 2DEG 的迁移率

虽然 2DEG 具有很高的迁移率, 但它仍然会受到各种散射机制的影响. 但是, 在不同的温度和掺杂浓度下, 将由不同的散射机制所支配. 图 4-2 是调制掺杂的 n-AlGaAs/GaAs 异质结中二维电子气迁移率与温度的典型依赖关系. 图中的三条虚线 PO、AP 和 PE 分别表示由极化光学声子散射、声学声子散射和压电散射所限定的迁移率, 两条点线是体 GaAs 材料具有不同掺杂浓度时的迁移率, 两条点画线是该调制掺杂异质结的 GaAs 势阱中具有不同掺杂浓度时的迁移率, 两条实线是

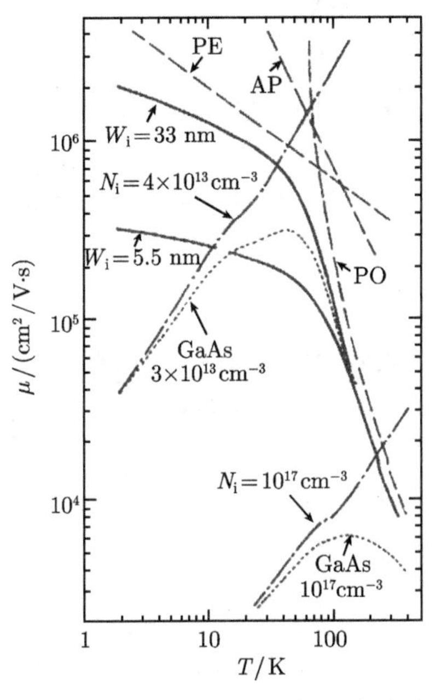

图 4-2 二维电子气迁移率与温度的关系

具有不同本征隔离层厚度时的迁移率. 可以看出, 当温度较高时, 极化光学声子散射占主导地位. 当温度较低时, 则以电离杂质散射为主. 对于高迁移率的样品, 声学波形变势散射和压电散射对二维电子气在低温时的迁移率将产生较大影响. 对于低迁移率的样品, 声学波形变势散射和压电散射的作用不太明显, 所以在 40K 以下迁移率将随温度的升高而增加, 该异质结在低温 10K 下的二维电子气迁移率可高达 $\sim 2\times10^6\text{cm}^2/\text{V}\cdot\text{s}$. 理论计算和实验研究调制掺杂结构中的各种散射机构对二维电子气迁移率的影响, 对设计和制作高性能的高迁移率晶体管具有重要意义[3].

4.2 HEMT 的工作特性

4.2.1 阈值电压

对于一个如图 4-3 所示的 n-AlGaAs/GaAs HEMT 而言, 在 AlGaAs/GaAs 界面的静电势可由下式给出[4]

$$\begin{aligned} V_2(-W_\mathrm{d}) &= -v_2 \\ &= F_{\mathrm{i}2}W_\mathrm{d} - \frac{q}{\varepsilon_2}\int_0^{-W_\mathrm{d}}\mathrm{d}x\int_0^x N_\mathrm{d}(x')\mathrm{d}x' \end{aligned} \tag{4.11}$$

式中, v_2 可由下式表示

$$v_2 = \frac{qN_\mathrm{d}}{2\varepsilon_0\varepsilon_2}(W_\mathrm{d}-W_\mathrm{i})^2 - F_{\mathrm{i}2}W_\mathrm{d} \tag{4.12}$$

以上两式中, $F_{\mathrm{i}2}$ 是界面电场 (指本征 AlGaAs 层与 n-AlGaAs 层之间的界面电场); W_d 是 n-AlGaAs 层的厚度; W_i 是 i-AlGaAs 层的厚度; N_d 是 n-AlGaAs 层中的掺杂浓度; ε_2 是 AlGaAs 的介电常数. 图 4-4 示出了一个 n-AlGaAs/GaAs HEMT 在有无外加偏压时的能带图.

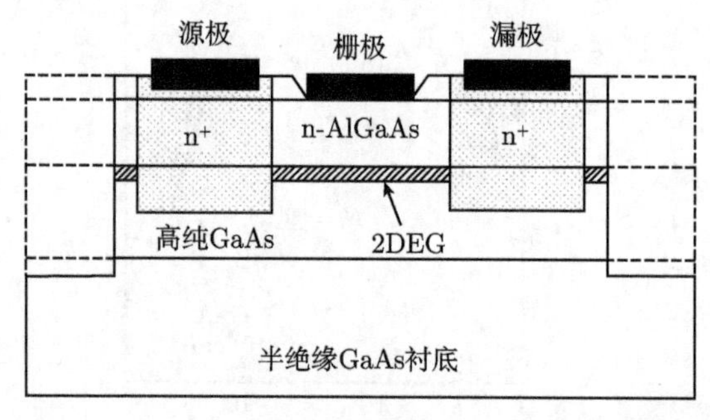

图 4-3 n-AlGaAs/GaAs HEMT 的剖面结构示意图

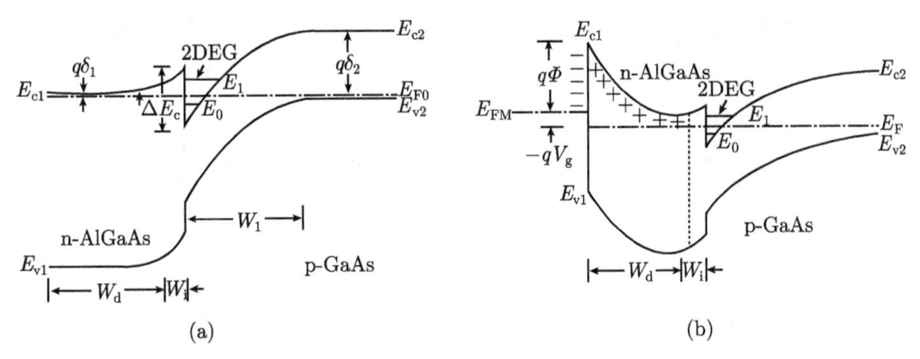

图 4-4 无外加偏压 (a) 和有外加偏压 (b) 时 n-AlGaAs/GaAs HEMT 的能带图

根据图 4-4(b) 和 (4.12) 式, 可以建立如下关系

$$\varepsilon_0\varepsilon_2 F_{i2} = \frac{\varepsilon_0\varepsilon_2}{W_d}(V_{p2} - v_2) \tag{4.13}$$

式中, V_{p2} 可由下式给出

$$V_{p2} = \frac{qN_d}{2\varepsilon_0\varepsilon_2}(W_d - W_i)^2 \tag{4.14}$$

而从图 4-4(b) 可以看出

$$v_2 = \phi_M - V_g + E_F - \Delta E_c \tag{4.15}$$

式中, ΔE_c 是 AlGaAs 与 GaAs 导带的带边失调值. 将 (4.15) 式代入到 (4.13) 式中, 则有

$$\varepsilon_0\varepsilon_2 F_{i2} = \left(\frac{\varepsilon_0\varepsilon_2}{W_d}\right)(V_{p2} - \phi_M - E_F + \Delta E_c + V_g) \tag{4.16}$$

在忽略界面态的情形下, 2DEG 中的总电荷为

$$\begin{aligned} Q_s &= qn_s \\ &= \frac{\varepsilon_0\varepsilon_2}{W_d}(V_{p2} - \phi_M - E_F + \Delta E_c + V_g) \end{aligned} \tag{4.17}$$

式中, n_s 为 2DEG 的电子面密度. 由于费米能级 E_F 是外加偏压 V_g 的函数, 一般远小于其他项对 Q_s 的贡献, 所以 (4.17) 式可近似表示为

$$Q_s \approx \frac{\varepsilon_0\varepsilon_2}{W_d}(V_g - V_{off}) \tag{4.18}$$

式中, V_{off} 表示夹断电压, 它可由下式表示

$$V_{off} = \phi_M - \Delta E_c - V_{p2} \tag{4.19}$$

而在考虑界面态电荷的情形下, 则有

$$V_{off} = \phi_M - \Delta E_c - V_{p2} - \frac{W_d}{\varepsilon_0\varepsilon_0}Q_i \tag{4.20}$$

对于一个具有确定宽度的 AlGaAs 层, 存在着一个阈值电压 $V_{g_{th}}$, 它可以由下式得到

$$V_{g_{th}} = \phi_M - \delta_2 - \left(\sqrt{\frac{qN_d W_d^2}{2\varepsilon_0 \varepsilon_2}} - \sqrt{(\Delta E_c - \delta_2 - E_{F0}) + \frac{qN_d W_i^2}{2\varepsilon_0 \varepsilon_2}} \right) \tag{4.21}$$

4.2.2 跨导

HEMT 的跨导可由下式表示

$$g_m = \frac{\partial I_s}{\partial V_g} \tag{4.22}$$

式中, I_s 为饱和电流; V_g 为栅偏压. 对于短栅 HEMT, 则有

$$I_s \fallingdotseq g_{mo}(V_g - V_{off} - R_s I_s) \tag{4.23}$$

式中, R_s 为源极和栅极之间的阻抗. 而 g_{mo} 为本征跨导, 它可由下式给出

$$g_{mo} = \frac{\upsilon_s W_g \varepsilon}{D} \tag{4.24}$$

式中, υ_s 为电子的饱和速度; W_g 为栅宽; D 为栅极和漏极之间的厚度. 对于长栅 HEMT, 饱和电流可由下式表示

$$I_s \fallingdotseq \frac{g_{mo}}{2F_c W_L}(V_g - V_{off} - R_s I_s)^2 \tag{4.25}$$

式中, F_c 为电子在达到饱和速度时的临界电场, W_L 为栅长. 据 (4.22) 式可以得到

$$g_m = \frac{g_{mo}}{1 + R_s g_{mo}} \quad (短栅情形) \tag{4.26}$$

$$g_m = \frac{\sqrt{2g_{mo} I_s / V_g}}{1 + R_s\sqrt{2g_{mo} I_s / V_g}} \quad (长栅情形) \tag{4.27}$$

由以上二式可知, 为了能够使 HEMT 获得较大的 g_m, 应适当增加 g_{mo} 和减小 R_s.

4.2.3 电流−电压特性

HEMT 的电流–电压 (I-V) 特性可以利用电荷控制模型和梯度沟道近似进行推导. 令 $V_c(x)$ 为 HEMT 在位置为 x 的栅极下面的沟道电势, 那么在 x 处电荷控制的有效电势为[5]

$$V_{eff}(x) = V_g - V_c(x) \tag{4.28}$$

利用 (4.18) 式和 (4.28) 式, 在沟道层中的 2DEG 电荷表达式可以写成

$$Q_s(x) = qn_s$$

$$= \frac{\varepsilon_0 \varepsilon_2}{W} \left[V_{\rm g}' - V_{\rm c}(x) \right] \tag{4.29}$$

式中, $V_{\rm g}' = (V_{\rm g} - V_{\rm off})$. 而 W 可由下式给出

$$W = W_{\rm d} + W_{\rm i} + \Delta W \tag{4.30}$$

式中, ΔW 又可表示如下

$$\Delta W = \varepsilon_0 \varepsilon_2 a / q \tag{4.31}$$

当 $a = 1.25 \times 10^{-21} {\rm V/cm^2}$ 时, $\Delta W \approx$8nm. 此时沟道电流可以近似由下式表示

$$I_{\rm ds} = Q_{\rm s}(x) W_{\rm g} \upsilon(x) \tag{4.32}$$

式中, $W_{\rm g}$ 为栅宽; $\upsilon(x)$ 是电子在位置 x 的速度, 且有

$$\upsilon(x) = \mu_{\rm n} F \tag{4.33}$$

式中, $\mu_{\rm n}$ 为电子迁移率; F 为电场强度. 其中,

$$\mu_{\rm n} = \frac{\mu_0}{1 + \dfrac{1}{F_{\rm c}} \dfrac{{\rm d}V}{{\rm d}x}} \tag{4.34}$$

式中, μ_0 为低场电子迁移率; $F_{\rm c}$ 为临界电场强度. 当 $F < F_{\rm c}$ 时, 漂移速度 $\upsilon(x) = \mu_0 F$, 而且 $\upsilon(x)$ 随 F 呈线性变化. 当 $F \geqslant F_{\rm c}$ 时, $\upsilon(x)$ 成为饱和状态, 即 $\upsilon(x) = \upsilon_{\rm s}$. 这样 HEMT 的 I-V 关系可分成两种情形进行讨论, 即

$$\upsilon_{\rm d} = \begin{cases} \mu_0 F & (F < F_{\rm c}) \\ \upsilon_{\rm s} & (F \geqslant F_{\rm c}) \end{cases} \tag{4.35}$$

这就是所谓的梯度近似. 下面, 分线性区域和饱和区域两种情形, 讨论 HEMT 的 I-V 特性.

1. 线性区域 ($F < F_{\rm c}$)

在欧姆接触区域, 亦即电场 F 远小于临界电场 $F_{\rm c}$ 的区域, 漏电流可由下式给出

$$I_{\rm ds} = Q_{\rm s} W_{\rm g} \mu_{\rm n} F \tag{4.36}$$

将 (4.29) 式代入 (4.36) 式, 并从 $x = 0$ 到 $x = L_{\rm g}$(沟道长度) 对 $I_{\rm ds}$ 进行积分, 可以得到

$$\int_0^{L_{\rm g}} I_{\rm ds} {\rm d}x = \int_{V_{\rm c}(0)}^{V_{\rm c}(L_{\rm g})} \mu_{\rm n} W_{\rm g} \frac{\varepsilon_0 \varepsilon_2}{W} \left[V_{\rm g}' - V_{\rm c}(x) \right] \left(-\frac{{\rm d}V_{\rm c}(x)}{{\rm d}x} \right) \tag{4.37}$$

如果忽略源极和漏极之间的电阻, 上式可写成

$$I_{\rm ds} = \frac{\varepsilon_0 \varepsilon_2 \mu_{\rm n} W}{W L_{\rm g}} (V_{\rm g}' V_{\rm ds} - V_{\rm ds}^2 / 2) \tag{4.38}$$

上式是在当 $x=0$ 时 $V_{\rm c}=0$, $x=L_{\rm g}$ 时 $V_{\rm c}=V_{\rm ds}$ 的条件下得到的结果. 应该注意, 在沟道区域的 $I_{\rm ds}$ 为一常数, 而 $V_{\rm c}(x)$ 是随着源到漏之间的距离增大而增加的. 在沟道的接近漏区一侧, 电场强度达到最大, 并且速度达到饱和. 在线性区域, 源–漏电压 $V_{\rm ds}$ 是很小的, 因此 (4.38) 式可改写成

$$I_{\rm ds}=\frac{\varepsilon_0\varepsilon_2\mu_{\rm n}W}{WL_{\rm g}}(V_{\rm g}'V_{\rm ds}) \tag{4.39}$$

上式表明, $I_{\rm ds}$ 随 $V_{\rm ds}$ 呈线性变化, 此时 HEMT 是一个典型的由 $V_{\rm g}'$ 制约的纯电阻控制器件. 如果源极和漏极电阻不可忽略, 那么在栅极的源和漏两端, $V_{\rm c}(0)$ 和 $V_{\rm c}(L)$ 分别由以下二式给出

$$V_{\rm c}(0)=R_{\rm s}I_{\rm ds} \tag{4.40}$$

和

$$V_{\rm c}(L)=V_{\rm ds}-R_{\rm d}I_{\rm ds} \tag{4.41}$$

式中, $R_{\rm s}$ 和 $R_{\rm d}$ 分别表示源和漏的串联电阻. 通过求解 (4.37) 式、(4.40) 式和 (4.41) 式, 可以得到

$$I_{\rm ds}=\frac{\varepsilon_0\varepsilon_2\mu_{\rm n}W_{\rm g}}{WL_{\rm g}}\left\{V_{\rm g}'\left[(R_{\rm s}+R_{\rm d})I_{\rm ds}-V_{\rm ds}\right]-\frac{1}{2}\left[(R_{\rm s}+R_{\rm d})I_{\rm ds}-V_{\rm ds}\right]^2\right\} \tag{4.42}$$

对于较小的 $V_{\rm ds}$ 和 $I_{\rm ds}$, 采用一般近似则有

$$I_{\rm ds}=V_{\rm ds}\left[-(R_{\rm s}+R_{\rm d})+\frac{L_{\rm g}W}{W_{\rm g}\mu_{\rm n}\varepsilon_0\varepsilon_2V_{\rm g}'}\right]^{-1} \tag{4.43}$$

2. 饱和区域 ($F\geqslant F_{\rm c}$)

在饱和区域, 速度饱和发生在 $F(L_{\rm g})=F_{\rm c}$ 栅区的漏极一侧, 其漏电流为

$$I_{\rm d_{sat}}=\frac{W_{\rm G}\varepsilon_0\varepsilon_2\mu_{\rm n}}{2WL_{\rm g}}(V_{\rm g}'-R_{\rm s}I_{\rm d_{sat}})^2 \tag{4.44}$$

对于长栅 HEMT, (4.44) 式可近似写成

$$I_{\rm d_{sat}}\approx\frac{W_{\rm g}\varepsilon_0\varepsilon_2\mu_{\rm n}}{2WL_{\rm g}}(V_{\rm g}'-R_{\rm s}I_{\rm d_{sat}})^2 \tag{4.45}$$

而对于短栅 HEMT, (4.44) 式可表示为

$$I_{\rm d_{sat}}\approx\frac{W_{\rm g}\varepsilon_0\varepsilon_2 v_{\rm s}}{W}(V_{\rm g}'-R_{\rm s}I_{\rm d_{sat}}-F_{\rm c}L_{\rm g}) \tag{4.46}$$

通过以上分析和讨论可以看到, HEMT 比 GaAs MESFET 具有更高 2DEG 浓度 ($\approx 10^{12}{\rm cm}^{-2}$), 更高的电子迁移率和更高的饱和速度等优点. 尤其是电流增益和噪声性能得到明显改善. 图 4-5 示出了一个耗尽型 n-AlGaAs/GaAs HEMT 的 I-V 特性.

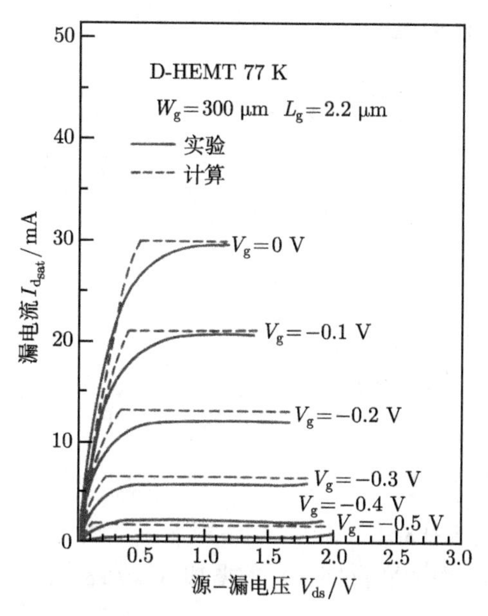

图 4-5 n-AlGaAs/GaAs HEMT 的 I-V 特性

4.2.4 电容–电压特性

根据定义, HEMT 的电容–电压 (C-V) 特性, 可用每单位面积的栅–源电容表示[6]

$$C_{gs} = \frac{\partial Q_s}{\partial V_g} \tag{4.47}$$

为了计算 C_{gs}, 应首先计算出肖特基区域的栅电荷 Q_s. 而 Q_s 可由下式给出

$$Q_s = W_g \int_0^{L_g} Q_s(x)\mathrm{d}x \tag{4.48}$$

利用下式

$$I_{ds} = -\mu_n W_g Q_s(x)\frac{\mathrm{d}V(x)}{\mathrm{d}x} \tag{4.49}$$

Q_s 的表示式可改写为

$$\begin{aligned} Q_s &= -\frac{\mu_n W_g^2}{I_{ds}}\int_0^{V_{ds}} Q_s^2(x)\mathrm{d}V \\ &= -\frac{C_0^2\mu_n W_g^2}{I_{ds}}\int_0^{V_{ds}} [V_g - V_t - V(x)]^2\,\mathrm{d}V \end{aligned} \tag{4.50}$$

再利用下式

$$I_{ds} = \frac{\mu_n W_g C_0}{L_g}\left[(V_g - V_t)V_{ds} - \frac{1}{2}V_{ds}^2\right] \tag{4.51}$$

并对 (4.50) 式进行积分, 可得

$$
\begin{aligned}
Q_{\mathrm{s}} &= \frac{C_0^2 \mu_{\mathrm{n}} W_{\mathrm{g}}^2}{3 I_{\mathrm{ds}}} \left[(V_{\mathrm{g}} - V_{\mathrm{t}} - V_{\mathrm{ds}})^3 - (V_{\mathrm{g}} - V_{\mathrm{t}})^3 \right] \\
&= \frac{C_0 W_{\mathrm{g}} L_{\mathrm{g}} \left[(V_{\mathrm{g}} - V_{\mathrm{t}} - V_{\mathrm{ds}})^3 - (V_{\mathrm{g}} - V_{\mathrm{t}})^3 \right]}{3 \left[(V_{\mathrm{g}} - V_{\mathrm{t}}) V_{\mathrm{ds}} - V_{\mathrm{ds}}^2 / 2 \right]}
\end{aligned} \tag{4.52}
$$

于是, 根据 (4.47) 式则有

$$
C_{\mathrm{gs}} = C_0 W_{\mathrm{g}} L_{\mathrm{g}} \left\{ 1 - \frac{1}{12 \left[(V_{\mathrm{g}} - V_{\mathrm{t}}) / V_{\mathrm{ds}} - \dfrac{1}{2} \right]^2} \right\} \tag{4.53}
$$

图 4-6 是 HEMT 的归一化电容 (C_{gs}/C_0) 随栅压的变化. 可以看出, 随着正向栅压 V_{g} 的增加, 在未掺杂的 GaAs 层中载流子浓度增加, 使得栅–源电容趋近于 AlGaAs 的电容 C_0. 而随着反向栅压的增加, C_{gs}/C_0 随 V_{g} 趋近于阈值, 亦迅速减小.

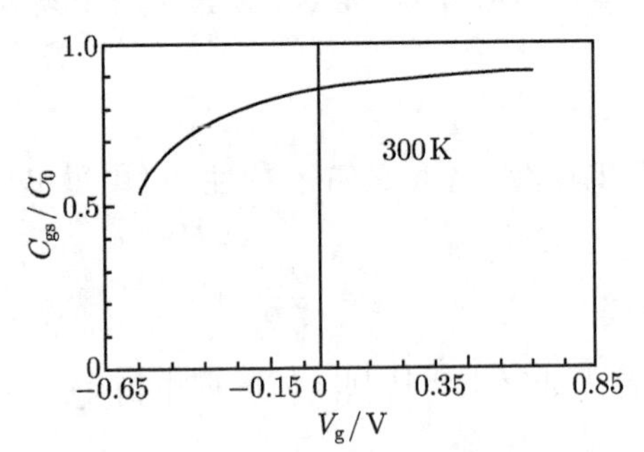

图 4-6　HEMT 的归一化电容随栅压的变化

4.3　高频逻辑 HEMT

4.3.1　低噪声 HEMT

HEMT 的最小噪声指数由下式表示[7]

$$
F_{\min} = 1 + k \frac{f}{f_{\mathrm{T}}} \sqrt{g_{\mathrm{m}} (R_{\mathrm{s}} + R_{\mathrm{g}})} \tag{4.54}
$$

式中, k 为常数; f 为测试频率; g_{m} 为跨导; R_{g} 为栅电阻. 在 HEMT 内产生的噪声功率为

$$
P_{\mathrm{n}} \propto I_{\mathrm{ds}} \cdot \frac{D_{\mathrm{n}}}{v_{\mathrm{s}}^3} \cdot \exp\left(\frac{\pi}{a} L_{\mathrm{g}} \right) \cdot \Delta f \tag{4.55}
$$

式中, D_{n} 为电子的扩散系数; v_{s} 为电子的饱和速度.

图 4-7 示出了一个 HEMT 的最小噪声系数和频率与温度的依赖关系. 由图 4-7(a) 可以看出, 当 $f = 20\mathrm{GHz}$ 时, $F_{\min} = 1.0\mathrm{dB}$, 而 GaAs MESFET 的 $F_{\min} \approx 2.0\mathrm{dB}$. 由图 4-7(b) 可以看到, 最小噪声系数随温度近线性增加. 当 $T = 20\mathrm{K}$ 时, $f_{\min} \approx 0.5\mathrm{dB}$. 在室温 300K 时, $F_{\min}$ 大于 1.5dB.

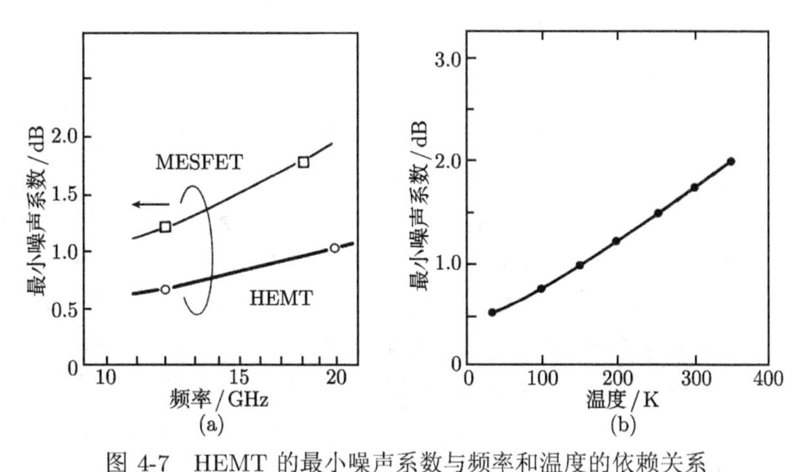

图 4-7 HEMT 的最小噪声系数与频率和温度的依赖关系

4.3.2 大功率 HEMT

HEMT 的最大功率增益为[8]

$$G_{\max} \propto f_{\mathrm{T}}^2 \propto v_{\mathrm{s}}^2 \tag{4.56}$$

为了实现大功率输出 HEMT, 可采用多沟道结构, 图 4-8(a) 是一个 6 沟道大功率 HEMT 的剖面结构示意图, 图 4-8(b) 是该 HEMT 的微波输出功率. 在工作频率为 30GHz 时, 输出功率约为 1W, 增益为 3.1dB, 线性增益为 4.2dB, 其饱和输出

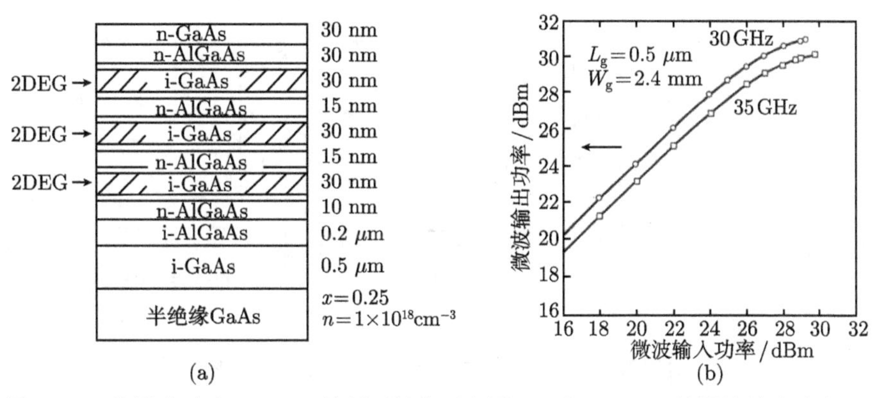

图 4-8 6 沟道大功率 HEMT 的剖面结构示意图 (a) 和 HEMT 的微波输出功率 (b)

功率为 1.2W, 增益为 2dB. 当工作频率为 35GHz 时, 输出功率为 0.8W, 增益为 2dB, 功率效率为 10.7%, 线性增益为 3.4dB 和饱和输出功率为 1W.

4.4　GaN 基 HEMT

4.4.1　GaN 基异质结中的 2DEG

1. 2DEG 的面密度

如同 AlGaAs/GaAs HEMT 一样, GaN 基异质结中的 2DEG 浓度也是决定其 HEMT 器件性能的一个重要指标, 它与异质结中的组分、势垒层厚、应变以及掺杂等因素均直接相关. 对于 AlGaN/GaN 异质结而言, 决定 2DEG 浓度的最主要参数是 Al 组分数 x. 图 4-9(a) 是由计算得到的 2DEG 浓度随 Al 组分数 x 的变化. 可以看出, 当 $x = 0.15 \sim 0.4$ 时, 2DEG 浓度随 x 基本呈线性增加趋势. 而当 $x > 0.4$ 时, AlGaN 与 GaN 之间的晶格失配度使 AlGaN 势垒层中的位错和缺陷密度增加, 这样会因界面粗糙度的增加, 使 2DEG 的迁移率降低. 而当 $x < 0.15$ 时, 在 AlGaN/GaN 异质结界面处的导带带边失调值 $\Delta E_c < 0.28\text{eV}$, 因此使量子势阱层对 2DEG 的限制作用减弱, 电子将从势阱中溢出而转移到 AlGaN 势垒和 GaN 缓冲层中, 同样会使 2DEG 迁移率减小. 图 4-9(b) 给出了 2DEG 面密度与 AlGaN 势垒层厚的依赖关系. 由图可见, 当层厚小于 35Å时, 表面态位于费米能级之下, 没有 2DEG 形成. 随着 AlGaN 层厚增加, 位于表面态中的电子逐渐发射, 2DEG 浓度增大. 当 AlGaN 层厚超过一定值时, 表面态电子完全发射, 2DEG 浓度趋于饱和. AlGaN 势垒层的掺杂浓度对 2DEG 面密度的影响示于图 4-9(c) 中. 很显然, 2DEG 面密度与 AlGaN 势垒层中的掺杂有较强的依赖关系, 而 GaN 层的掺杂浓度对 2DEG 迁移率的影响并不十分显著[9].

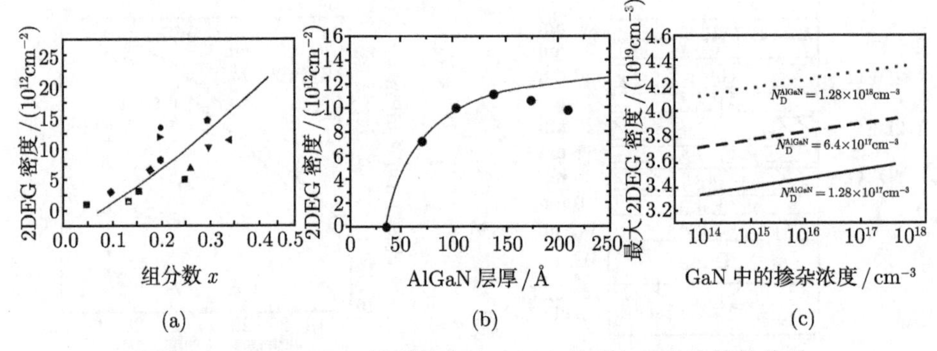

图 4-9　AlGaN/GaN 异质结中的 2DEG 浓度与结构参数的关系

2. 2DEG 的迁移率

AlGaN/GaN 异质结中的 2DEG 迁移率与其面密度、AlGaN 势垒层厚和组分数 x 直接相关, 图 4-10(a) 是 2DEG 迁移率随其面密度的变化. 可以看到, 当 2DEG 面密度小于 $3\times10^{12}\text{cm}^{-2}$ 时, 其迁移率随面密度近线性增加. 而当 2DEG 面密度超过 $3\times10^{12}\text{cm}^{-2}$ 后, 其迁移率开始迅速减小. Al 组分对 2DEG 迁移的影响如图 4-10(b) 所示. 由图可见, 当 Al 组分数较小时, 迁移率随 Al 组分的增加而增大, 而当 Al 组分超过某一临界值后将开始减小. 这是因为当 Al 组分较小时, AlGaN/GaN 界面处较小的带边失调值使其量子限制作用较弱, 从而增加了合金无序散射和电离杂质散射. 而随着 Al 组分增加, 2DEG 的量子限制效应增加, 对离化杂质散射和压电散射的屏蔽效应增强, 因而迁移率增加. 图 4-10(c) 是当温度为 13K 和组分数 x 为 0.27 时, 势垒层厚对 2DEG 迁移率的影响, 当 AlGaN 层厚超过 40Å之后, 其迁移率急剧减小, 这可能是由于 AlGaN 势垒层的部分弛豫引起的.

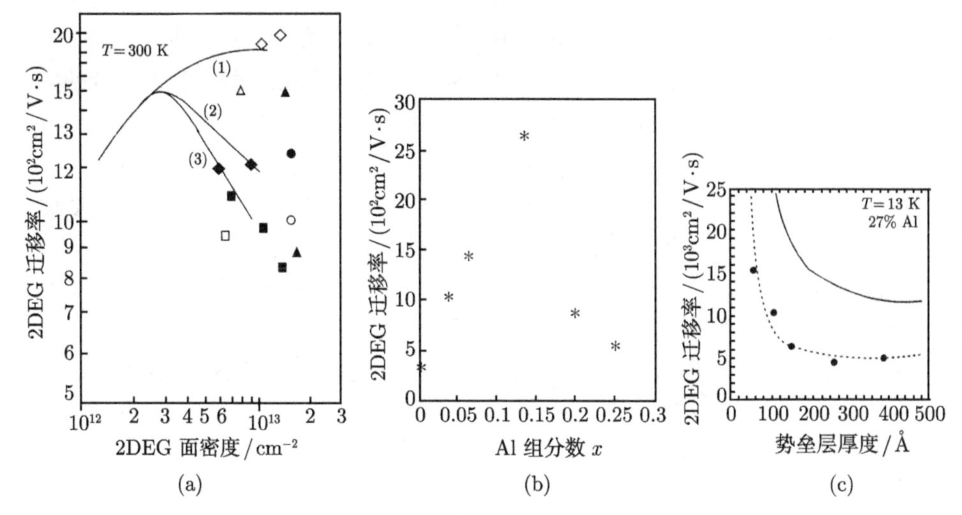

图 4-10 AlGaN/GaN 异质结中的 2DEG 迁移率随结构参数的变化

4.4.2 GaN 基 HEMT 的工作特性

随着单晶 GaN 材料生长技术的日渐成熟, GaN 基高速电子器件的研究也广为人们关注. 但是, 自从 1993 年首例 GaN 基 HEMT 器件诞生以来, 其工作稳定性一直受到电流崩塌性的困扰, 图 4-11(a) 是其电流崩塌原理示意图. 它的主要表现是, 器件在高频大信号的驱动下, 其膝点电压 V_{knee} 进一步增大, 输出电流振幅急剧减小, 从而导致输出功率 (P_{out}) 和功率附加效率 (PAE) 减小. 在交流小信号特性中, HEMT 的跨导和漏极电导在不同频率下出现分散现象, 如图 4-11(b) 所示. 在进行直流测量时, 器件经过较高电压冲击后, 最大的源–漏电流 I_{ds} 值减小, 膝点电压上升. 对器件施加高漏压或强反偏栅压时, 会造成源–漏电流不断下降, 形成随时间变化的慢瞬态, 从而使直流特性和射频 (RF) 特性都发生大幅度退化[10].

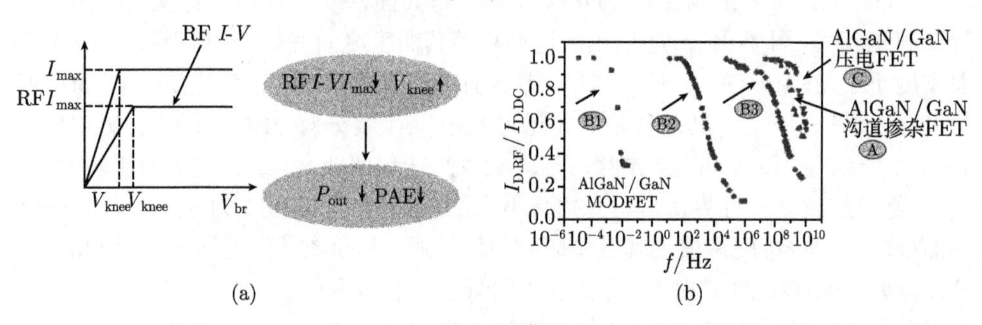

图 4-11 GaN 基 HEMT 的电流崩塌 (a) 和频率分散现象 (b)

GaN 基 HEMT 的电流崩塌现象可采用“虚栅模型”加以解释. 该模型认为: 假设表面态具有陷阱作用, 能够俘获电子形成虚栅, 该虚栅的变负引起沟道层的进一步耗尽, 从而使沟道电流发生变化. 由于这些表面态的充放电需要一定时间, 在直流或应力条件下会造成瞬态, 而在射频条件下电流的变化赶不上射频信号的频率变化, 使器件输出功率密度和功率附加效率减小, 从而形成电流崩塌. 而频率分散现象也与电流崩塌现象密切相关, 说明器件内部存在表面缺陷或体内缺陷.

通过减弱极化效应减少与之相应的表面态抑制电流崩塌现象的产生, 是提高和改善器件特性的一项有效措施. 从调整势垒层极化效应的角度看, InAlN/GaN 和 InGaN/GaN 异质结 HEMT 是一种合理器件结构. 例如, 当组分数 $x = 0.17$ 时, $In_xAl_{1-x}N$ 可以实现与 GaN 的晶格匹配. 当 $x = 0.32$ 时极化强度相等, 甚至当 $x = 0.43$ 时不产生极化效应. Kuzmik 等[11] 制作了 InAlN/GaN HEMT, 当 $x = 0.04$ 时, 其室温 2DEG 浓度高达 $4\times10^{13}cm^{-2}$, 迁移率为 $480cm^2/V{\cdot}s$, 10K 时的迁移率为 $750cm^2/V{\cdot}s$. 而当 $x = 0.2$ 时, 室温 2DEG 浓度为 $2\times10^{13}cm^{-2}$, 迁移率为 $260cm^2/V{\cdot}s$. 当 $x = 0.2$、$L_g = 1\mu m$ 和 $V_g = 3V$ 时, 最大源–漏电流 $I_{ds} = 640mA/mm$, 最大跨导 $g_{max} = 122mS/mm$.

4.5 δ 掺杂场效应晶体管

所谓 δ 掺杂场效应晶体管 (δ-MOSFET), 是指利用固相外延和离子束掺杂等工艺制作的厚度仅有几个原子层的超薄掺杂层, 并在其中形成二维电子气的场效应器件. 在这种 δ-MOSFET 中, 带电载流子被限制在由 δ 掺杂层所形成的量子阱中, 所遭受到的电离杂质散射作用较弱, 因此可以获得较高的迁移率值[12]. 图 4-12(a) 示出了一个 δ-MOSFET 的剖面结构: 首先在 Si 衬底上生长一个缓冲层, 然后生长一个或两个单面掺杂层, 最后再沉积金属覆盖层. 器件工作时, 通过改变偏置电压, 就可以调控掺杂层中的载流子密度.

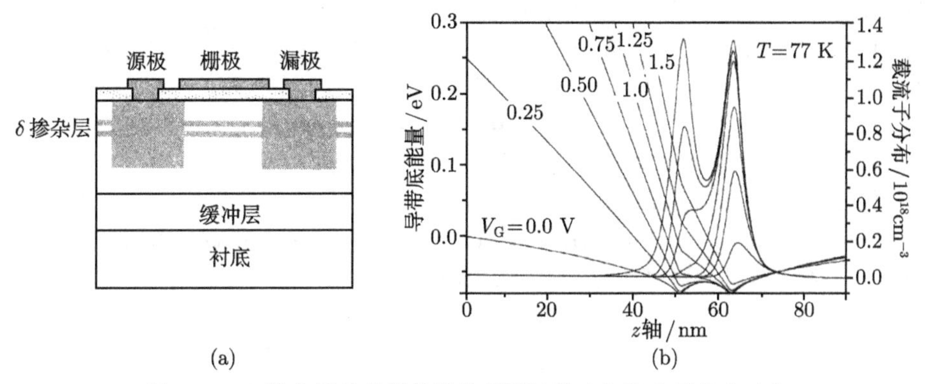

图 4-12 δ 掺杂场效应晶体管的剖面结构 (a) 和电子分布 (b)

δ 掺杂层中的杂质浓度分布可由下式表示

$$N_{\mathrm{D}}(z') = \frac{n_{\mathrm{s}}}{a\sqrt{2\pi}} \exp\left(-\frac{(z'-z_1)^2}{2a^2}\right) \tag{4.57}$$

式中, n_{s} 是掺杂层中的 2DEG 面密度; z_1 是 δ 掺杂层的中心位置. 如果设衬底 Si 导带底的能量为零, 可以计算出双 δ 掺杂场效应晶体管中的载流子分布与导带底能量随栅压的变化, 如图 4-12(b) 所示[13]. 由图可见, 在 δ 掺杂量子阱中只有最低的两个子能级被载流子占据, 这两个子能级主要局域在 δ 掺杂层的附近. 占据其他子能级的载流子分布范围较宽, 但它们的浓度很低. 受限在 δ 掺杂层附近量子阱中的载流子随栅压的耗尽过程可分为以下两步：首先, 当栅压 $V_{\mathrm{G}}=0$ 时, 双 δ 掺杂层在导带边形成两个量子阱谷, V_{G} 的增加提高了靠近表面的量子阱, 赶走了局域在其中的载流子; 其后, 当一个量子阱中的载流子被耗尽后, 第二个量子阱才开始受到栅压的影响.

与均匀掺杂情形相比, δ 掺杂可以获得较高的载流子迁移率, 这主要是由以下两个原因造成：①电子的散射概率比较小. 因为散射概率正比于杂质与电子的交叠程度, 由于 δ 掺杂的杂质空间分布比电子的小, 所以它与电子的交叠也很小, 因此使离化杂质散射的概率较小. 而对于均匀掺杂情形来说, 载流子和杂质的空间分布是完全重合的; ②电子的有效质量较小, 在 δ-MOSFET 中, 电子的能量是量子化的, 子能级之间的间隔可以很大. 就第一激发态与基态之间的能量差而言, 单 δ 掺杂情形为 15meV, 而双 δ 掺杂时仅为 5meV. 换句话说, 在 δ-MOSFET 中电子具有相对较小的有效质量.

参 考 文 献

[1] Stormer H L. Solid State Commun., 1979, 29: 705

[2] Delagebeaudeuf D, Ling N T. IEEE Trans. Electron Devices, 1982, 29: 955
[3] 夏建白, 朱邦芬. 半导体超晶格物理. 上海: 上海科学技术出版社, 1994
[4] Li S S. Semiconductor physical electronics(2nd Eidition)(影印本). 北京: 科学出版社, 2008
[5] Lee K, Shur M S, Drummond T J. IEEE. Trans. Electron Devices, 1983, 30: 207
[6] 黄和鸾, 郭丽伟. 半导体超晶格. 沈阳: 辽宁大学出版社, 1997
[7] 榊裕之. 超晶格异质结器件. 东京: 工业调查会, 1989
[8] Saunier P, Lee J W. IEEE Trans. Electron Device Letters, 1986 7: 503
[9] 孔月婵, 郑有炓. 物理学进展, 2006, 26: 127
[10] 何杰, 夏建白. 半导体科学与技术. 北京: 科学出版社, 2007
[11] Kuzmik J, Katz O. IEEE Trans. Electron Devices, 2006, 53: 422
[12] Ni W X, Hansson G V, Sundgren J E, et al. Phys. Rev., 1992, B46: 7551
[13] 傅英, 陆卫. 半导体量子器件物理. 北京: 科学出版社, 2005

第 5 章　共振隧穿电子器件

在第三章和第四章中, 我们分别讨论了 HBT 和 HEMT 器件. 如果说 HBT 是一种结型异质结器件, HEMT 是一种二维电子气场效应器件, 那么共振隧穿电子器件则是基于超晶格异质结的隧穿特性制作的电子器件, 即所谓的垂直输运器件. 这类器件主要包括共振隧穿二极管 (RTD)、共振隧穿晶体管 (RTT)、共振隧穿热电子晶体管 (RHET) 和负阻场效应晶体管 (NRFET) 等, 它们的一个共同物理特征是都呈现出典型的负微分电阻 (NDR) 特性. 共振隧穿电子器件在多值逻辑存储和数字电路及其集成技术中具有潜在的应用. 本章首先概述了不同势垒结构的隧穿特性, 然后着重介绍了上述几种有代表性的共振隧穿器件. 同时, 对基于耿氏效应的电子转移器件也进行了简单分析与讨论.

5.1　不同势垒结构的隧穿特性

半导体超晶格和异质结类型繁多, 且形状各异, 因而在外电场作用下会呈现出不同的隧穿输运特性. 这些结构主要有单势垒、双势垒、多势垒超晶格以及量子级联结构中的微带等.

5.1.1　单势垒结构的隧穿

最早的单势垒结构是 1957 年由江崎所提出的重掺杂锗 pn 结, 它所呈现出的负微分电阻效应也是最典型的单势垒隧穿特性. 对于一个如图 5-1(a) 所示的异质结势垒, 如果厚度为 L_{B}, 入射电子在 z 方向的有效质量为 m_z^*, 那么对具有动能为 E_z 的电子来说, 势垒中的波函数和隧穿概率分别为[1]

$$\psi(z) \simeq \exp\left(-z/d\right) \tag{5.1}$$

$$TT^*\left(E_z\right) \equiv \left|\psi\left(L_{\mathrm{B}}\right)\psi^*\left(L_{\mathrm{B}}\right)\right| \simeq \exp\left(-2L_{\mathrm{B}}/d\right) \tag{5.2}$$

式中,

$$d = \hbar/\sqrt{2m_z^* V_0^*} \tag{5.3}$$

$$V_0^* \simeq \left(V_0 - E_z\right) \tag{5.4}$$

对于由 GaAs 和 AlAs 构成的量子阱, 若 $m_z^* = 0.067m_0$ 和 $V_0^* = 1\mathrm{eV}$, 可以估算出当 $L_{\mathrm{B}} = 2\mathrm{nm}$ 和 $4\mathrm{nm}$ 时, 其隧穿概率 $TT^*\left(E_z\right)$ 分别为 5.0×10^{-3} 和 2.5×10^{-6},

这说明势垒层厚减薄 1 倍, 隧穿概率可增加 3 个数量级. 当势垒两侧加有正向偏压时, 势垒将会发生倾斜, 同时在左右两侧电极分别形成电子的积累层和耗尽层, 如图 5-1(b) 所示. 如果在积累层和耗尽层之间的电压降较小, 那么势垒内的电场强度 $F_z = V_a/L_B$, 电子的势能 V_0 变为 $(V_0 - eF_z)$, 因此可以使电子隧穿概率增大.

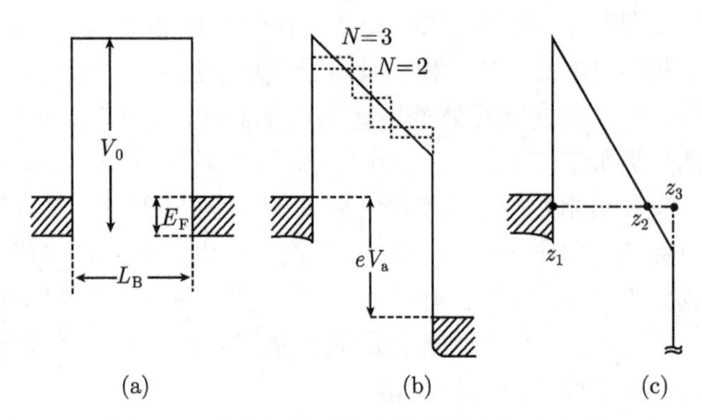

图 5-1 单势垒结构的电子隧穿输运示意图

如果进一步增大外加正向偏压, 以致于 $eV_a > V_0$ 时, 此时不仅势垒的高度会减小, 同时实际厚度随之减小, 如图 5-1(c) 所示. 因此, 透过三角形势垒的电子将在 z_3 点以某一概率被反射, 并在 z_2 与 z_3 点之间因产生某种干涉效应而形成驻波状态, 这种现象称为 Fowler-Nordheim 隧穿. 为了计算加有电压 V_a 时的透射概率 $TT^*(E_z)$, 可以采用以下两种近似方法, 即方形势阱近似法和 WKB 法. 采用 WKB 方法, 可以近似求出透射概率为

$$TT^*(E_z) = \exp\left\{-2L_B \int_{z_1}^{z_2} \sqrt{2m_z^*[V(z) - E_z]}/\hbar \mathrm{d}z\right\} \tag{5.5}$$

5.1.2 双势垒结构的共振隧穿

关于双势垒结构共振隧穿的基本原理, 我们已经在第二章中进行了简单介绍. 事实上, 发生在双势垒结构中的共振隧穿是一种电子由三维接触区进入二维量子阱中的隧穿现象. 在隧穿过程中, 虽然电子自由运动的维度数减少了, 但是隧穿电子的横向动量并没有发生变化, 因此横向动量是守恒的. 不过, 电子的纵向动量一般来说是随空间位置发生变化的. 由能量守恒条件可以得到, 隧穿仅在发射极费米球中动量满足 $k_z = q_R$ 关系的圆形截面内发生, 见图 2-15(c). q_R 可由下式表示

$$q_R^2 = \frac{2m_e^*(E_0 - E_c)}{\hbar^2} \tag{5.6}$$

随着外加偏置条件使发射极–集电极之间的电势差进一步增加, 能够使发生隧穿的电子数量也在继续增加. 当 $E_0 = E_c$, 即 $q_R = 0$ 时, 每单位面积的隧穿电子数

达到最大. 在 E_c 超过 E_0 和 T=0K 的条件下, 没有电子能够从发射极隧穿进入量子阱中, 且保持横向动量守恒, 因此电流密度从最大值急剧减小. 进一步增加外加偏压或温度, 使分布在发射极的电子能量进一步升高, 由于电子的热发射, 导致电流密度再一次增加. 图 5-2 示出了一个双势垒结构在外加偏压作用下的整个隧穿过程.

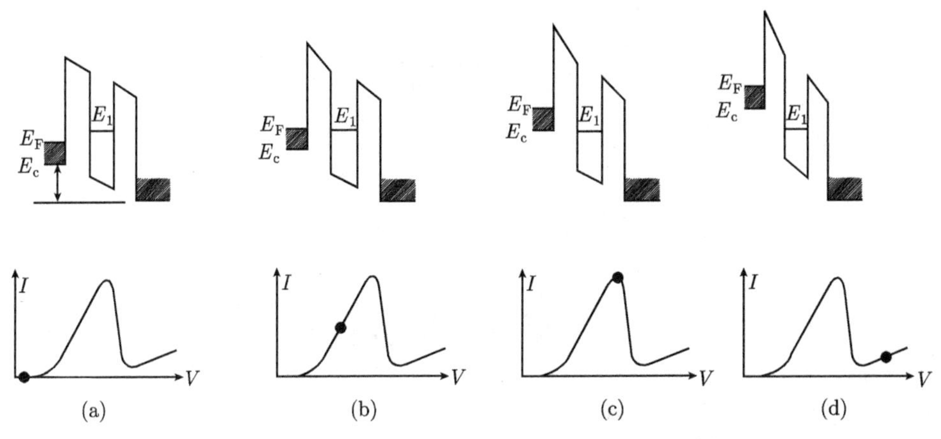

图 5-2 双势垒结构在外加偏压下的整个隧穿过程

5.1.3 多势垒结构的顺序共振隧穿

多势垒结构通常是指势垒多于三个和势阱多于两个的多层超薄超晶格异质结构. 对于一个双势阱和三势垒结构而言, 在无外加偏压时, 两个势阱中的量子化能级是错开的, 而在某一外电场作用下, 两个势阱中的量子化能级有可能对齐, 这将导致共振隧穿电流的发生. 对于一个由多势阱和多势垒组成的超晶格结构, 如果势阱中同时存在 n 个量子化能级, 当电场强度进一步增大时, 将导致第 n 个势阱中基态能级 E_1 与第 n+1 个势阱中第二个量子化能级 E_2 对齐. 这时, 第 n 个势阱中电子比较容易隧穿到第 n+1 个势阱中, 并通过发射声子使第 n+1 势阱中的电子从 E_2 能级弛豫到基态能级. 若样品完全均匀, 又将会发生第 n+1 个势阱至第 n+2 个势阱的共振隧穿. 如此重复, 便能实现顺序共振隧穿. 如再进一步增强电场强度, 将可能实现第 n 个势阱 E_1 能级至第 n+1 个势阱 E_3 能级的顺序共振隧穿, 如图 5-3 所示 [3].

如果电场在势阱内分布不均匀, 将形成高场畴与低场畴. 对于高场畴, 仍有多阱顺序共振隧穿. 对于低场畴, 各势阱量子化能级基本对齐, 在高场畴与低场畴之间存在畴界, 电子通过畴界为非共振隧穿. 如果随电场增大高场畴逐渐扩充, 每扩大一个势阱隧穿, I-V 曲线可出现一次负微分电阻现象, 直至所有势阱都处在高场畴, 这样就实现了所有势阱参与的顺序共振隧穿.

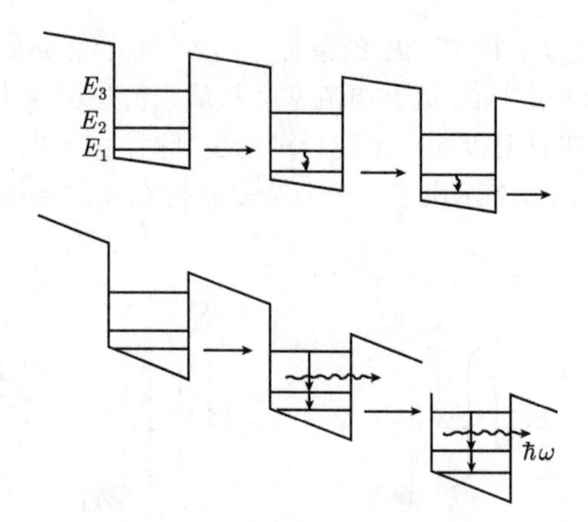

图 5-3 多势垒结构的顺序共振隧穿特性示意图

5.2 共振隧穿二极管

5.2.1 RTD 的共振隧穿电流密度

共振隧穿二极管的基本结构是一个具有共振隧穿特性的双势垒结构. 在相干隧穿理论中, 隧穿态是整个隧穿结构的本征态. 对于一个如图 5-4 所示的双势垒结构, 假定入射电子从发射极一侧进入, 在隧穿过双势垒后到达集电极, 这些隧穿透射的电子便对隧穿电流产生了贡献. 容易证明, 从集电极至发射极的透射系数等于从发射极至集电极的透射系数. 于是, RTD 的共振隧穿电流密度可由下式表示[4,5]

$$J=\frac{2e}{(2\pi)^3}\int \mathrm{d}k_z\int \mathrm{d}^2k_{/\!/}\frac{\partial E}{\partial k_z}T\left(k_{/\!/},k_z\right)\left\{f\left(E,\mu_{\mathrm{e}}\right)-f\left(E,\mu_{\mathrm{c}}\right)\right\} \tag{5.7}$$

式中, f 是费米–狄拉克分布函数; μ_{e} 和 μ_{c} 分别为发射极和集电极的化学势; 因子 2 代表电子自旋的两个方向; T 表示透射系数.

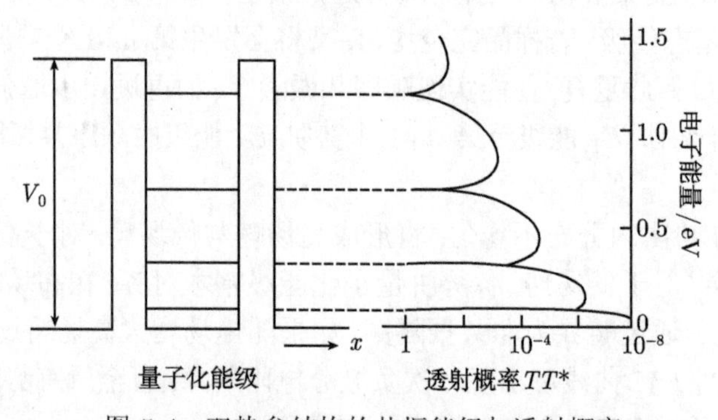

图 5-4 双势垒结构的共振能级与透射概率

取发射极导带底为能量的零点, 并设电子具有抛物线型色散关系, 电子在发射极的有效质量为 m_e^*, 则 (5.7) 式可写成下式

$$J=\frac{em_e^*}{2\pi\hbar^3}\int \mathrm{d}E_\perp\int \mathrm{d}E_{/\!/}T(E_{/\!/},E_\perp)\{f(E,E_\mathrm{F})-f(E,E_\mathrm{F}-eV_\mathrm{a})\} \tag{5.8}$$

式中, E_F 为发射极的费米能级; V_a 为外加偏置电压, 而且有

$$E=E_{/\!/}+E_\perp=\frac{\hbar^2k_{/\!/}^2}{2m_e^*}+\frac{\hbar^2k_z^2}{2m_e^*} \tag{5.9}$$

如果考虑电子在 z 方向的运动与 xy 平面内的运动解耦, 而且发射极与势阱中电子的有效质量 m_e^* 相同, 此时透射系数 T 与 $E_{/\!/}$ 无关, 而只依赖于 $E_\perp$. 这样, 当温度为 0K 时, (5.8) 式可化简为

$$J=\frac{em_e^*}{2\pi^2\hbar^3}\int_0^{E_\mathrm{F}}\mathrm{d}E_\perp\left(E_\mathrm{F}-E_\perp\right)T\left(E_\perp\right)\quad(eV_\mathrm{a}>E_\mathrm{F}) \tag{5.10}$$

$$J=\frac{em_e^*}{2\pi\hbar^3}\left\{\int_{E_\mathrm{F}-eV_\mathrm{a}}^{E_\mathrm{F}}\mathrm{d}E_\perp\left(E_\mathrm{F}-E_\perp\right)T\left(E_\perp\right)+eV_\mathrm{a}\int_0^{E_\mathrm{F}-eV_\mathrm{a}}\mathrm{d}E_\perp T\left(E_\perp\right)\right\}\quad(eV_\mathrm{a}<E_\mathrm{F}) \tag{5.11}$$

式 (5.10) 和式 (5.11) 有着非常简明的物理图像: $m_e^*/\pi\hbar^2$ 是人们所熟悉的二维态密度; $\left(m_e^*/\pi\hbar^2\right)\left(E_\mathrm{F}-E_\perp\right)$ 为所有 z 方向能量等于 $E_\perp$ 和 $k_{/\!/}$ 与势阱中 $k_{/\!/}$ 态相等的发射极电子态数目; $\mathrm{d}E_\perp=\left(\partial E_\perp/\partial k_z\right)\mathrm{d}k_z$ 则相当于电子在 z 方向的群速度与费米球中对共振隧穿有贡献部分的乘积.

当温度不为零时, 隧穿电流可表示为

$$J=\frac{em_e^*kT}{2\pi^2\hbar^3}\int \mathrm{d}E_\perp T(E_\perp)\ln\left\{\frac{1+\exp\left[(E_\mathrm{F}-E_\perp)/kT\right]}{1+\exp\left[(E_\mathrm{F}-E_\perp-eV_\mathrm{a})/kT\right]}\right\} \tag{5.12}$$

这样, 只要采用传递矩阵方法计算出 $T\left(E_\perp\right)$, 便可以求出隧穿电流密度与偏压的关系. 图 5-5 示出了一个 InAs/AlSb 双势垒结构 RTD 的能带图和 I-V 特性.

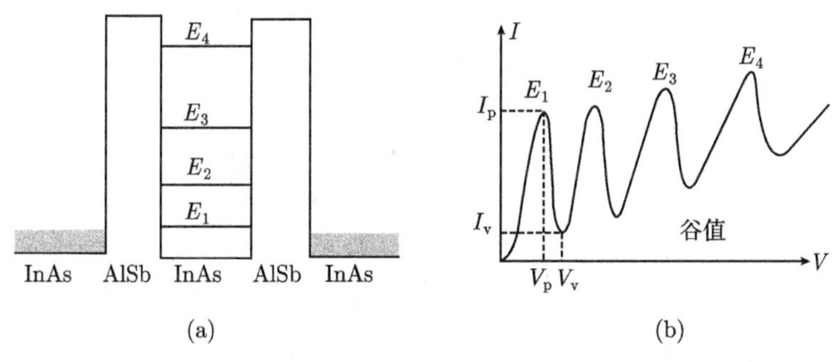

图 5-5　InAs/AlSb 双势垒结构 RTD 的能带图 (a) 和 I-V 特性 (b)

5.2.2 RTD 的响应速度

RTD 作为一种典型的负微分电阻器件, 响应速度是表征其性能优劣的一个重要物理参数, 它由以下几个因素所决定:

(1) 因共振隧穿效应导致的电子在量子阱内的存储和释放所需要的延迟时间 τ_a, 它决定着 RTD 的工作频率 f_a. f_a 与 τ_a 的关系可由下式给出

$$f_a = \frac{1}{2\pi\tau_a} \tag{5.13}$$

(2) 由负微分电导 G_n、并联电容 C 和串联电阻决定的器件输入阻抗 Z, 它可由下式表示

$$Z = R_s + (j\omega C - G_n)^{-1} \tag{5.14}$$

(3) RTD 的频率上限 f_b 与 G_n、R_s 和 C 密切相关, 且有

$$\begin{aligned} f_b &= \left(\frac{G_n}{2\pi C}\right)\sqrt{(1/G_n R_s) - 1} \\ &\simeq \sqrt{(G_n/R_s)}/2\pi C, \quad (R_s \ll 1/G_n) \end{aligned} \tag{5.15}$$

(4) 隧穿电子在双势垒之外厚度为 L_{dep} 的空间电荷区的渡越时间 τ_c.

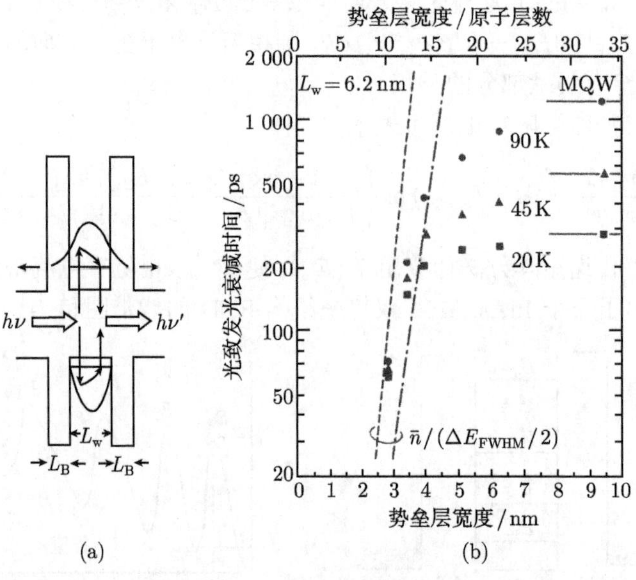

图 5-6 电子数随时间的变化 (a) 和光致发光衰减时间随势垒宽度的变化 (b)

研究指出, 为了使 RTD 的频率上限达到 100GHz, 其响应速度应小于 1ps. 因此, 尽可能地减小各种延迟时间显得尤为重要. 例如, 当 $G_n = 10^6\text{S/cm}^2$, $C = 1\mu\text{F/cm}^2$

和 $R_S = 0.1G_n$ 时, f_b 可高达 500GHz. 此外, 延迟时间 τ_a 与量子化能级的半宽 ΔE 成反比例依存关系, 它可由下式表征

$$\tau_a \approx \hbar/\Delta E \tag{5.16}$$

当 $\Delta E \approx 0.1$meV 时, $\tau_a \approx 7$ps. 因此, 为了实现 RTD 的高速工作, 需要 ΔE 较大的势垒结构.

图 5-6 是在双势垒结构的时间分辨光致发光测量中, 得到的电子数随时间的变化和光致发光衰减时间 τ_e 随势垒宽度的变化. 可以看出, 随着 L_B 的减小, τ_e 呈指数急剧减小. 在 L_B 较小的区域, 由隧穿效应所支配, 而且理论预测和实验测量二者之间显示出良好的一致性[6].

5.2.3 结构参数对 RTD 输运特性的影响

RTD 的主要结构参数有势垒层宽度 L_B、势阱层宽度 L_w 与合金组分数 x, 它们对 RTD 的共振隧穿具有重要影响. RTD 的隧穿特性, 主要体现在共振隧穿电流和谷值电流两个方面. 为了便于讨论, 下面以 AlAs/GaAs RTD 为例进行分析[7−9].

1. 共振隧穿电流密度 J_{RT}

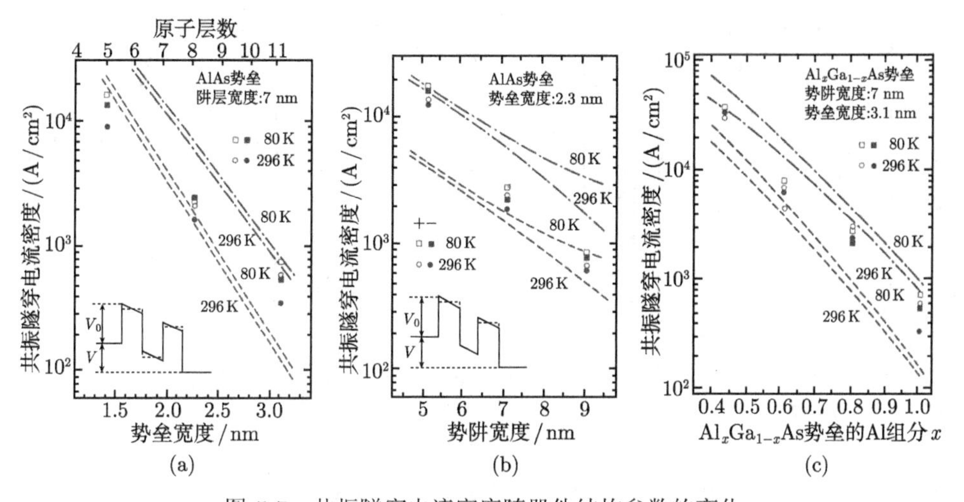

图 5-7 共振隧穿电流密度随器件结构参数的变化

图 5-7(a) 是 AlAs/GaAs RTD 的共振隧穿电流密度 J_{RT} 随 AlAs 势垒层宽度 L_B 的变化. 随着 L_B 的减小, J_{RT} 按照理论预测呈指数增加. 例如, 当 L_B 由 31Å减薄至 14Å时, J_{RT} 将由 10^2A/cm^2 增加到 2×10^4A/cm^2. 其中, 虚线和点画线分别是当 AlAs 的势垒高度 V_0=1.36eV 和 V_0=0.96eV, 以及 GaAs 和 AlAs 的 Γ 点之间的能隙差 $\Delta E_g \simeq 1.6$eV 时, 采用理论计算得到的结果. 由图还可以看到, 在理论计

算和实验测量之间具有很好的一致性, 表明 J_{RT} 的确由势垒高度所支配. 图 5-7(b) 是当 AlAs 势垒高度一定和宽度 L_B=2.3nm 时, J_{RT} 随势阱宽度 L_w 的变化. 很显然, J_{RT} 随 L_w 的增加呈指数减小. 这是由于当 L_w 增加时, 对共振能量产生贡献的量子化能级将下降, 此时有效势垒高度会因此而增加的缘故. 图 5-7(c) 则是 Al 组分数 x 对 J_{RT} 的影响. 可以看出, 当 L_B=3.1nm 和 L_w=7nm 时, 随着 $Al_xGa_{1-x}As$ 中的 x 的增加, J_{RT} 呈现出指数减小的趋势. 这种变化趋势不单纯与组分数 x 直接相关, 而且还与由于 x 的变化而导致的 AlAs 势垒高度, 共振能量以及能带的间接和直接性质有关.

2. 谷值电流密度 J_V

除了共振隧穿电流密度 J_{RT} 之外, 另一个表征 RTD 负阻特性的物理量是谷值电流密度 J_V. 图 5-8(a)~(c) 分别示出了 J_V 随 L_B、L_w 和 x 的变化. 从图中可以看出, J_V 除了与温度相关之外, 它与 L_B 和 L_w 的依赖性大体与 J_{RT} 相同. J_V 的大小不仅由越过势垒顶部的热电子释放机制所决定, 而且还由热激发电子通过某种隧穿过程形成的电流所支配. 作为这种隧穿途径, 通过第二个量子化能级的隧穿以及发生在导带的 X 点与 L 点之间的隧穿, 也将对 J_V 产生一定贡献.

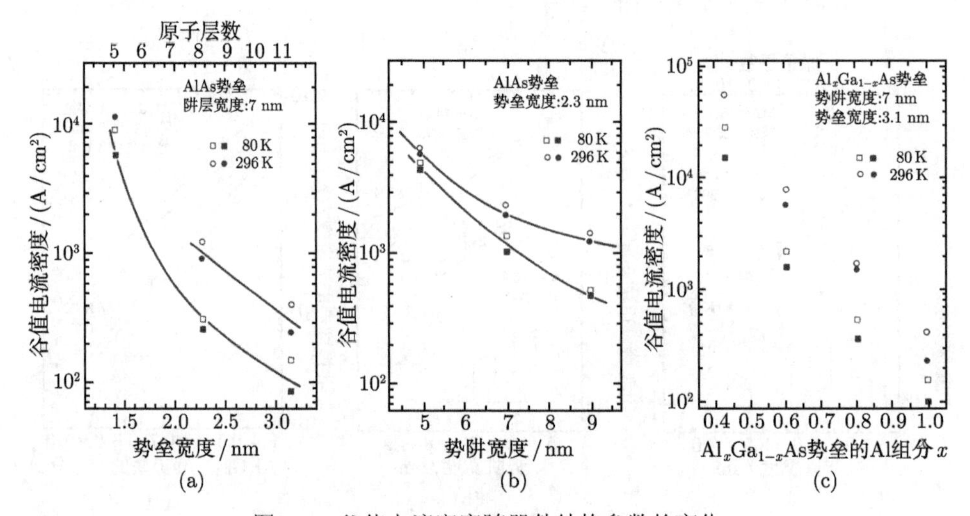

图 5-8　谷值电流密度随器件结构参数的变化

5.3　共振隧穿晶体管

在逻辑电路中, 通常需要输入和输出隔离的三端器件, 而且有一定的电流或电压增益, 即小信号输入能产生较大的输出. 共振隧穿晶体管就是通过调控量子阱中的分立能级与发射极电子能量之差, 以达到控制总隧穿电流的目的, 进而实现三极管的放大作用.

5.3.1 对称双势垒结构 RTT

一个典型的 RTT 器件是具有隧穿发射极和对称双势垒基区的 AlGaAs/GaAs 异质结双极晶体管, 图 5-9(a)、(b) 和 (c) 示出了这种器件的能带形式和电子的共振隧穿过程. 宽带隙的 AlGaAs 作为隧穿发射极, 其简并施主掺杂浓度 $N_{\mathrm{E}} \geqslant 5\times10^{17}\mathrm{cm}^{-3}$, 它具有较高的注入效率. 基区的双势垒结构由厚度为 30~60Å的 GaAs 量子阱和厚度为 15~50Å的 AlGaAs 双势垒组成, 量子阱中的第一个量子化能级高度为 E_1=119.1meV. 在势垒区外部的基区为重掺杂, 其受主掺杂浓度为 $10^{18}\mathrm{cm}^{-3} < P_{\mathrm{B}} < 1\times10^{19}\mathrm{cm}^{-3}$, 这种较高浓度的掺杂可以提供一个较低的基区电阻. 在双势垒区和发射极之间的厚度应当小于从发射极注入电子的平均散射自由程, 但应大于零偏压时 p 区一侧的耗尽层宽度. 此外, 为了减小来自发射极电子的热电离发射和在基区中的散射效应, 器件应工作在较低的 77K 温度.

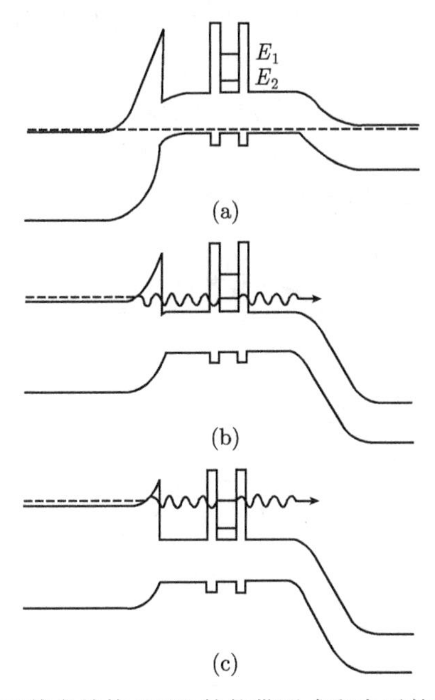

图 5-9 对称双势垒结构 RTT 的能带形式和电子的共振隧穿过程

为了能够获得最大的共振隧穿电流, 共振峰的宽度应当与发射极中电子的能量分布宽度大体相当, 亦即在 77K 应当与简并度 $E_{\mathrm{F}}-E_{\mathrm{c}}$ 相等. 假如 GaAs 势阱宽度为 30Å, AlGaAs 势垒宽度为 20Å, 那么产生第一次共振隧穿的能量 ΔE_1=50meV. 如果发射极掺杂浓度为 $2\times10^{18}\mathrm{cm}^{-3}$, 其简并度 $E_{\mathrm{F}}-E_{\mathrm{c}}\approx$50meV, 此时大部分电子将离开发射极，随后共振隧穿通过 GaAs 量子阱，其电流峰–谷比大约为 36. 图 5-9(a) 示出了一个 RTT 在平衡条件下的能带，图 5-9(b) 和 (c) 示出了该 RTT 在外加偏压下隧穿第一个能级和第二个能级时的电子输运过程[10].

5.3.2　量子阱与超晶格基区 RTT

为了改善 RTT 的共振隧穿输运特性，还可以采用不同发射极和基区共振隧穿结构. 图 5-10(a)、(b) 和 (c) 分别示出了具有梯度发射极、量子阱基区和隧穿发射极以及超晶格基区和隧穿发射极三种 RTT 的能带形式. 由图 5-10(a) 可以看出，一个突变或近突变发射结可用来弹道发射电子，使其进入具有高动量相干性的准本征态. 随着发射极–基极偏压 V_{be} 的增加，电子具有足够的能量以弹道方式进入量子阱中的共振态. 为了实现 RTT 的集电极电流 I_{c} 在相同空间的共振，可以采用如图 5-10(b) 的量子阱基区共振隧穿结构. 假如在导带的抛物线型势阱深度为 0.34eV(该值相当于 AlGaAs 到 GaAs 的梯度) 和宽度为 200Å，可知第一个量子化能级高度为 32meV，其他各共振态能级之间的距离为 64meV. 图 5-10(c) 则示出了具有高能量注入和超晶格微带输运 RTT 的工作模式. 当势垒层足够薄时可形成超晶格微带，此时量子阱的本征态是强烈耦合的. 例如，对于一个 AlAs/GaAs 超晶格，如果势垒和势阱宽度都为 40Å，则第一个微带高度为 0.1eV，第二个微带高度为 0.36eV，这两个微带的宽度分别为 10meV 和 50meV. 为了实现电子能以弹道方式输运到超晶格的第一个激发态，需要选择合适的发射极带边不连续性 $\Delta E_{\mathrm{c}} \simeq E_z \simeq 0.36\mathrm{eV}$.

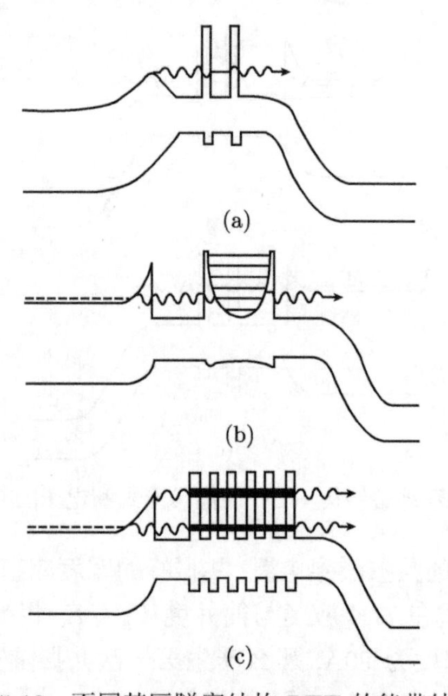

图 5-10　不同基区隧穿结构 RTT 的能带结构

5.3.3 共振隧穿热电子晶体管

RHET 是在一定的外加偏压下, 电子通过双势垒结构从发射极注入到基区, 并以近弹道方式输运到集电极中. 它的主要特点是仅使用一个晶体管便可以制作频率倍增器和“同”栅逻辑电路, 图 5-11(a) 是一个 AlGaAs/GaAs RHET 的能带图. 一个厚度为 56Å的 GaAs 势阱层被夹在两个厚度为 50Å的 AlGaAs 层中间, N^+-GaAs 基区厚度为 3000Å, AlGaAs 集电区厚度为 5000Å. 该 RHET 的工作原理是: 当基极–发射极偏压 $V_{be}=0$ 时, 没有电子从发射极注入, 因而也没有集电极电流 I_c. 当 V_{be} 进一步增加, 开始有电子从发射极注入. 随着 V_{be} 的逐渐增加, 使得注入电子的能量与 GaAs 势阱中的第一量子化能级 E_1 相等时, 开始有电子以共振隧穿方式从发射区被注入到基区中去. 进一步增加 V_{be}, 当 $V_{be}=2E_1/q$ 时, 发射极电流 I_e 达到峰值, 被注入到基区中的电子将以近弹道方式被输运到集电区中去. 如果再进一步增加 V_{be}, 并当 $V_{be}>2E_1/q$ 时, 发射极电流会迅速减少. 由于共振隧穿电流的减小, 集电极电流 I_c 也会因此而减小. 图 5-11(b) 和 (c) 分别示出了该 RHET 在 77K 时的 I_e-V_{be} 和 I_c-V_{be} 工作特性[11].

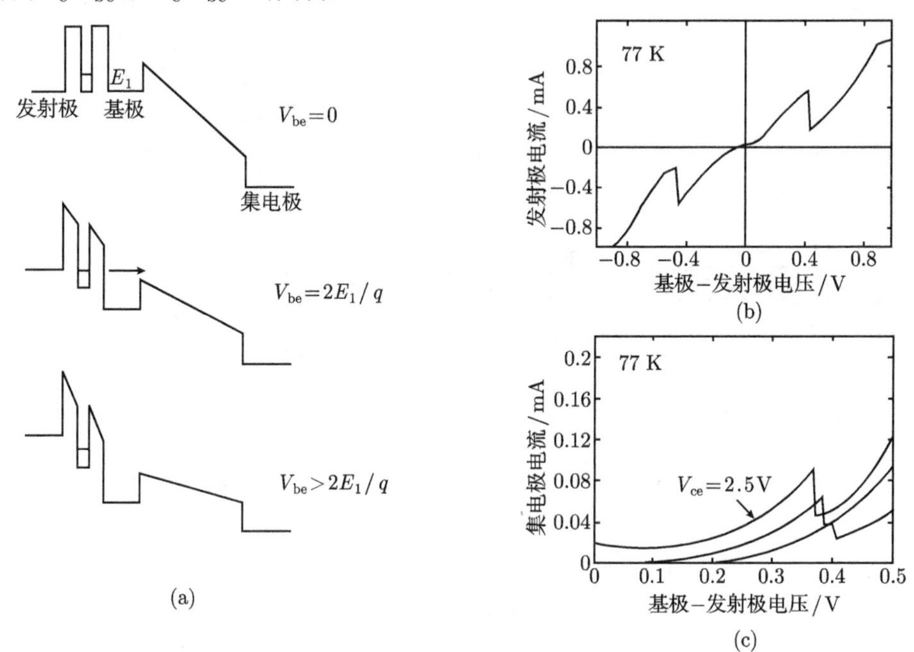

图 5-11 RHET 的能带结构 (a) 与电流–电压特性 (b) 和 (c)

5.4 负阻场效应晶体管

负阻场效应晶体管具有与通常的场效应器件相类似的结构形式. 其主要特点

是增加了一个组分渐变 AlGaAs 势垒层, 以便将 2DEG 通道与高电导的衬底分隔开来, 如图 5-12(a) 所示. 其工作原理是, 当在源极和漏极之间加有强电场时, 将在沟道中产生热电子. 具有一定能量的热电子越过 AlGaAs 势垒向衬底发生转移, 并在漏极的 I-V 特性曲线上形成负阻特性. 与此同时, 衬底中的电子也能越过势垒向通道进行转移. 但是, 通道中的电子是 "冷" 的, 越过势垒的发射很弱. 如果衬底是悬浮的, 由通道发射到衬底中的电子将使衬底带电, 降低了衬底 "冷" 电子发射需要克服的势垒高度, 这样衬底向通道转移的电子数增加, 从而源极和漏极之间的电流将增加, 图 5-12(b) 示出了该器件的 I_{ds}-V_{ds} 特性曲线.

从另一个角度来看, 也可以把负阻场效应晶体管看成是一个电荷注入晶体管 (CHINT). 它的源极相当于一个双极晶体管的发射极, 漏极作为基极, 而衬底作为集电极. 图 5-12(c) 是该器件的 I_{c}-V_{ce} 特性曲线. 下面, 我们进一步讨论 CHINT 的热电子注入特性[12].

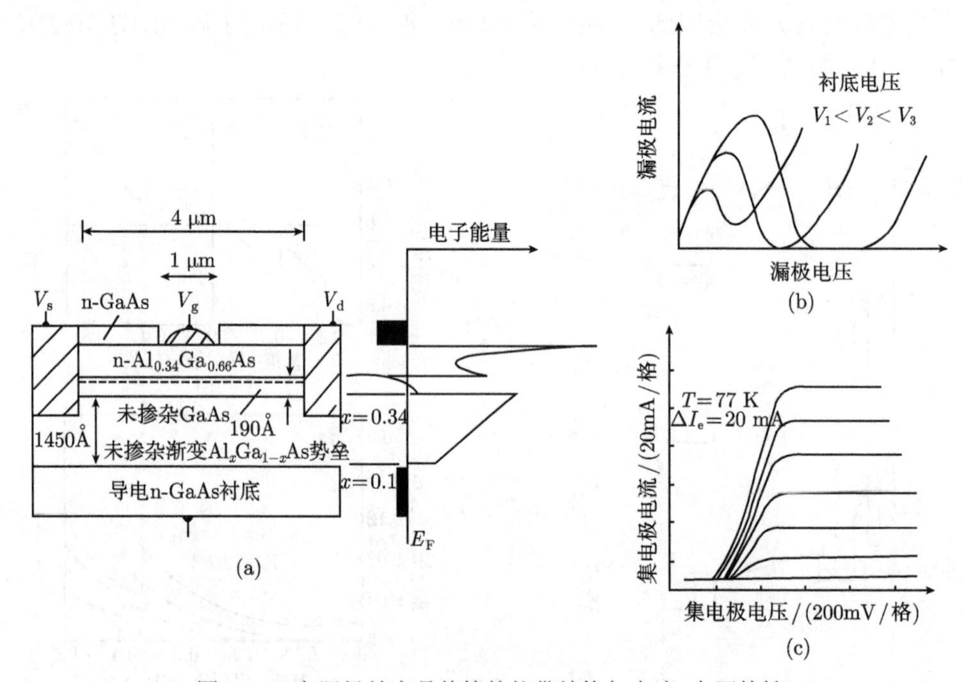

图 5-12 负阻场效应晶体管的能带结构与电流–电压特性

图 5-13(a) 示出了 77K 时一个 CHINT 的衬底电流 I_{SUB} 随源–漏电压 V_{ds} 的变化关系. 可以看出, 当 $V_{\mathrm{ds}}\to 0$ 时, I_{SUB} 急剧减小. 当 $|V_{\mathrm{ds}}|\geqslant 0.15\mathrm{v}$, I_{SUB} 可以增加 8 个数量级, 说明有电子被注入到了衬底, 这是热电子属性的一个直接证据. 在衬底偏置电压 $V_{\mathrm{SUB}}<0.5\mathrm{V}$ 的条件下, 仅当 $V_{\mathrm{ds}}<0$ 时才有热电子注入. 而当 $V_{\mathrm{ds}}>0$ 时, 这个效应被从衬底发射的 "冷" 电子流所掩盖. 研究表明, 越过势垒高度为 ϕ 的

热电子电流的一个简单热电离表达式为

$$I_{\mathrm{SUB}} = I_0 \mathrm{e}^{-\phi/kT_{\mathrm{e}}} \tag{5.17}$$

式中,

$$T_{\mathrm{e}} = T(1 + rV_{\mathrm{ds}}^m) \tag{5.18}$$

I_{SUB} 随 V_{ds} 和温度变化的函数关系可由下式给出

$$\begin{aligned} f &\equiv \left(V_{\mathrm{ds}} \frac{\mathrm{d}\ln I_{\mathrm{SUB}}}{\mathrm{d}V_{\mathrm{ds}}} \right)^{-1} \\ &= \frac{kT_{\mathrm{e}}}{m\phi} \frac{T_{\mathrm{e}}}{T_{\mathrm{e}} - T} \end{aligned} \tag{5.19}$$

图 5-13(b) 给出了在不同的 V_{SUB} 下 f 与 V_{ds}^2 的依赖关系. 所得到的线性依赖关系指出, 式 (5.18) 中的 m=2. 如果 $\phi(V_{\mathrm{SUB}})$ 为已知, 则由图 5-13(b) 中的曲线可直接给出 T_{e}. 我们注意到, 在 $f = kT_{\mathrm{e}}/2\phi$ 与 V_{SUB} 之间有一个强烈的依赖关系: 当 V_{SUB} 从 0V 增加到 0.5V 时, $\mathrm{d}f/\mathrm{d}V_{\mathrm{ds}}^2$ 的斜率几乎增加了三倍. 这种强烈的依赖关系归因于势垒高度 ϕ 的减小. 更具体一点讲, 是较大的 V_{SUB} 导致了较高的电子浓度和电子迁移率增强的缘故.

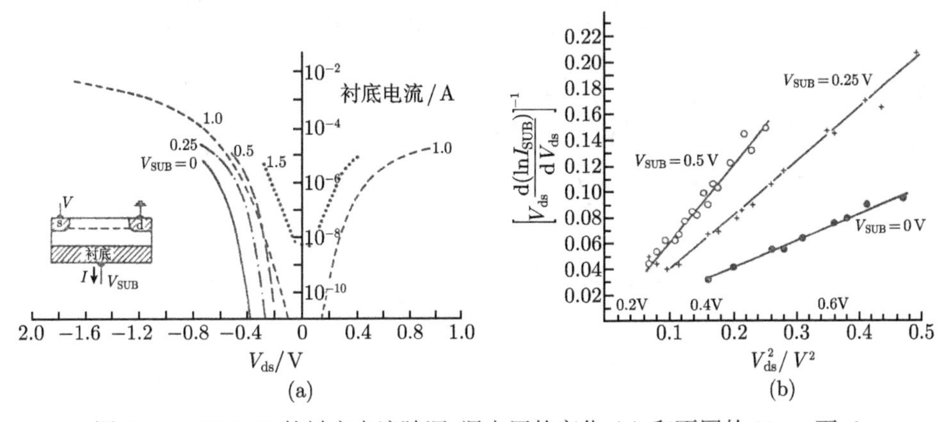

图 5-13 CHINT 的衬底电流随源–漏电压的变化 (a) 和不同的 V_{SUB} 下 f 与 V_{ds}^2 的依赖关系 (b)

5.5 转移电子器件

转移电子器件广泛用于工作频率范围在 1~100GHz 的振荡器和功率放大器中. 它的基本工作原理是基于强电场下发生在不同能谷间的电子转移效应, 即人们所熟知的耿氏效应. 因此, 转移电子器件也称为耿氏二极管. 发生在 GaAs 和 InP 这类

Ⅲ–Ⅴ族直接带隙半导体中的 NDR 现象, 是在电场诱导下由电子从高迁移率的导带能谷 (Γ 谷) 向低迁移率的导带能谷 (L 谷) 发生转移而实现的.

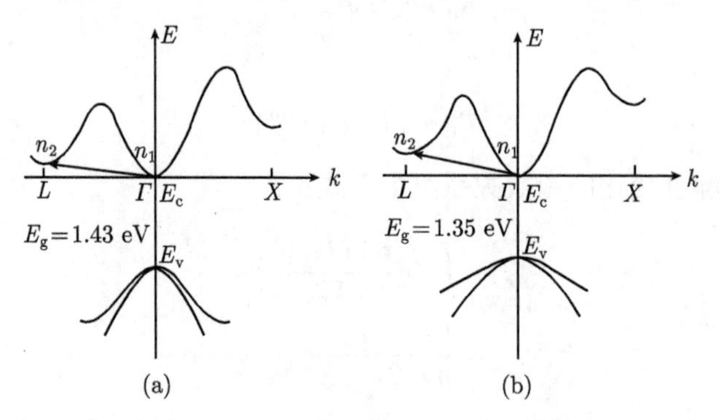

图 5-14　GaAs(a) 和 InP(b) 的能带图

现在, 让我们从如图 5-14 所示的 GaAs 和 InP 能带图, 具体分析发生在不同能谷间的电子转移过程[13]. 对于 GaAs 来说, Γ能谷与L能谷的能量差$\Delta E_{\Gamma-L}$=0.53eV. 设上能谷和下能谷的电子浓度分别为 n_1 和 n_2, 则总的载流子浓度为 $n = n_1 + n_2$. 于是, 半导体中的稳态电流密度为

$$J = q(\mu_1 n_1 + \mu_2 n_2)F = qnv_{\mathrm{d}} \tag{5.20}$$

式中, μ_1 和 μ_2 分别为低能谷和高能谷的电子迁移率; v_{d} 为平均漂移速度; F 为电场强度. 令 $\mu_1 \gg \mu_2$, 则 v_{d} 可由下式给出

$$v_{\mathrm{d}} = \left(\frac{\mu_1 n_1 + \mu_2 n_2}{n_1 + n_2}\right) F \approx \frac{\mu_1 F}{1 + (n_2/n_1)} \tag{5.21}$$

在上导带能谷和下导带能谷之间的载流子的占有率可由下式表示

$$\frac{n_2}{n_1} = R\exp\left(-\Delta E_{21}/kT_{\mathrm{e}}\right) \tag{5.22}$$

式中,

$$R = \left(\frac{\rho_1}{\rho_2}\right)\left(\frac{m_2^*}{m_1^*}\right)^{3/2} \tag{5.23}$$

式中, ρ_1 和 ρ_2 分别为下能谷和上能谷的有效状态密度; m_1^* 和 m_2^* 分别为下能谷和上能谷电子的有效质量. 对于 GaAs, ρ_1=1 和 ρ_2=4, m_1^*=0.067m_0, m_2^*=0.55m_0, R=94.

电子温度可由下式表示

$$T_{\mathrm{e}} = T + \frac{2qFv_{\mathrm{d}}\tau_{\mathrm{e}}}{3k} \tag{5.24}$$

式中, τ_e 为能量弛豫时间, 其值大约为 10^{-12} 量级. 利用式 (5.21) 和式 (5.22), T_e 可改写为下式

$$T_e = T + \left(\frac{2q\tau_e\mu_1}{3k}\right)F^2\left[1 + R\exp\left(-\frac{\Delta E_{21}}{kT}\right)\right]^{-1} \tag{5.25}$$

由上式可以看出, 对于一个给定的晶格温度 T, T_e 随电场的平方而变化. 平均漂移速度与电场 F 的关系也可以由下式给出

$$v_d = \frac{\mu_1 F}{1 + R\exp(-\Delta E_{21}/kT)} \tag{5.26}$$

图 5-15 给出了从 (5.26) 式计算得到的 GaAs 的 v_d-F 关系曲线[14]. 可以看出在低电场区域, v_d 随 F 呈线性变化. 在 F 超过临界值以后则开始减少, 其负阻现象明显可见.

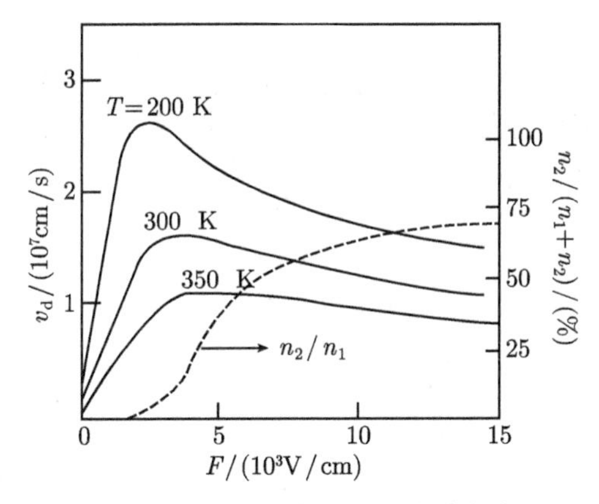

图 5-15 GaAs 的 v_d-F 关系曲线

参 考 文 献

[1] 榊裕之. 超晶格异质结器件. 东京: 工业调查会, 1989
[2] 吕红亮, 张玉明, 张义门. 化合物半导体器件. 北京: 电子工业出版社, 2010
[3] 夏建白, 朱邦芬. 半导体超晶格物理. 上海: 上海科学技术出版社, 1994
[4] Azbel M Ya. Phys. Rev., 1983, B28:4106
[5] Ricco B, Azbel M Ya. Phys. Rev., 1984, B29:1970
[6] Tsuchiya M, Matsusue T, Sakaki H. Phys, Rev. Lett., 1987, 59:2356
[7] Tsuchiya M, Sakaki H. Jpn. J. Appl. Phys., 1986, 25:L185
[8] Tsuchiya M, Sakaki H. Appl. Phys. Lett., 1986, 49:88
[9] Tsuchiya M, Sakaki H. Appl. Phys. Lett., 1986, 50:1503
[10] Capasso F, Kiehi R A. J. Appl. Phys., 1985, 58:1366
[11] Yokoyama N, Imamura K, Muto S, et al. Jpn. J. Appl. Phys., 1985, 26:L853

[12] Luryi S, Kastalsky A, Gossard A C, et al. IEEE Trans. Electron Devices, 1984, 31:832
[13] Li S S. Semiconductor physical electronics. 2nd Edition. 影印本. 北京: 科学出版社, 2008
[14] Sze S M. Physics of semiconductor devices. 2nd Edition. New York: John wiley & Sons 1981

第 6 章　单电子输运器件

所谓单电子输运是一种发生在微小隧道结、纳米晶粒和量子点等低维小量子体系中的输运现象, 其主要内容包括库仑阻塞、单电子隧穿、电导量子化, 能量量子化以及量子相干性等. 基于上述物理原理, 可以构建一系列新型的单电子器件与电路, 从而为未来计算机系统和通信系统的设计带来革命性的影响. 这些器件主要有单电子箱、单电子晶体管 (SET)、单电子存储器 (SEM)、单电子旋转门、单电子泵、单电子振荡器以及单电子集成电路等; 如果采用超导材料, 还可以构建各类单电子器件和磁通量子器件; 利用单分子结构还可以组建单分子开关、分子线以及分子器件等. 本章将简要介绍几种主要单电子器件的基本原理与工作特性.

6.1　单 电 子 箱

单电子箱是一种最简单的单电子器件, 其库仑岛上有 n 个整数过剩电荷. 电子只有利用隧穿输运通过结才能进入或者离开岛, 改变栅电压可以方便地控制岛上的电荷数量. 在 0K 温度下, 单电子箱中库仑岛上的电荷为[1]

$$q = -ne \tag{6.1}$$

式中, n 对应于库仑岛的静电能取最小值. 在有限温度下, 这个最小值有一定的波动. 根据玻尔兹曼分布, 可以对电子箱组态的能量求热力学平均值 $< n >$. 电子箱组态的静电能为

$$E(n) = (\tilde{Q} - ne)^2/2(C_{\mathrm{g}} + C) \tag{6.2}$$

式中, C 为隧道结电容; C_{g} 为栅电容. $\tilde{Q} = C_{\mathrm{g}}V_{\mathrm{gs}}$, 其中 V_{gs} 为栅压. 对接近于 $\tilde{Q}/e$ 的整数 $n_{\min}$, 能量 $E(n)$ 具有最小值. 平均值 $< n >$ 是 $\tilde{Q}$ 的函数, 可由下式表示

$$\begin{aligned} < n > &= \sum_{n=-\infty}^{\infty} n\exp\left[-\frac{E(n)}{kT}\right] \Bigg/ \sum_{n=-\infty}^{\infty} \exp\left[-\frac{E(n)}{kT}\right] \\ &= \sum_{n=-\infty}^{\infty} n\exp\left[-\frac{(n-\tilde{Q}/e)^2}{2\theta}\right] / \sum_{n=-\infty}^{\infty} \exp\left[-\frac{(n-\tilde{Q}/e)^2}{2\theta}\right] \end{aligned} \tag{6.3}$$

式中, 约化参量 θ 可由下式给出

$$\theta = kT(C_{\mathrm{g}} + C)/e^2 \tag{6.4}$$

对于 θ=0.01、0.1 和 10三个不同的值, $< n >$ 与 $\tilde{Q}$ 的关系如图 6-1(a) 所示. 这里,

库仑台阶的物理含义是很清楚的：随着栅压 V_g 的增加，将会吸引更多的电子进入库仑岛. 由于低穿透势垒中电子输运的离散性，必然会凸显这种增加趋势的类台阶性. 从器件应用角度来看，单电子箱作为一种单电子器件而言，目前仍存在有两个基本问题：一是在其内部不存在存储效应，它不具有回滞特性，因而不能用于信息存储；二是它没有负载直流电流的能力，为了测量其电子状态，必须使用一种超高灵敏度的静电计.

结电荷的平均值 $< Q >$ 与热力学平均值 $< n >$ 有如下简单关系

$$< Q > = \frac{C}{C + C_{\rm g}} (\tilde{Q} - < n > e) \tag{6.5}$$

$< Q >$ 随 $\tilde{Q}$ 的变化示于图 6-1(b) 中. 易于看出，其中锯齿图形很类似于理想电流源偏置结的单电子隧穿振荡现象，但二者仍有不同之处. 在一个理想电流偏置的单结中，电流源完全抑制了电荷的量子起伏. 结电荷小于 $e/2$ 时隧穿被阻塞，一次隧穿事件使电荷减小 e，之后电荷以速度 I 增加. 一旦它超过 $e/2$，另一次隧穿事件又会发生. 这种充电-放电循环自身以频率 $f = I/e$ 重复，是结的隧穿阻塞和缓慢充电的联合效应所产生的动力学现象. 而在单电子箱中，$< Q >$ 对 $\tilde{Q}$ 的振荡是一种平衡现象，它不是基于环境引发隧穿阻塞，而是基于库仑岛中电荷的量子化. 结电荷可能有很大的量子起伏，但整数岛电荷不会有大的量子起伏. 当 $\tilde{Q}$ 增加时，$< Q >$ 增加，直到在能量上适合一个电子进入岛，这些锯齿振荡是平衡的单电子隧穿振荡.

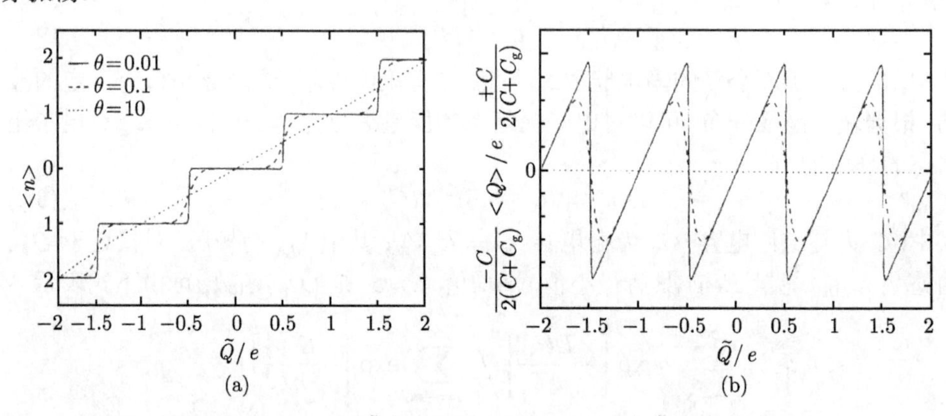

图 6-1 $< n >$ 与 $\tilde{Q}$ 的关系 (a) 和 $< Q >$ 随 $\tilde{Q}$ 的变化 (b)

6.2 单电子和单光子旋转门器件

6.2.1 单电子旋转门器件

单电子旋转门是利用外加周期信号使电子一个一个地通过，以生成时钟电流的器件. 该器件需要一个偏置电压和一个加 rf 时钟信号的门电压. 电流的方向取决于偏压的正负, 在每一个 rf 信号周期内通过电路传输一个电子, 其传输精度主要受电子加热和共振隧穿的限制.

图 6-2(a) 示出了一个单电子旋转门器件的工作原理, 它是由两个对称电压偏置 ($\pm V/2$) 的陷阱支路构成. 当偏压 V=0 时, 它等效于一个陷阱, 门电容的标称值等于单结电容的一半, 以便在相电压 U 的一定范围内能有两个局域稳定的组态. 同陷阱一样, 旋转门的局域稳定组态只能在中心岛上含有过剩电子. 在有限 V 的条件下, 旋转门与陷阱的区别之处在于: 当 U 改变时, 电子只通过接通偏压负端的臂进入主岛, 而通过接正端的臂离开岛. 沿着施加偏置电压 V 的方向, 单电子能够通过器件进行传输[2].

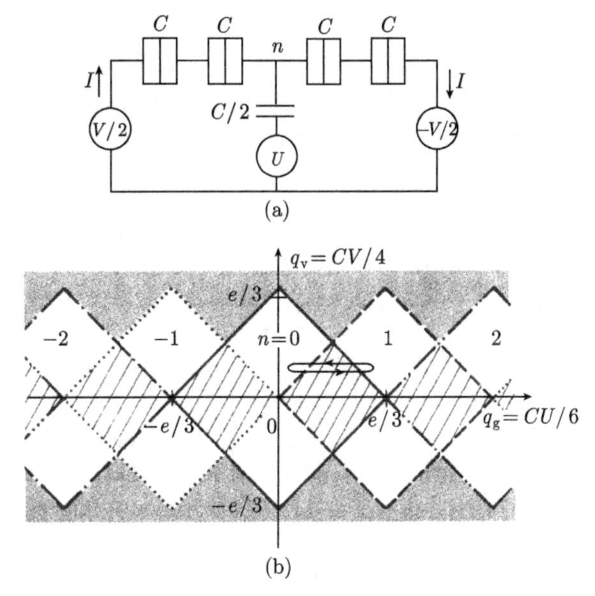

图 6-2 单电子旋转门的工作原理

为了确定如何用旋转门传输单电子, 利用在主岛不同组态的平面中的稳定畴来讨论比较清楚. 这些畴的边界决定于两臂之一上的结电荷. 由图 6-2(b) 中可以看到, 这些畴为菱形区域, 并与其近邻有重叠部分 (影线区). 重叠区有两个不同的组态, 而且是局域稳定的, 这个重叠部分的大小决定于门电容, 电容为 0 时消失. 例如, 在用虚线画界的那个畴内, n=1 的组态是局域稳定的, 正 (或负) 斜率边界对应于在正的 (负的) 电压偏置臂上的转换. 这些畴的外边有电流通过器件, 从而产生导电.

6.2.2 单光子旋转门器件

Kim 等[3] 提出了一种单光子旋转门, 图 6-3(a) 示出了这种器件的工作原理.

该器件由一个双势垒 pn 结组成, 在 n 型和 p 型区域之间有一个本征量子阱结构 (QW). 在一个确定的偏压 V_0 下, 电子共振隧穿的条件被满足, 此时将会有第 m 个电子隧穿进入到量子阱中的子能带中去. 当第 m 个电子进行隧穿时, 电子之间的库仑排斥作用使子能带能量高于 n 型一侧量子阱的费米能级, 这样会使第 $m+1$ 个电子的隧穿受到抑制. 当结电压满足空穴共振隧穿条件时 ($V=V_0+\Delta$V), 将发生单空穴的隧穿. 但是, 由于电子和空穴之间的库仑相互作用的减弱, 使得其后的空穴隧穿被禁止. 从以上的隧穿过程可以看出, 在两种共振隧穿条件下, 结电压是周期调制的, 因此使单个电子和单个空穴在每个调制周期内被注入到量子阱中, 从而产生一个单光子的发射.

当对一个工作在直流偏压条件下的单光子旋转门器件施加一交流调制电压时, 可以发现随着调制频率的增加, 直流电流将呈线性增加, 图 6-3(b) 示出了在一个 72mV 的固定交流偏压和不同的直流偏压条件下, 实验测得的电流 I 随频率 f 的变化. 图 6-3(c) 则给出了斜率 I/f 与直流偏压的关系. 易于看到, 斜率随偏压呈台阶式变化, 并在 $I/f=e$ 处产生电流平台. 其中, e 是电子的电荷 (1.6×10^{-19}C), n=1, 2, 3. 这一结果指出, 电荷通过该器件的转移与外加的调制信号直接相关. 在第一个电流平台处 (I=ef), 表明在每一个调制周期内第 m 个电子和第一个空穴被注入到量子阱中去, 并导致单光子发射. 类似地, 在第三个电流平台处 (I=$3ef$), 每个周期内有三个电子和三个空穴被注入到量子阱中去, 并导致三个光子的发射.

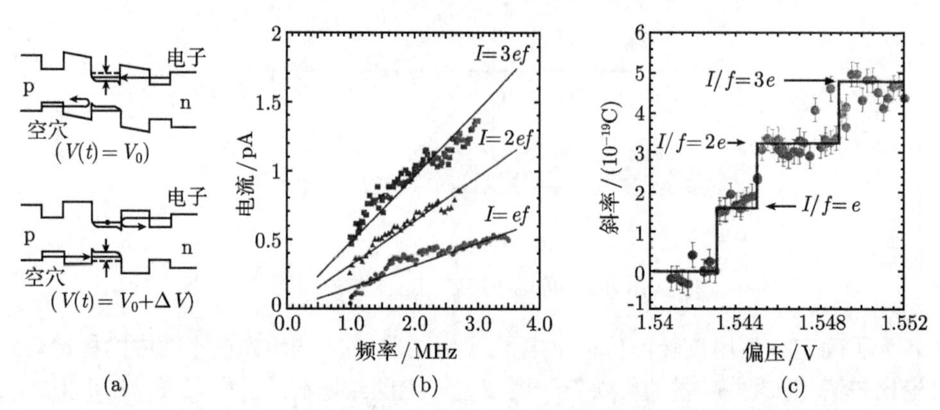

图 6-3 单光子旋转门器件的工作原理 (a)、电流随频率的变化 (b) 和斜率与直流偏压的关系 (c)

6.3 单电子泵

单电子泵与单电子旋转门一样, 都是以外加周期源作时钟信号来产生电流. 不同的是它需两个门电压, 所加 rf 信号频率相同, 相位有适当的移动. 在低频率条件下, 泵是可逆器件, 能量在门电源和偏压源之间交换, 没有任何能量传输给电子. 因此, 在低频时不存在加热, 而泵的传输精度主要受共振隧穿的限制.

图 6-4(a) 中的单电子泵是具有两个门的最简单的器件, 可被视为通过连接的两个单电子箱. 它是由三个结和两个门组成, 门电容 C_{g1} 和 C_{g2} 远小于结电容 C_1、C_2 和 C_3. 门电压 U_1 和 U_2 可以调控, V 是固定偏压, n_1 和 n_2 是两个岛中的过剩电子数, 泵的组态由岛的整数电荷 (n_1, n_2) 和已通过泵的电子数 n_0 给出[4].

当偏压 V=0 时, 任何局域稳定组态是绝对稳定的. 其次, 与一对 (n_1, n_2) 相联系的局域稳定畴铺成平面 $(\tilde{Q}_1 = C_{g1}U_1, \tilde{Q}_2 = C_{g2}U_2)$. 每个畴由一个伸长的六角形构成, 其排列的平移对称性是四方晶格, 如图 6-4(b) 所示. 相邻畴对应组态空间中的相邻组态, 三个相邻畴共享一个三重点. 例如, 图 6-4(b) 中的 P 点为畴 (0, 0)、(1, 0) 和 (0, 1) 所共有, 在该点相应组态有相同的能量. 晶格的每个单胞含有两个三重点, 每个 P 型三重点的近邻是 N 型三重点, 反之亦然. 三重点晶格的存在是控制空间二维特征的普遍拓扑学结构, 而与结电容的精确值无关. 在有限偏压条件下, 不同组态不再是绝对稳定的, 这些局部稳定畴不能铺成完善的 $(\tilde{Q}_1, \tilde{Q}_2)$ 平面, 图 6-4(b) 的蜂窝图发生畸变: 三重点由三角形区代替, 在它内部不存在稳定组态, 因此能够导电. 当 V 增加时, 这些区域的尺寸增加, 稳定畴收缩, 直到最终消失.

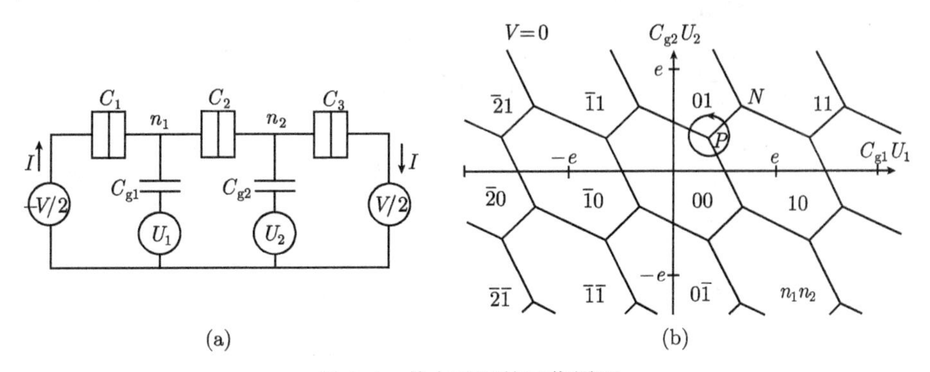

图 6-4 单电子泵的工作原理

6.4 单电子存储器

6.4.1 单电子存储器的工作原理

单电子存储器是基于库仑阻塞原理, 通过外部电压控制电荷传输, 并进而实现存储的单电子器件. 它具有能够随机写入和读出, 功耗低和易于集成等优点, 图 6-5(a) 示出了一个单电子存储器的等效电路. 如果在正方向增加栅压 V_g, 量子点的电压 V_t 也随之而增加. 但是, 当器件处于库仑阻塞时, 没有电流通过. 当 V_t 的值超过库仑阻塞电压 V_{b1} 时, 则会有一个电子利用隧穿向量子点中移动. 由于这个负电荷的注入, V_t 只下降 e/C_{tt}. 这里, $C_{tt} = C_{gt} + C_{rt}$, 如图 6-5(b) 所示[5]. 当电压 V_g

减小时, 在这个电压范围内满足库仑阻塞的条件, 此时没有电子的移动, 因而 V_t 随 V_g 成比例减小. 当 V_t 超过库仑阻塞电压值以后, 一个电子由于隧穿将从量子点中移出, 此时量子点的电压只上升 e/C_{tt}. 由于 V_g 变为零, 所以 V_t 也回到原来值. 当整个电路有电流通过时, 流过 C_{gt} 和 C_{rt} 的电流相等. 因此有以下各式成立, 即

$$C_{gt}(V_g - V_t) = C_{rt}V_t \tag{6.6}$$

$$V_{gh} = (C_{tt}/C_{gt})(V_{b1} + V_{b2}) - (e/C_{gt}) \tag{6.7}$$

式中, V_{gh} 为栅压 V_g 的变化幅度.

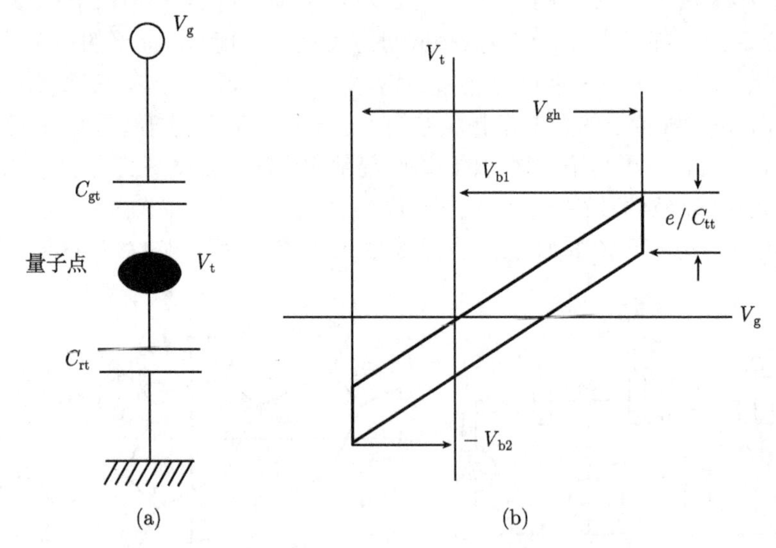

图 6-5　单电子存储器的等效电路 (a) 和存储记忆特性 (b)

图 6-6(a) 是一个实用化的单电子存储器的等效电路. 该单电子存储器是由一个窄沟道的 MOSFET 和镶嵌在控制栅和沟道之间的纳米尺寸多晶硅量子点浮置栅组成[6]. 图 6-6(b) 是其工作原理：首先, 利用一个较大的负偏压使 MTJ2 的 V_{s2} 断开. 当 V_g 由 A 到 B 增加时, MTJ1 处于库仑阻塞状态, 此时没有电流通过, 电压降落在 MTJ1 和 C_g 上, 存储器结点电压随 V_g 呈线性增加. 当加在结点上的电压大于 $e/2C_{MTJ1}$ 时, MTJ1 导通, 电子通过多结岛之间隧穿, 直到有 n 个电子被填充到存储单元中去, 在 $B \to C$ 区 MTJ1 的有效阻抗要比 $A \to B$ 的小. 因此, 外加电压 V_g 只有很小一部分降在结点上, 静电计 MTJ3 的电流梯度发生显著改变. 当 V_g 沿着 $C \to D \to A$ 曲线降低到某个临界电压之前, 原来已经隧穿到存储单元的 n 个电子一直被陷在其中. 当超过这个电压之后, 被陷电子则开始释放, 直到 A 点被陷的 n 个电子全部被释放完. 其存储行为可解释为：$D \to A \to B$ 是写入一个比特, 而 $B \to C \to D$ 则是将其信息擦除掉.

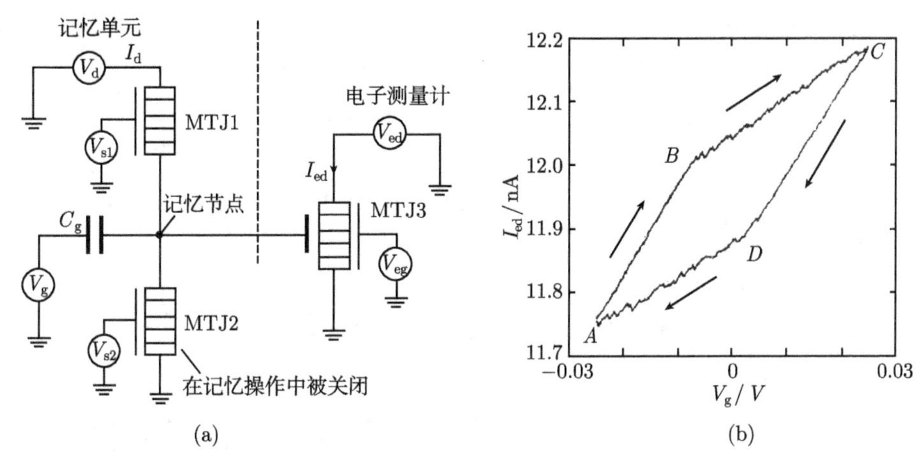

图 6-6 单电子存储器的等效电路 (a) 和工作原理 (b)

6.4.2 浮栅量子点单电子存储器

Yano 等[7] 提出了一种浮栅量子点单电子存储器, 它是利用厚度为 3.4nm 的超薄多晶 Si 膜作为有源区而制作的. 图 6-7(a)、(b)、(c) 和 (d) 分别示出了该器件的结构、等效电路、能带形式和存储特性. 可以看到, 由于在沟道 (或有源区) 与量子点之间形成了一个势垒, 所以在这些结点之间的电流–电压曲线呈现出断开电压的非线性变化形式. 当对该存储器施加一个正向栅压时, 在某一临界栅压值将有一个电子会转移到量子点中去. 在这一动量作用下, 量子点区域的电势将减小, 它将阻塞其他电子的转移, 这就是所谓的库仑阻塞效应, 正如图 6-7(c) 所示. 当量子点俘获一个电子之后, 将引起器件阈值电压的漂移. 因此, 通过测量两个状态之间的不同电流值, 便可以读出所存储的信息.

该单电子存储器的阈值电压漂移量可由下式给出

$$\Delta V_{\mathrm{th}} \approx q/C_{\mathrm{gc}} \tag{6.8}$$

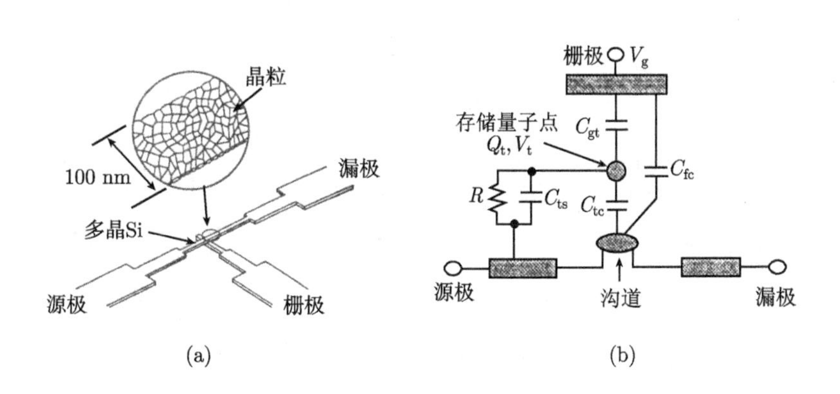

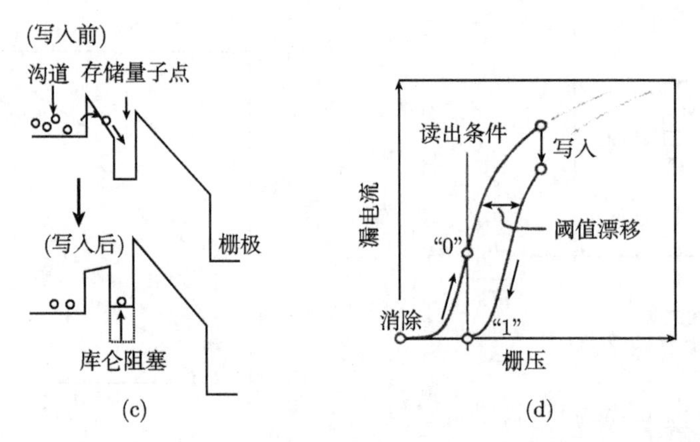

图 6-7　浮栅量子点单电子存储器的结构、等效电路、能带形式与存储特性

式中, C_{gc} 是沟道和栅之间的电容. 为了实现该器件的室温存储特性, 以下两个条件是需要的: ① 器件的沟道应当窄于存储量子点的尺寸, 这是由于等效电路模型是一个单电路节点, 而不是分布节点; ② 在 "1" 和 "0" 之间的电流减小率应当大于 e(自然对数的底). 而 e 的电流减小率仅当 ΔV_{th} 大于 kT/g 时才能实现, 因此有

$$q/C_{\mathrm{gc}} > kT/q \tag{6.9}$$

Dutta 等[8] 采用 Si 纳米晶粒作为浮置栅制作了单电子存储器, 如图 6-8(a) 所示. 球形 Si 量子点的直径为 8nm, 其周围由非晶态的自然氧化膜所覆盖, 该氧化膜可以作为电子的隧穿势垒层, 图 6-8(b) 是这种单电子存储器的存储特性. 随着栅压的增加, 在 A 点位置电子通过沟道隧穿进入 Si 量子点中. 随着栅压的减小, 电流值维持在一个低的值, 在 B 点位置电子则从 Si 量子点中被释放出, 此时器件恢复到初始电流状态. 如果用 $A \to B$ 间的电压读取其电流值, 由于一个电子的存储导

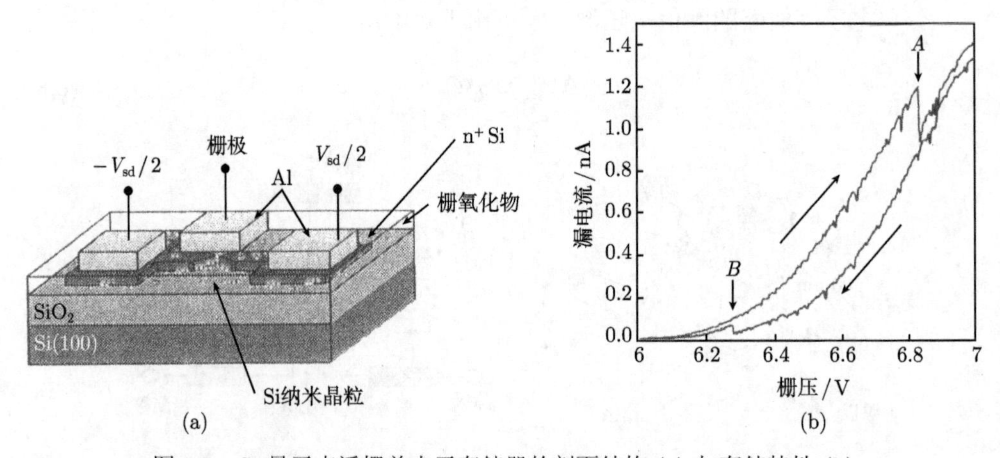

图 6-8　Si 量子点浮栅单电子存储器的剖面结构 (a) 与存储特性 (b)

致了较大电流的变化, 这样就会明显地表现出存储特性. 如果栅压高于 A 点, 将会有两个或三个电子被注入到 Si 量子点中去, 因此会呈现出电流值的漂移. 当栅压的值大于 6~7V 时, 将在栅极附近产生背景电荷. 实现单电子存储器的关键是如何制作均匀小尺寸 Si 纳米晶粒, 并进一步优化器件结构, 以能够在微秒水平上写入和擦除信息, 并使信息得以长时间保存.

6.5 单电子晶体管

微电子器件的进一步发展, 将使其体积更小、速度更快和集成度更高, 而这将会使它遇到四个极限: ① 信号能量为一个信号光子的能量; ② 信号电荷为一个电子电荷; ③ 器件尺寸小到电子波长; ④ 器件加工精度逼近一个原子. 在这些情况下, 量子效应将变得极为显著, 因而需要研究基本放大器件由晶体管发展为基于量子效应的器件. SET 就是一个简单而具有代表性的范例.

6.5.1 SET 的工作原理

SET 的工作原理是基于固有的量子现象, 主要是金属–隧道结–金属间的隧穿效应. 图 6-9(a) 示出了 SET 的结构示意图, 它由两个隧穿结组成, 即在两个结之间有一个岛; 图 6-9(b) 为非对称偏置 SET 的等效电路, 两个结之间有一个岛, 两个结的结电容和隧穿电阻分别为 C_1, R_{T1} 和 C_2, R_{T2}, 两个结电阻之和 $R_\Sigma = R_{\mathrm{T1}} + R_{\mathrm{T2}}$; 栅电极与库仑岛之间发生静电耦合, 耦合电容为 C_{g}. 当两个金属电极被约 1nm 厚的隧穿势垒分开时, 在费米能级上的电子能够隧穿过该势垒. 用隧穿电阻 R_{T} 表述隧穿势垒的隧穿特性, 这个有限电阻与势垒的透射系数 T 和独立电子波的模式数 M 有关. 对于 $TM \ll 1$, 通过势垒传输的电荷是量子化的, 即 $Q = -ne$, 这里 n 为整数. 若 n 不受量子起伏的影响, 必须满足每个结 $R_{\mathrm{T}} \gg R_{\mathrm{k}} = 25.8\mathrm{k}\Omega$. SET 岛的总电容为

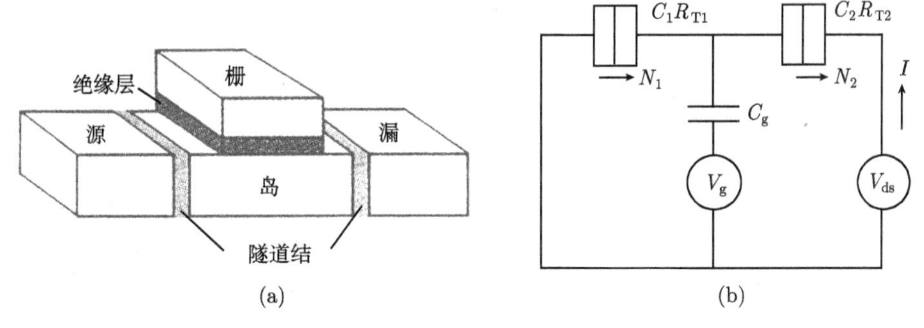

图 6-9 SET 的结构示意图 (a) 与等效电路 (b)

$$C_\Sigma = C_g + C_1 + C_2 \tag{6.10}$$

若岛的尺寸足够小, 在岛上单个电子电荷的库仑能 $E_C = e^2/(2C_\Sigma)$ 将大于热起伏能, 即 $E_C \gg kT$. 当电子通过岛时, 电子间有很强的库仑相互作用, 所以 SET 很不同于场效应晶体管 (FET). 在 FET 中, 电子从源到漏是独立的, 并且电子数是大量的. 它可以认为一个电子所经历的势是平均值, 与所有其他电子的组态无关, 电流输运来源于各个电子运动的简单相加. 而在 SET 中, 电子传输来源于系统两个电荷组态的跃迁. 这些电荷组态用 $\{n_1, n_2\}$ 表述, n_1 和 n_2 是通过两个结的电子数. 器件的行为受总静电能的控制, 对非对称偏置总静电能表示为[9]

$$E_{e1} = E_C[n_2 - n_1 - (C_g V_g/e) - (C_2 V_{ds}/e) + q_0]^2 - en_2 V_{ds} \tag{6.11}$$

上式中包含了存储在结和栅电容中的能量以及电源所做的功, V_g 和 V_{ds} 分别是加在栅–源和漏–源之间的电压. 补偿栅电荷 q_0 是一个唯象学量, 它描述在系统电容中的电场是非零的, 甚至在岛为中性和无外加电压的情形亦如此.

6.5.2 SET 的噪声特性

SET 的噪声主要来源于势垒和衬底中晶格杂质随时间的涨落, 较大的库仑岛会受到更多缺陷的影响, 因而噪声水平也会相应增加. 在正统理论中, 隧穿事件构成普适的泊松方程. 在 $kT \ll eV_{ds}$ 的温度范围内, SET 的电压噪声和电流噪声可分别由以下二式所表示

$$S_V(\omega) = \frac{(1-\alpha^2)(1+\alpha^2)}{8\alpha^2} eV_{ds} R_\Sigma \left(\frac{C_\Sigma}{C_g}\right)^2 \tag{6.12}$$

$$S_I(\omega) = \frac{(1-\alpha^2)}{4} \frac{eV_{ds}}{R_\Sigma} \left(\frac{C_g}{C_\Sigma}\right) \left(\frac{e\omega R_\Sigma}{V_{ds}}\right)^2 \tag{6.13}$$

其中, V_{ds} 为源–漏电压; C_g 为栅电容. α 为库仑阻塞参量, 且有

$$\alpha = \frac{2C_g V_g - e}{C_\Sigma V_{ds}} \tag{6.14}$$

当 $\alpha > 1 - (R_k/\pi R_\Sigma)$ 时, 共隧穿过程超过单隧穿过程; 而为 $\alpha > 1 - (eV_{ds}/kT)$ 时, 噪声表达式应计入热起伏的影响.

6.5.3 SET 的灵敏度

表征 SET 灵敏度的特性参数有电荷灵敏度、能量灵敏度、噪声能量和噪声阻抗, 它们可分别由以下各式表示

$$\delta Q(\omega) = \frac{C_j}{\alpha} \sqrt{\frac{(1-\alpha^4)}{8} \left(\frac{R_\Sigma}{R_k}\right) \left(\frac{(\hbar V_{ds})}{e}\right)} \tag{6.15}$$

$$\varepsilon(\omega)=\frac{\pi\hbar(1-\alpha^4)}{8\alpha^2}\left(\frac{R_\Sigma}{R_\text{k}}\right)\left(\frac{V_\text{ds}}{e/C_\Sigma}\right)\left(\frac{C_\text{J}}{C_\text{g}}\right) \tag{6.16}$$

$$E_\text{N}(\omega)=\frac{\pi(1-\alpha^2)}{2\alpha}\sqrt{\frac{1+\alpha^2}{2}\frac{R_\Sigma}{R_\text{k}}}\hbar\omega \tag{6.17}$$

$$Z_\text{N}(\omega)=\sqrt{\frac{1+\alpha^2}{8\alpha^2}\left(\frac{C_\Sigma}{C_\text{g}}\right)^2\frac{V_\text{ds}}{e\omega}} \tag{6.18}$$

从以上四式中, 可以看到各个物理参量对于 SET 灵敏度的影响: ① 当取 SET 的源–漏电压 $V_\text{ds}=e/(2C_\Sigma)$ 时, 可以忽略实际中的热起伏效应; ②$C_\text{J}=C_1+C_2$ 是两个结电容之和. 合理选取 C_J 的值, 既能使 SET 的源–漏电流 I_ds 在加热岛时, 对温度的影响保持一个适当水平, 又能使输出信号达到一个可以接受的程度; ③ SET 的内在耦合比 C_J/C_g 的大小, 决定了门电压给 SET 以多大能量而使其用于改变岛上的电荷量, 它比门电容更起作用; ④ $E_\text{N}(\omega)$ 是表征 SET 噪声水平的尺度, 当 $(E_\text{N})_\text{opt}\leqslant 2.2\hbar\omega$ 时, 表明 SET 可以运行在量子极限上; ⑤ 对于 SET 的能量灵敏度而言, 其最好能量灵敏度上限为 $\varepsilon\leqslant 40\hbar(C_\text{J}/C_\text{g})$.

6.5.4 电容型 SET

这种 SET 是利用外部电容的变化来控制单电子箱中的电荷, 如图 6-10(a) 所示. 如果在电容 C_0 上加一电压 U, 其电荷量为 $Q=C_0U$, 这些电荷被注入到 C_1 和 C_2 中去. 由于单电子输运而导致的能量差为[10]

$$\begin{aligned}\Delta F^{n_1\pm1}&\equiv F_1(n_1\pm1,n_2)-F_1(n_1,n_2)\\&=\frac{e}{C_\Sigma}\left\{\pm Q_0+\frac{e}{2}\pm[C_0U+(C_2+C_0)V]\right\}\end{aligned} \tag{6.19}$$

与

$$\begin{aligned}\Delta F^{n_2\pm1}&\equiv F_1(n_1,n_2\pm1)-F_1(n_1,n_2)\\&=\frac{e}{C_\Sigma}\left[\mp Q_0+\frac{e}{2}\mp(C_0U+C_1V)\right]\end{aligned} \tag{6.20}$$

因此, 作为库仑阻塞的条件则有

$$\Delta F^{n_1\pm1}>0 \text{ 与 } \Delta F^{n_2\pm1}>0 \tag{6.21}$$

以上的条件如果采用电压表示, 则有

$$\left\{\begin{aligned}&V>-\frac{C_0}{C_0+C_2}\left(U+\frac{Q_0}{C_0}\right)-\frac{e}{2(C_0+C_2)} &(6.22)\\&V<-\frac{C_0}{C_0+C_2}\left(U+\frac{Q_0}{C_0}\right)+\frac{e}{2(C_0+C_2)} &(6.23)\end{aligned}\right.$$

和

$$\begin{cases} V > \dfrac{C_0}{C_1}\left(U + \dfrac{Q_0}{C_0}\right) - \dfrac{e}{2C_1} & (6.24) \\ V < \dfrac{C_0}{C_1}\left(U + \dfrac{Q_0}{C_0}\right) + \dfrac{e}{2C_1} & (6.25) \end{cases}$$

如果把满足式 (6.24) 和式 (6.25) 的电压分别由 V^- 和 V^+ 表示, 则有

$$V^- = -\frac{e}{C_\Sigma} \quad \text{和} \quad V^+ = \frac{e}{C_\Sigma} \tag{6.26}$$

图 6-10(b) 示出了库仑阻塞区域以及电压范围. 输出电压 V 与输入电压 U 的比为

$$K_\text{V} \equiv \left.\frac{\partial V}{\partial U}\right|_{I=\text{一定}} \tag{6.27}$$

从式 (6.25) 可以推导出最大增益为

$$\frac{\partial V}{\partial U} > \frac{C_0}{C_1} \equiv K_\text{V} \tag{6.28}$$

在低频范围, 输入电导 G_i 很小, 而输出电导 $G_0 \equiv \partial V/\partial I$, 因而该器件的电流增益可以很大. C-SET 可用于信号放大、逻辑运算和信号处理等领域中.

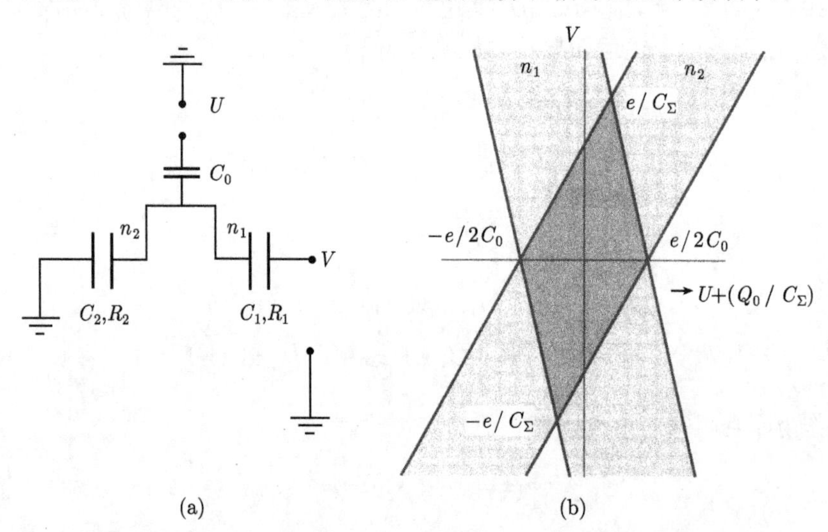

图 6-10　C-SET 的等效电路 (a) 和库仑阻塞区域及电压范围 (b)

6.5.5　电阻型 SET

C-SET 是通过栅电容感应改变电荷数的. 除此之外, 还有一种方式, 就是利用电阻耦合, 使电荷通过一个高电阻加到中间电极上, 这就是电阻型 SET. 图 6-11(a)

示出了一个 R-SET 的等效电路. 其电荷量可由下式表示[11]

$$\dot{Q}_{\rm e} = \frac{U - U'}{R_0},\ U' = \frac{Q_{\rm e} + C_1 V}{C_\Sigma} \tag{6.29}$$

式中, $\dot{Q}_{\rm e}$ 是 $Q_{\rm e}$ 的时间微分, U' 是隧道结的电位. 式 (6.29) 可改写为下式

$$\frac{{\rm d}Q_{\rm e}}{{\rm d}t} + \frac{Q_{\rm e}}{C_\Sigma R_0} = \frac{U}{R_0} - \frac{C_1 V}{R_0 C_\Sigma} \tag{6.30}$$

其解为

$$Q_{\rm e} = \Delta Q_{\rm e} {\rm e}^{-t/R_0 C_\Sigma} + (C_\Sigma U - C_1 V) \tag{6.31}$$

对于单电子晶体管的情形, 应满足如下条件

$$C = \frac{e^2}{2kT},\ \frac{1}{R} = \frac{e^2}{\pi} \quad (R_0 \gg R_1, R_2) \tag{6.32}$$

由于式 (6.31) 中的第一项很小, 可以忽略, 故有

$$Q_{\rm e} \fallingdotseq C_\Sigma U - C_1 V \tag{6.33}$$

因此, 自由能为

$$F(n_1, n_2) = \frac{1}{2C_\Sigma}\{Q_{\rm e} + e(n_1 - n_2)\}^2 + e\left(n_1 \frac{C_2}{C_\Sigma} + n_2 \frac{C_1}{C_\Sigma}\right) V + (\text{常数项}) \tag{6.34}$$

由于单电子隧穿, 其自由能的变化为

$$\Delta F^{n_1 \pm 1} = \frac{e}{C_\Sigma}\left(\pm Q_0 + \frac{e}{2} \pm C_2 V\right) \tag{6.35}$$

与

$$\Delta F^{n_2 \pm 1} = \frac{e}{C_\Sigma}\left(\mp Q_0 + \frac{e}{2} \pm C_1 V\right) \tag{6.36}$$

式中,

$$Q_0 \equiv (C_\Sigma U - C_1 V) + e(n_1 - n_2) \tag{6.37}$$

因此, 库仑阻塞条件为

$$\Delta F^{n_1 \pm 1} > 0 \quad \text{与} \quad \Delta F^{n_2 \pm 1} > 0 \tag{6.38}$$

如果将式 (6.35) 改写成取决于电压的条件, 它可由下式表示

$$V < \frac{C_\Sigma}{C_1 - C_2}\left(U + \frac{Q_{00}}{C_\Sigma}\right) + \frac{e}{2(C_1 - C_2)},\quad C_1 - C_2 > 0 \tag{6.39}$$

$$V > \frac{C_\Sigma}{C_1 - C_2}\left(U + \frac{Q_{00}}{C_\Sigma}\right) - \frac{e}{2(C_1 - C_2)}, \quad C_1 - C_2 > 0 \tag{6.40}$$

式中, $Q_{00} \equiv e(n_1 - n_2)$. 因此, 从式 (6.36) 则有

$$V > \frac{C_\Sigma}{2C_1}\left(U + \frac{Q_{00}}{C_\Sigma}\right) - \frac{e}{4C_1} \tag{6.41}$$

和

$$V < -\frac{C_\Sigma}{2C_1}\left(U + \frac{Q_{00}}{C_\Sigma}\right) + \frac{e}{4C_1} \tag{6.42}$$

当 V=0 时, 上述条件为

$$U > \frac{Q_{00}}{C_\Sigma} - \frac{e}{2C_\Sigma},\ U < -\frac{Q_{00}}{C_\Sigma} + \frac{e}{2C_\Sigma},\ C_1 - C_2 > 0$$

和

$$U < -\frac{Q_{00}}{C_\Sigma} + \frac{e}{2C_\Sigma},\ U > -\frac{Q_{00}}{C_\Sigma} - \frac{e}{2C_\Sigma} \tag{6.43}$$

此外, 当 $U + (Q_{00}/C_\Sigma) = 0$ 时, 则有

$$V < \frac{e}{2(C_1 - C_2)},\ V > -\frac{e}{2(C_1 - C_2)}, C_1 - C_2 > 0 \tag{6.44}$$

$$V > -\frac{e}{4C_1}, V < \frac{e}{4C_1} \tag{6.45}$$

其次, 当式 (6.39) 与式 (6.41) 相等时, 从两式中同时消去 $U + (Q_{00}/C_\Sigma)$, 则有

$$V = -\frac{e}{C_1 + C_2} = -\frac{e}{C_\Sigma} \tag{6.46}$$

而当式 (6.40) 与式 (6.42) 相等时, 从两式中同时消去 $U + (Q_{00}/C_\Sigma)$, 则有

$$V = \frac{e}{C_1 + C_2} = \frac{e}{C_\Sigma} \tag{6.47}$$

图 6-11(b) 示出了上述的推导结果. R-SET 的主要优点是相对于输入电压, 输出电压变化非常大, 因而可用于数字型 VLSI 电路中.

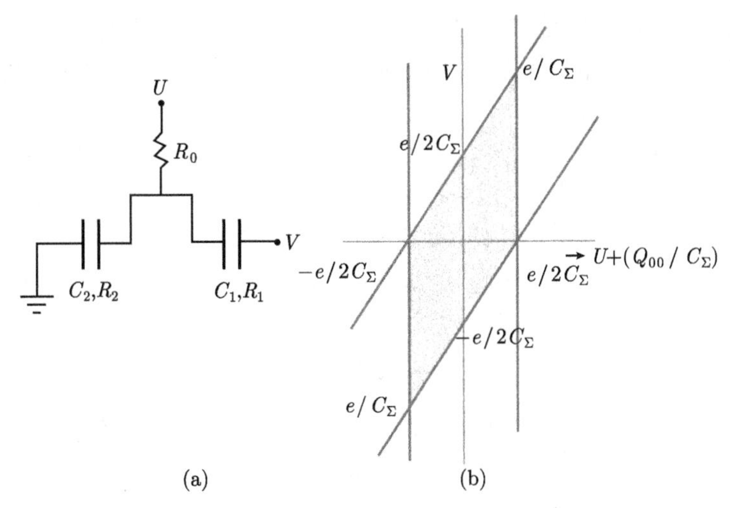

图 6-11 R-SET 的等效电路 (a) 和库仑阻塞区域 (b)

6.5.6 射频 SET

单电子晶体管的电荷灵敏度受背景电荷运动引起的 $1/f$ 噪声的限制. 因此, 在利用高灵敏度、高阻抗的电荷测量技术时, 为了进一步提高 SET 静电计的测试灵敏度, 必须设法提高它的工作速度. Schoelkopf 等[12] 发展了一种射频单电子晶体管静电计, 其电荷态的读出不是依靠直接测量电流或电压, 而是通过监测与 SET 相接的高频谐振电路的衰减而实现的, 其测量设置如图 6-12(a) 所示. 该 SET 的源极 (S) 接地, 漏极 (D) 通过一个 27nH 的芯片与一个 50Ω 同轴电缆中心引线相连. 该同轴电缆再与一个输入阻抗为 50Ω 的 HEMT 低噪声放大器相连接. 串联电感值的

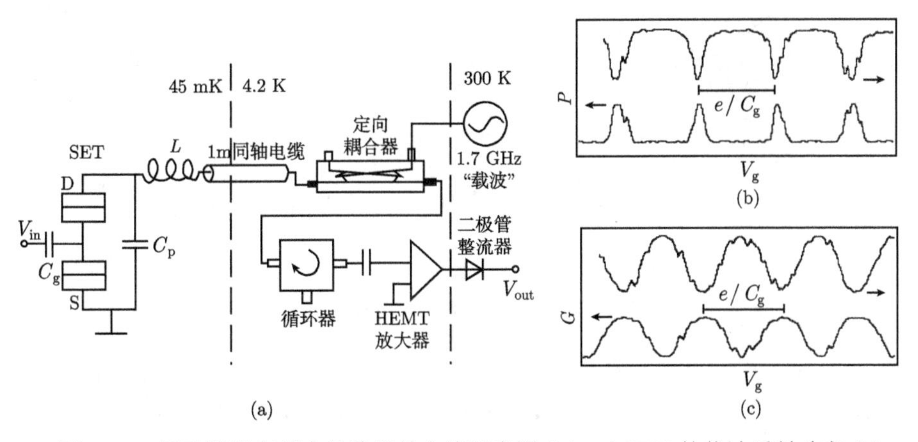

图 6-12 用于测量高频电导装置的电路示意图 (a)、rf-SET 的载波反射功率 (b) 和直流电导 (c)

选择取决于它与 SET 接触垫片的寄生电容构成的谐振电路的谐振频率. 选择与此频率相同的单频信号作为载波, 通过定向耦合器输运到 SET 中, 再将其反射信号放大和整流.

图 6-12(b) 和 (c) 分别示出了一个 rf-SET 的载波反射功率 P 和直流电导 G 与栅电压 V_g 的关系. 电导振荡峰以栅压 $\delta V_g = e/C_g$ 呈等间距分布, 它对应 SET 的岛上增加单个电子电荷. 载波反射功率与电导之间有很强的关联性. 当电导处于最小值, 且 SET 处于库仑阻塞状态时, 反射功率最大. 而当 SET 处于导通状态时, 部分载波消耗在 SET 上, 此时反射功率较小.

6.5.7 单电子 CCD

利用单电子 CCD 可以实现单电荷的操作, 图 6-13(a) 是一个在 SOI 衬底上制作的 Si 基 CCD 的剖面结构, 其有源区是由两个 Si 线 MOSFET 组成, 中间由一个 "T" 型 Si 线栅极隔开. 利用该器件可以实现在两个 MOSFET 之间沟道内空穴的产生、存储以及在两个 MOSFET 之间的电荷转移, 图 6-13(b) 给出了在两个 Si 线 MOSFET 之间单空穴的转移过程[13]. 在初始态 (1), 仅有一个空穴存储在 MOSFET 2 中. 为了读出在两个 MOSFET 中的空穴数, 可以对该器件施加一个 0.88V 的读出栅电压. 由于仅 MOSFET 2 存储一个空穴, 那么电流 1 应当是小的, 而电流 2 应当是大的. 在读出之后, 读出栅电压减小到 −1V. 这样, 不仅在正面栅极之下沟道中的电子被耗尽, 而且相邻沟道中的电子亦被耗尽. 此外, 通过控制正面栅极电压, 可以使空穴从 MOSFET 2 转移到 MOSFET 1 中去, 如图 6-13(b) 中的过程 (2). 其后, 转移的空穴再次被 (3) 过程读出, 此过程反复进行便可以实现电荷的转移.

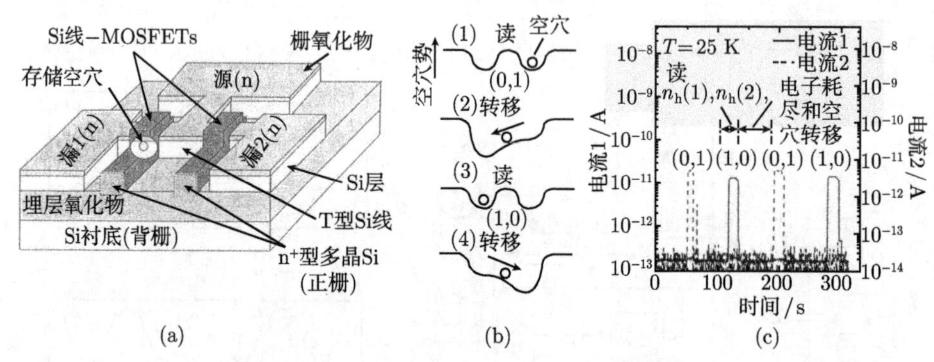

图 6-13 单子 CCD 的剖面结构 (a) 与电荷转移特性 (b) 和 (c)

单空穴操作的结果显示在图 6-13(c) 中, 该图显示出了漏电流随时间的变化关系. 为了非干扰性地读出空穴, 读出时间设置为几十秒, 该值远短于电子–空穴的复合寿命. 从图中清楚地看到, 读出电流交替地达到一个相对较高的水平. 这意味着所存储的空穴数 ($n_h(1)$ 和 $n_h(2)$) 在 0 和 1 之间交替发生变化, 其结果是导致了在两个线 MOSFET 之间的单空穴转移.

6.6 库仑阻塞测温计

由小电容隧道结组成的二维阵列, 对研究单电子输运和电荷效应具有重要意义. 这是由于阵列中的每个结周围都有高电阻结存在, 因此提供了避免外界环境影响的不利因素, 使得器件的单电子效应更加显著. 作为一种可能的应用, 就是设计和制作二维阵列库仑阻塞低温测量计. 在这种二维结阵列中, 库仑岛与隧道结既有串联又有并联, 电流将很容易地绕过任何受损坏的隧道结, 从而使产生的误差大大减小.

Bergsten 等[14] 基于 Al/AlO_x 的 256×256 隧道结二维阵列, 在 1.5~4.2K 的温度范围内测量了微分电导随偏置电压的变化. 结果证实, 由微电导峰值半宽计算的温度 T_G 与 ^4He 平衡压强计算的温度 T_P 相比, 二者有很好的线性依赖关系, 其测量偏差仅有 2.2×10^{-4}, 显示出优异的测温性能. 图 6-14 是采用锁相技术测量的二维隧道结阵列 I-V 特性的三阶导数 (d^3I/dV^3) 随偏置电压的变化关系. 在 $kT \gg E_C$ 的条件下, 可以证明这个三阶导数为零时所对应的电压 V_0, 与温度呈线性依赖关系, 而且仅与温度相关. 由此表明, 该二维隧道结阵列可以作为一种标准低温测量计而使用.

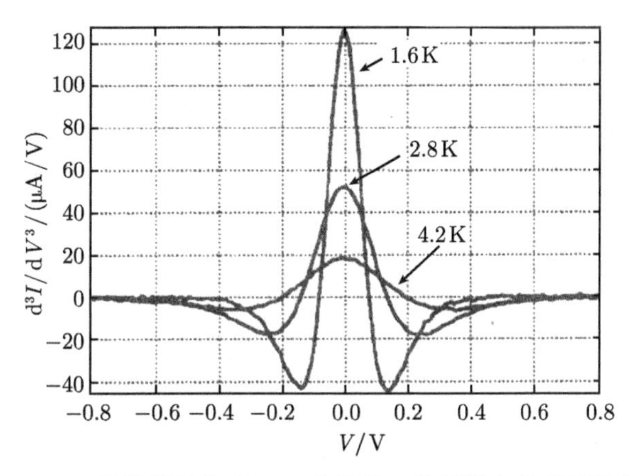

图 6-14 二维隧道结阵列 I-V 曲线的三阶导数与外偏压的关系

参 考 文 献

[1] 薛增泉, 刘惟敏. 纳米电子学. 北京: 电子工业出版社, 2003

[2] 蒋建飞. 纳电子学导论. 北京: 科学出版社, 2006

[3] Kim J, Benson O, Kan H, et al. Nature, 1999, 397:500

[4] Pothier H, Lafarge P, Urbina C, et al. Physica, 1991, B169:573
[5] Nakazato K, Blaikie R J, Ahmed H. J. Appl. Phys., 1994, 75:5123
[6] Thornton T J. Mesoscopic devices. Rep. Prog. Phys., 1994, 57:311
[7] Yano K, Ishii T, Hashimoto T, et al. IEEE Trans. Electron Devices, 1994, 41:1628
[8] Dutta A, Hayafune Y, Oda S. Jpn. J. Appl. Phys., 2000, 39:L855
[9] Devoret M H, Schoelkopf R J. Nature, 2000, 406:1039
[10] Wei Y Y, Weis J, Klitzing K, et al. Appl. Phys. Lett., 1997, 71:2514
[11] 佐佐木昭夫. 量子效应半导体. 东京: 电子情报通信学会, 2000
[12] Schoelkopf R J, Wahlgrea P, Kozhevnikov A A, et al. Science, 1998, 280:1238
[13] Fujiwara A, Takahashi Y. Nature, 2001, 410:560
[14] Bergsten T, Claeson T, Delsing P J. J. Appl. Phys., 1999, 86:3844

第 7 章　量子结构激光器

半导体激光器是一种基于受激辐射原理的发光器件. 量子结构激光器是指采用各种低维量子结构制作的激光器, 其中包括量子阱激光器、量子线激光器和量子点激光器. 被压缩的态密度、强量子限制效应和显著的能级分立特性, 使量子结构激光器比常规异质结激光器具有更低的阈值电流密度、更窄的谱线宽度、更高的调制速率和更好的温度稳定性. 除此之外, 由于中红外量子级联激光器 (QC 激光器) 在中远红外夜视、光学雷达、红外通信以及大气污染监测等方面具有重要应用, 也引起了人们的广泛关注. 本章首先着重讨论量子阱激光器的结构类型、工作原理与性能参数, 然后简单介绍几种典型的量子点激光器和 QC 激光器.

7.1　量子阱激光器

7.1.1　量子阱激光器的性能特点

与传统的同质结和异质结激光器相比, 量子阱激光器具有如下性能特点.

(1) 在量子阱激光器中, 电注入下载流子的复合不再是通常的带边复合, 而是导带和价带的量子化能级中电子与空穴的复合. 因此, 发射光子的能量将向高能方向移动, 即出现发光波长的蓝移. 波长蓝移的大小随势阱宽度变化, 因而激射波长是连续可调的.

(2) 由于量子阱激光器的势阱宽度一般小于电子和空穴的扩散长度, 这将使注入电子和空穴在还未来得及扩散之前就被势垒限制在势阱层中, 以产生很高的注入效率, 易于实现粒子数反转, 因此使激射增益大大提高.

(3) 量子阱结构的态密度呈台阶状分布特点, 使其在光增益增加的同时, 阈值电流密度将进一步降低, 而且它的温度依赖性也将明显减弱.

(4) 随着量子阱结构对载流子量子限制作用的增强, 微分增益也将会随之明显增加, 从而大大提高了作为调制上限的弛豫振荡频率, 同时也使激射光谱线宽进一步变窄.

7.1.2　量子阱激光器的结构类型

一般而言, 半导体激光器能否实现在某一波长的激射, 主要取决于其有源区对光的封闭作用. 由于量子阱是由薄势阱层和势垒层交替形成的多层异质结构, 所以对光具有很好的量子限制效应. 就量子阱结构而言, 有单量子阱 (SQW)、多量子阱

(MQW)、梯度折射率单量子阱 (GRIN-SCH)、变形多量子阱、应变量子阱和调制掺杂量子阱等[1,2], 图 7-1(a) 是一个单量子阱激光器的能带结构. 设势阱层厚为 d_{w}, 势阱层和势垒层的折射率分别为 n_{w} 和 n_{B}, 其单基横模的光场限制因子为

$$\varGamma_{\mathrm{S}}=2\pi^2(\bar{n}_{\mathrm{w}}^2-\bar{n}_{\mathrm{B}}^2)\left(\frac{d_{\mathrm{w}}}{\lambda_0}\right)^2 \tag{7.1}$$

式中, λ_0 为光在真空中的波长. 由上式可以看出, 因单量子阱有源区的厚度较薄, 其光场限制因子将会很小, 从而使得量子阱对非平衡载流子的收集能力减弱, 致使阈值电流密度进一步增加.

为了改善单量子阱激光器的性能, 可以采用多量子阱结构, 如图 7-1(b) 所示. 由于这种结构采用了多个量子阱作为有源层, 使得光场限制因子显著提高. $\varGamma_M$ 可由下式给出

$$\varGamma_{\mathrm{M}}=\varGamma_{\mathrm{eq}}\frac{N_{\mathrm{w}}d_{\mathrm{w}}}{N_{\mathrm{w}}d_{\mathrm{w}}+N_{\mathrm{B}}d_{\mathrm{B}}} \tag{7.2}$$

$$\varGamma_{\mathrm{eq}}=2\pi^2(N_{\mathrm{w}}d_{\mathrm{w}}+N_{\mathrm{B}}d_{\mathrm{B}})^2\frac{\bar{n}^2-\bar{n}_{\mathrm{c}}^2}{\lambda^2} \tag{7.3}$$

$$\bar{n}=\frac{N_{\mathrm{w}}d_{\mathrm{w}}\bar{n}_{\mathrm{w}}+N_{\mathrm{B}}d_{\mathrm{B}}\bar{n}_{\mathrm{B}}}{N_{\mathrm{w}}d_{\mathrm{w}}+N_{\mathrm{B}}d_{\mathrm{B}}} \tag{7.4}$$

以上各式中, N_{w}、d_{w} 和 $\bar{n}_{\mathrm{w}}$ 分别为多量子阱势阱层的层数、层厚和折射率; N_{B}、d_{B} 和 $\bar{n}_{\mathrm{B}}$ 分别为多量子阱势垒层的层数、层厚和折射率; $\bar{n}_{\mathrm{c}}$ 为包层的折射率; 而 $\varGamma_{\mathrm{eq}}$ 是等效层厚为 $(N_{\mathrm{w}}d_{\mathrm{w}}+N_{\mathrm{B}}d_{\mathrm{B}})$ 的光场限制因子. 很显然, 优化组合上述诸项参数, 可以获得最大的光场限制因子.

还可以采用梯度折射率包层的方法, 改善量子阱激光器的性能, 亦即使光场被限制在波导层中, 而载流子被限制在势阱中, 这便是上述的 GRIN-SCH 量子阱, 如图 7-1(c) 所示. 由于这种结构利用了梯度折射率包层的波导效应, 能够有效地控制光场的扩展, 从而使阈值电流明显降低.

为了进一步降低量子阱激光器的阈值电流密度, 还可以采用变形多量子阱结构, 如图 7-1(d) 所示. 这种结构的主要特点是将量子阱中的势垒按梯度降低, 使得电流可以被均匀地注入, 由此可以使阈值电流密度减小. 而如果量子阱中的势垒为等高的, 为了获得高的光增益就需要加大注入电流, 这必然会引起载流子在较高子能带的占有率, 从而加宽了光增益谱, 阈值电流密度也会相应增加.

将应变引入量子阱激光器中, 通过改变其能带结构、载流子的有效质量以及输运性质, 亦可以改善激光器的性能, 例如, 当对势阱层施加压缩应变时, 重空穴 (hh) 能带成为价带边, 使量子阱层水平方向的有效质量减小; 另一方面, 当对势阱层施加张应变时, 轻空穴 (lh) 能带成为价带边. 与没有应变的情形相比, 有效质量也进一步减小. 这样, 由于载流子有效质量的减小, 就容易产生因电流注入引起的粒子

数反转分布, 因此可以有效地改善激光器的输出特性. 图 7-1(e) 示出了应变量子阱激光器的能带结构.

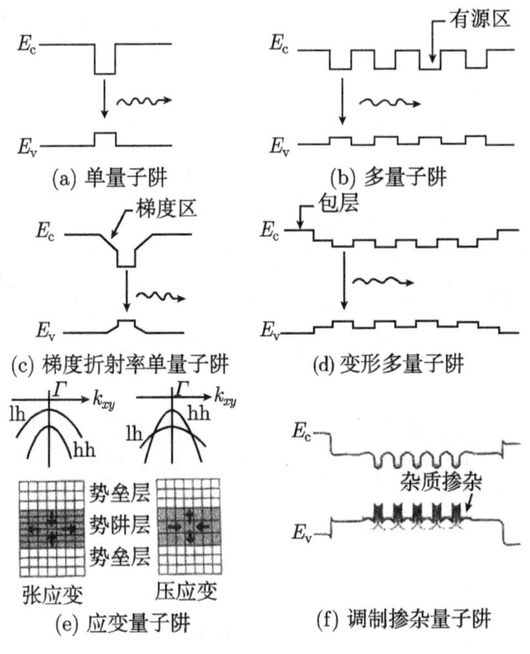

图 7-1 不同量子阱结构激光器的能带示意图

所谓调制掺杂量子阱激光器, 是对势垒层进行掺杂, 而不对势阱层掺杂. 在势垒层中产生的空穴, 被存储在能级低的势阱层中. 对于这种结构, 在利用电流注入的情形下, 仅依靠电子准费米能级的变化便可以使其光增益增加, 从而获得较高的微分增益. 因此, 采用这种结构不仅可以使弛豫振荡频率明显增加, 而且对实现量子阱激光器的高速调制也是十分有效的. 图 7-1(f) 是该激光器的能带结构示意图.

7.1.3 量子阱激光器的工作原理

同常规的半导体激光器一样, 量子阱激光器的激射特性仍然由增益和阈值两个条件组成. 设量子阱有源层的带隙宽度为 $E_{\rm g}$, 导带电子准费米能级为 $E_{\rm Fc}$, 价带空穴准费米能级为 $E_{\rm Fv}$, 参与光跃迁的电子和空穴能级分别为 E_{nc} 和 $E_{n\rm V}$, 则激射增益条件为[3]

$$E_{\rm Fc}+E_{\rm Fv}-E_{\rm g}\geqslant E_{nc}+E_{n\rm v}-E_{\rm g}=h\nu \tag{7.5}$$

若激光器振荡腔的长度为 L, 端面反射率为 R, 内部损耗为 $\alpha_{\rm i}$, 光场限制因子为 Γ, 器件的阈值增益为 $g_{\rm th}$, 则激光器应满足的阈值激射条件为

$$\Gamma g_{\rm th}=\alpha_{\rm i}+\frac{1}{L}\ln(1/R) \tag{7.6}$$

由于量子阱结构的量子能级分布、状态密度形式、辐射复合机制、光增益模式都显著不同于体材料, 使得量子阱激光器的光输出特性与体材料激光器亦明显不同, 这主要是体现在量子阱的载流子注入、收集与复合几个方面. 在电流注入条件下, 位于量子阱有源层导带子能级上的电子与价带子能级上的空穴将发生复合. 通常, 注入载流子要经过包层才能进入有源区势阱中. 但是, 只有当电子和空穴的平均自由程小于量子阱有源区宽度时, 注入载流子才会被势阱所收集. 原则上, 注入载流子将扩展到包层中, 并在那里发生复合. 对于单量子阱结构而言, 由于有源区势阱宽度较窄, 因而不易获得束缚态之间载流子复合的受激辐射. 对于多量子阱而言, 由于注入载流子可以通过隧穿效应被量子阱有源区所收集, 这样将使受激辐射发生在各有源区的束缚态能级之间, 因此有源区中填充载流子数量大大增加. 图 7-2(a) 示出了量子阱激光器中电子跃迁的选择定则, 图 7-2(b) 示出了一个 GaInAsP/InP 单量子阱激光器的增益与注入载流子浓度和量子阱层宽度的关系 [4]. 可以看出, 随着注入载流子浓度的增加, 其增益会迅速增大. 例如, 当量子阱宽为 10nm 和载流子浓度为 $4\times10^{18}/\mathrm{cm}^{-3}$ 时, 其增益值可高达 $1200\mathrm{cm}^{-1}$.

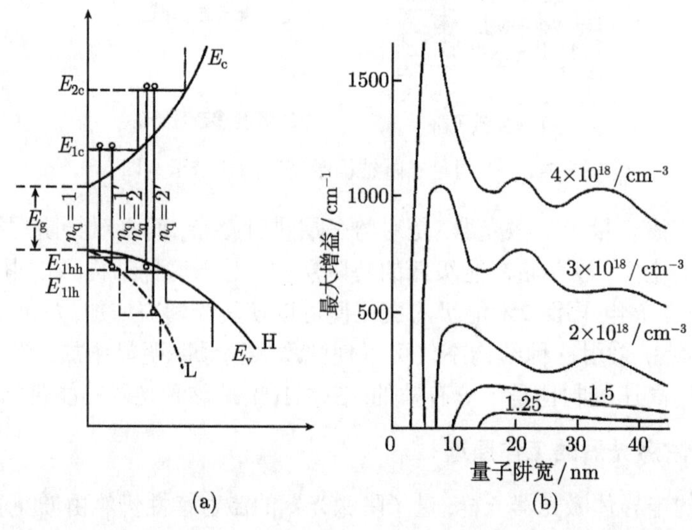

图 7-2　量子阱激光器中的电子跃迁 (a) 和 GaInAsP/InP 单量子阱激光器的增益特性 (b)

7.1.4　量子阱激光器的性能参数

1. 线性增益和阈值电流

1) 状态密度

量子阱的状态密度可由下式表示

$$\rho(E)=\sum_{n=1}^{\infty}\frac{m_{\mathrm{e}}^{*}}{\pi\hbar^{2}}H[E-E_{n}] \tag{7.7}$$

式中, H 为阶梯函数; m_{e}^{*} 为电子的有效质量; E_n 为第 n 个量子化能级的电子能量. 假设量子阱结构的势垒层足够高, 而且足够厚, 则有

$$E_{n}=\frac{(n\pi\hbar)^{2}}{2m_{\mathrm{e}}^{*}d_{\mathrm{w}}^{2}} \tag{7.8}$$

式中, d_{w} 为势阱层的厚度.

对于一个势阱层数为 N 的多量子阱结构, 如果势垒层足够厚, 状态密度可由下式表示

$$\rho(E)=N\sum_{n=1}^{\infty}\frac{m_{\mathrm{e}}^{*}}{\pi\hbar^{2}}H[E-E_{n}] \tag{7.9}$$

相反, 如果势垒层足够薄, 而且高度足够低, 量子化能级的简并被解除, 各能级分成 N 个子能级, 此时状态密度为

$$\rho(E)=N\sum_{n=1}^{\infty}\sum_{k=1}^{N}\frac{m_{\mathrm{e}}^{*}}{\pi\hbar^{2}}H[E-E_{nk}] \tag{7.10}$$

式中, $E_{nk}(k=1,2,\cdots,N)$ 表示简并解除后各量子化子能级的能量. 图 7-3 为多量子阱结构和状态密度的示意图.

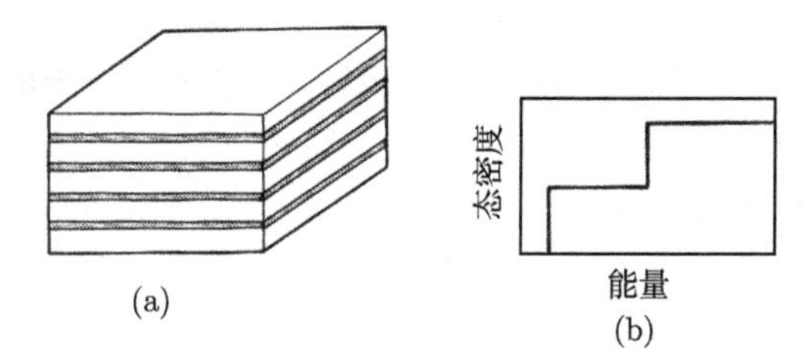

图 7-3 多量子阱结构 (a) 和状态密度 (b) 示意图

2) 线性增益

量子阱激光器的线性增益可由下式表示[5]

$$g(h\nu,n)=\frac{\omega}{n_{\mathrm{r}}^{2}}x_{1}(h\nu,n) \tag{7.11}$$

式中, $x_1(h\nu,n)$ 可由下式给出

$$x_{1}(h\nu,n)=\int\sum_{n=0}^{\infty}\sum_{j=l,k}\rho_{\mathrm{red},n^{j}}\left\{f_{\mathrm{c}}(E_{n\mathrm{c}})-f_{\mathrm{v}}(E_{n\mathrm{v}})\right\}\hat{x}_{1}^{(n,j)}(h\nu,E)\mathrm{d}E \tag{7.12}$$

式 (7.11) 表示 100%的光子能量被量子阱有源区封闭时的增益. 在以上二式中, $n_{\rm r}$ 为材料的折射率, $h\nu$ 为光子能量, j 表示重空穴 (hh) 和轻空穴 (lh), $\rho_{{\rm red},n^j}$ 表示 n 阶子能带的状态密度, $E_{n{\rm c}}$ 和 $E_{n{\rm v}}$ 分别表示与各子能级对应的电子和空穴的能量, $f_{\rm c}$ 和 $f_{\rm v}$ 为费米–狄拉克分布函数. 式 (7.12) 中的 $\hat{x}_1^{(n_j,j)}(h\nu,E)$ 表示能量为 E 的一对电子与空穴对能量为 $h\nu$ 的光子所具有的复数灵敏度, 且有

$$\hat{x}_1^{(n,j)}(h\nu,E)=\frac{e^2\hbar}{2m_0\varepsilon_0 n_{\rm r}^2 E_{\rm g}}|M_{n,j}(E)|^2_{\rm ave}\frac{\hbar/\tau_{\rm in}}{(h\nu-E)^2+(\hbar/\tau_{\rm in})^2} \tag{7.13}$$

式中, $\tau_{\rm in}$ 为子能带内的弛豫时间.

半导体激光器的模增益可由线性体增益与光场限制因子的乘积表示, 即

$$\begin{aligned} g_{\rm\ mod}(E_{\rm l})&=\varGamma_{\rm g}(E_{\rm l})\\ &=\varGamma a_{\rm ac}+(1-\varGamma)a_{\rm ex}+\frac{1}{L}\ln(1/R) \end{aligned} \tag{7.14}$$

式中, $a_{\rm ac}$、$a_{\rm ex}$、R 和 L 分别为有源区的内部损失, 波导的内部损失, 端面反射率和共振器长度. 对于量子阱激光器, 则有

$$\varGamma\simeq 0.3N\frac{L_z}{L_0} \tag{7.15}$$

式中, $L_0=1000$Å, N 为量子阱层数. 对于由 N 个量子阱组成的激光器, 其模增益为

$$g^{(N)}_{\rm\ mod}=Ng^{(1)}_{\rm\ mod} \tag{7.16}$$

由上式可以看出, 与单量子阱激光器相比, 多量子阱激光器可以获得更高的模增益. 图 7-4(a) 示出了具有不同层数多量子阱激光器的模增益与注入电流密度的关系. 图 7-4(b) 示出了模增益的平坦化, 它是由于量子阱态密度的台阶化和准费米能级渗透到导带和价带中而产生的一个直接结果.

3) 阈值电流密度

阈值电流密度是激光器的一个重要性能参数, 低的激射阈值是各类激光器所追求的一个主要目标. 对于量子阱激光器而言, 阈值电流密度与诸多因素有关, 如量子阱有源区的层厚、量子阱层数、激光器腔长度以及光学损耗等. 多量子阱激光器的阈值电流可由下式表示

$$I_{\rm th}(A)=\frac{Nd_{\rm w}LJ_0}{\eta}\exp\left[\frac{1}{J_0\varGamma_\perp\varGamma_{\rm p}}\left(\alpha_{\rm i}+\frac{1}{2L}\ln\frac{1}{R_1R_2}\right)\right] \tag{7.17}$$

式中, N 为量子阱层数; $d_{\rm w}$ 和 L 分别为量子阱有源区的厚度和长度; η 为内量子效率; J_0 为透明电流密度和 $\alpha_{\rm i}$ 为内损耗. 图 7-5(a)、(b) 和 (c) 分别示出了量子阱激光器的阈值电流密度 $J_{\rm th}$ 随上述结构参数的变化关系. 由以上三图可以看出, 优化

组合量子阱激光器的势阱层厚度、势阱层数量和激光器腔长, 可以获得最低的阈值电流密度.

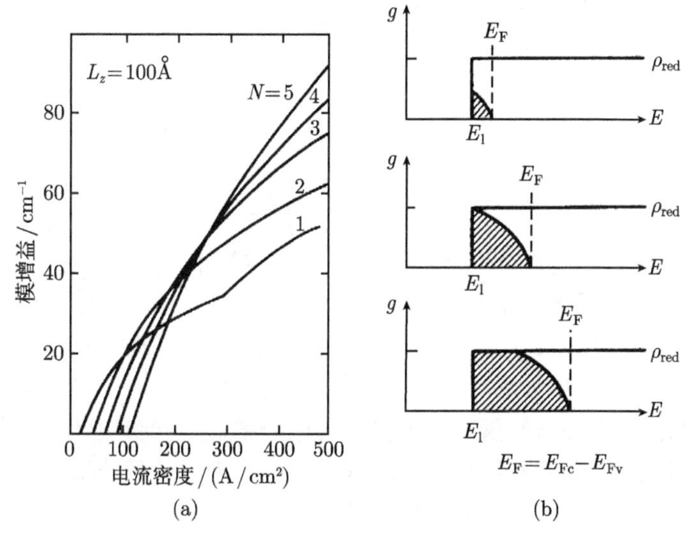

图 7-4 多量子阱激光器的模增益与注入电流密度的关系 (a) 与模增益的平坦化 (b)

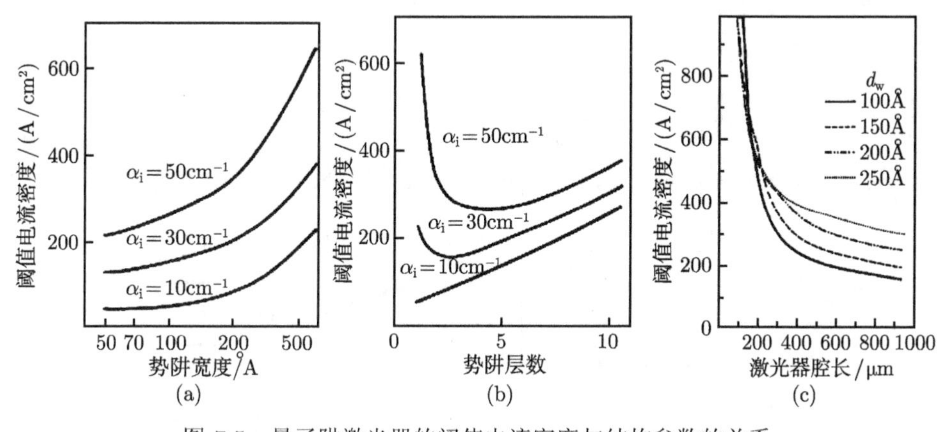

图 7-5 量子阱激光器的阈值电流密度与结构参数的关系

2. 微分增益与调制带宽

弛豫振荡频率 f_r 是表征激光器性能的另一个重要参数, 它可以通过求解与激光器中载流子输运动力学相关的速率方程得到, 即

$$\frac{\mathrm{d}n}{\mathrm{d}t}=\frac{J(t)}{eL_z}-\frac{n_r}{c}g(n,E_1)p-\frac{n}{\tau_s} \tag{7.18}$$

$$\frac{\mathrm{d}p}{\mathrm{d}t}=\Gamma\frac{n_r}{c}g(n,E_{\rm l})p+\beta\frac{n}{\tau_{\rm s}}-\frac{p}{\tau_{\rm p}} \tag{7.19}$$

式中, p 为光子流密度; β 是光子的自发辐射系数; $\tau_{\rm s}$ 为载流子的寿命; $J(t)$ 是向有源区注入的电流; n 为载流子浓度. $f_{\rm r}$ 可由下式给出

$$f_{\rm r}=\frac{1}{2n}\sqrt{\frac{n_{\rm r}g'(n,E_{\rm l})p_0}{c\tau_{\rm p}}} \tag{7.20}$$

式中, $g'(n,E_{\rm l})$ 为微分增益, 即 $g'(n,E_{\rm l})=\dfrac{\partial g(n,E_1)}{\partial n}$.

由式 (7.20) 可以看出, 增大 p_0 和 $g'(n,E_1)$ 或减小 $\tau_{\rm p}$, 可以使激光器的 $f_{\rm r}$ 增大. 从激光器结构上看, 适当减小共振器长度或采用窗型结构, 可以使 $f_{\rm r}$ 增大. 除此之外, 采用量子阱结构也是一个可行方案. 这是因为量子阱结构的态密度呈台阶式分布, 与体材料的情形相比, 其增益光谱变窄, 因此可使 $g'(n,E_{\rm l})$ 变大. 图 7-6(a) 是一个量子阱层厚为 50Å的量子阱激光器的微分增益与导带电子费米能量之间的关系. 为了便于比较, 图中也给出了一个双异质结激光器的微分增益. 很显然, 量子阱激光器的微分增益远大于双异质结激光器. 图 7-6(b) 示出了量子阱激光器的弛豫振荡频率与量子阱层宽度的关系. 可以看出, 随着阱层厚度增加, $f_{\rm r}$ 逐渐减小. 当 L_z >200Å, 并逐渐趋于无穷时, $f_{\rm r}$ 不再发生变化[6,7].

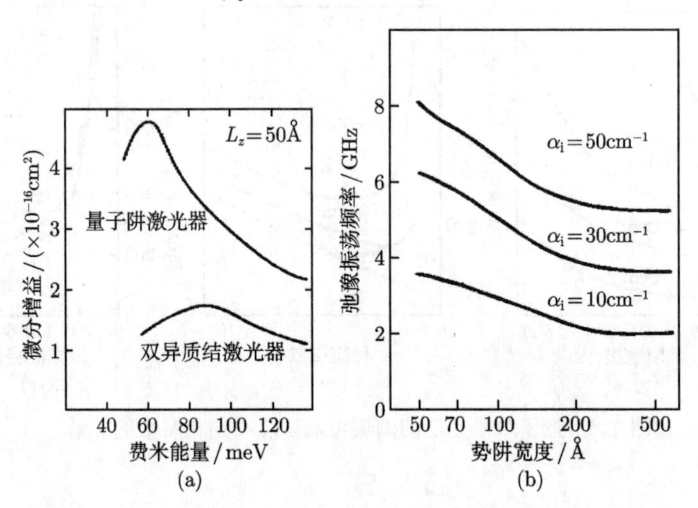

图 7-6 量子阱激光器的微分增益 (a) 与弛豫振荡频率 (b)

3. 量子噪声与脉冲响应

激光发射谱的线宽可由下式表示

$$\Delta v=\frac{v_{\rm g}h\nu\Gamma_{\rm g}R_{\rm m}n_{\rm sp}}{\pi p}(1+\alpha^2) \tag{7.21}$$

和

$$\alpha = \frac{\partial x_{\mathrm{R}}(E_{\mathrm{l}}, n)/\partial n}{\partial x_{\mathrm{I}}(E_{\mathrm{l}}, n)/\partial n} \tag{7.22}$$

式中, R_{m}、v_{g}、$h\nu$、Γ、n_{sp} 和 x_{R} 分别为反射镜损失、光的群速度、光封闭系数、激光振荡时的体增益、自发辐射系数和复数灵敏度的实部.

n_{sp} 可近似由下式表示

$$n_{\mathrm{sp}} \approx \frac{1}{1-\exp\{(E_{\mathrm{l}}-E_{\mathrm{Fc}}-E_{\mathrm{Fv}})kT\}} \tag{7.23}$$

图 7-7(a) 示出了线宽增加系数与费米能量的关系, 图 7-7(b) 则给出了光谱线宽与量子阱宽度的关系.

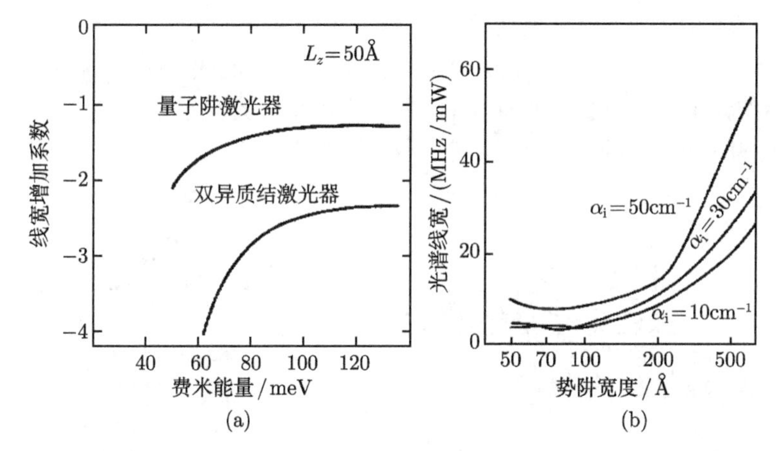

图 7-7 量子阱激光器的线宽增加系数 (a) 与光谱线宽 (b)

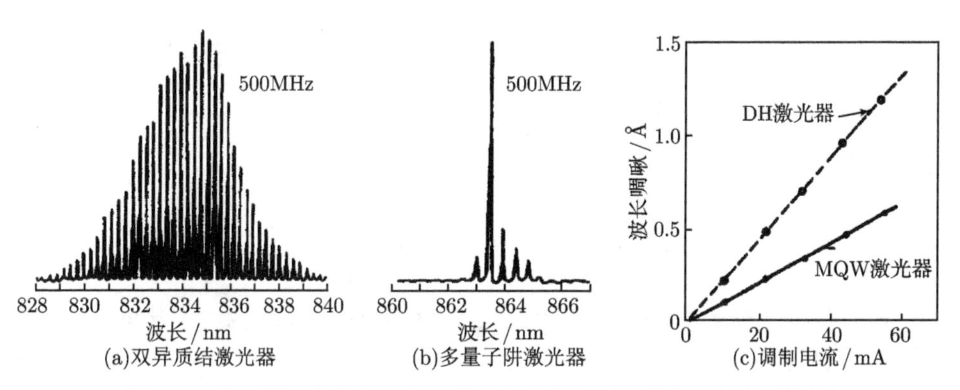

图 7-8 量子阱激光器和双异质结激光器的调制光谱与波长啁啾特性

研究指出, 激光器信号调制频率的极限取决于弛豫振荡频率, 而要增加弛豫振荡频率就应提高微分增益系数, 增加光子浓度和减小光子寿命. 激光器的量子噪声来源于量子起伏对光场强度和相位的影响, 相位的变化会引起频率的漂移, 产生频率啁啾, 并使光谱线加宽. 因此, 对于量子阱激光器而言, 优化的器件结构设计显得十分重要. 图 7-8(a) 和 (b) 分别示出了双异质结激光器和多量子阱激光器在高速调制时的光谱. 由图可见, 当频率被调制到 500MHz 时, 双异质结激光器处于多模工作状态, 而量子阱激光器仍为单纵模工作状态. 图 7-8(c) 示出了双异质结激光器与量子阱激光器的波长啁啾特性. 可以看出, 在同样的调制电流下, 多量子阱激光器波长啁啾比双异质结激光器小两倍左右.

7.1.5 垂直腔面发射量子阱激光器

垂直腔面发射激光器 (VCSEL) 是 1979 年提出的. 与边发射激光器相比, VCSEL 的主要优势在于以下几个方面: ① 可实现光的圆斑输出, 这对要求光源高束斑质量的光存储应用是极其重要的; ② 可以在一个外延片上, 利用单片集成工艺制备大量单元激光器二维阵列; ③ 短腔可以提高纵横间隔, 易于获得单纵模输出; ④ 激光器的光输出与外延片平面垂直, 便于实现单片光电子集成. 图 7-9(a) 和 (b) 是一个 VCSEL 的坐标和器件结构剖面示意图[8].

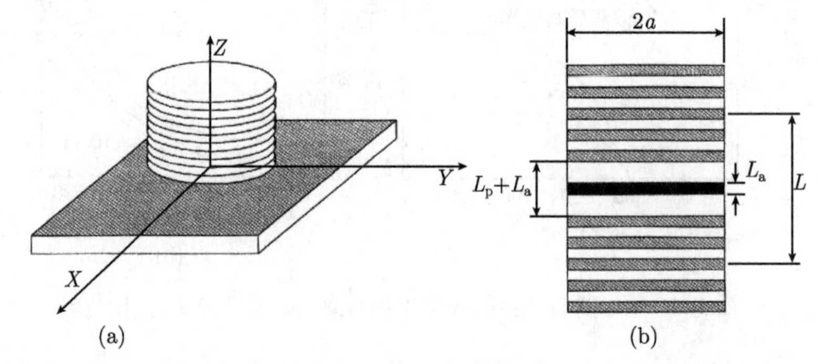

图 7-9 一个 VCSEL 的坐标 (a) 和器件结构剖面 (b) 示意图

VCSEL 的模增益可由下式表示

$$< g >= g\left[\frac{n\int_0^{2x}\int_0^{a}\left|U\left(r,\theta\right)\right|^2 r\mathrm{d}r\mathrm{d}\theta}{\tilde{n}\int\left|U\left(r,\theta\right)\right|^2 r\mathrm{d}r\mathrm{d}\theta}\right]\frac{L_\mathrm{a}}{L}\xi \tag{7.24}$$

式中, n 为材料的折射率; $\tilde{n}$ 为波导模的有效折射率; $U\left(r,\theta\right)$ 为标准化的横向电场模式; ξ 表示轴向增强因子. 对于一个厚度为 d_w 的多量子阱结构, 如果增益为 g, 那么模功率增益为

$$G = \varGamma_{xy} g\xi N d_\mathrm{w} \tag{7.25}$$

式中, $\varGamma_{xy}$ 为模式限制因子; N 为量子阱的层数.

7.2 量子点激光器

7.2.1 量子点激光器的物理性能

1. 高度压缩的态密度

量子点是一种典型的零维体系，其高度被压缩的态密度是量子点激光器具有各种优异性能的主要物理起因. 图 7-10 给出了块状结构 (虚线) 和量子结构 (实线) 的电子分布和状态密度随电子能量的变化. 在激光器中，这种电子分布的峰值必须大于某个阈值才能够工作. 此时，电子的空间密度同体材料情形一样，但是其峰值要高于后者，因而激光器工作所要求的电子空间密度得以降低. 量子束缚使电子空间密度发生变化，导致电子集中分布在一个狭小的能量范围内，由此可以提高半导体激光器的性能.

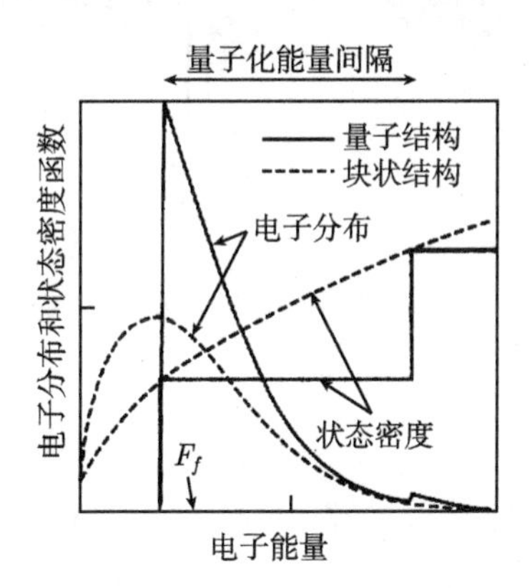

图 7-10 电子分布和状态密度随电子能量的变化

还可以从量子点的带间光学跃迁角度，分析态密度对量子点激光器性能的影响. 半导体材料带间跃迁产生的光学吸收或光增益可以写成

$$\alpha(E)=\frac{e^2h}{2\varepsilon_0 m_0^2 C_{\rm n} E_{\rm g}}\int \rho_{\rm c}(E')\rho_{\rm v}(E-E')\left|M(E',E-E')\right|^2\times[f(E'-E)-f(E')]{\rm d}E \tag{7.26}$$

式中，M 是价带与导带之间的跃迁矩阵元；$\rho_{\rm c}(E')$ 和 $\rho_{\rm v}(E-E')$ 分别是导带和价带电子和空穴的态密度；$f(E')$ 是能量为 E' 的量子态被电子占据的概率. 由于 $[f(E'-E)-f(E')]$ 的局域化性质，态密度对 $\alpha(E)$ 的贡献主要来源于 $\rho_{\rm c}(E_{\rm Fn})$ 和 $\rho_{\rm v}(E_{\rm Fp})$，由此可知 $\alpha(E)\propto\rho_{\rm c}(E_{\rm Fn})\rho_{\rm v}(E_{\rm Fp})$. 在低维结构中，准费米能级 $E_{\rm Fn}$ 和 $E_{\rm fp}$ 分别接近于第一个子能级 $E_{\rm c1}$ 和 $E_{\rm v1}$. 由上述分析可以看出，量子点激光器比其他材料与结构的激光器具有更低的阈值，更高的微分增益，更窄的光谱带宽以及更高

的特征温度. 图 7-11 示出了在 GaAs 单晶衬底上自组织生长的量子点激光器的结构形式和光输出特性.

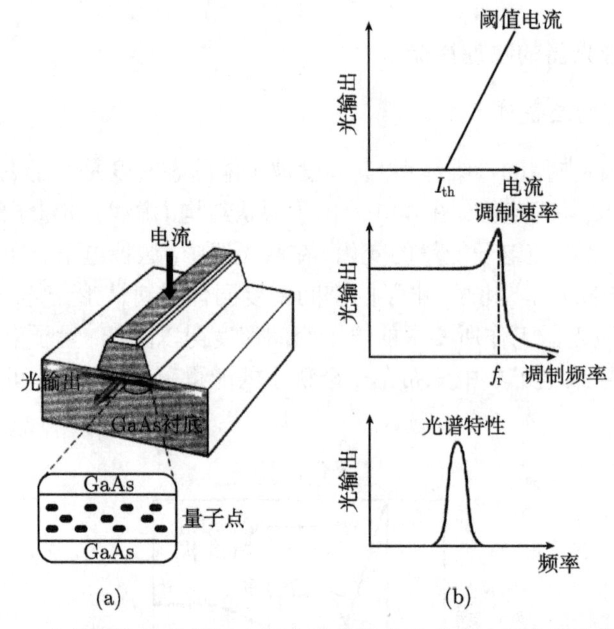

图 7-11　自组织生长的量子点激光器的结构形式 (a) 和光输出特性 (b)

2. 阈值电流密度

图 7-12 示出了各种维度激光器的归一化阈值电流密度与温度的依存关系. 很显然, 随着结构体系维度的依次降低, 特征温度 T_0 显著增大. 假定理想量子点激光器

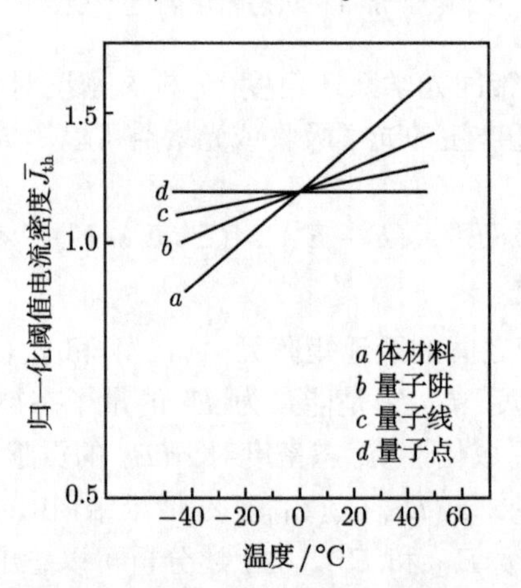

图 7-12　不同结构激光器的归一化阈值电流密度的温度依赖性

中的载流子被无限高势垒所限制, 那么量子点激光器的阈值电流就会与温度完全无关, 其特征温度为无穷大. 异质结激光器阈值电流的温度依赖性, 主要是因为注入载流子的热扩散分布展宽. 对于低维体系, 特别是量子点结构而言, 上述热扩散效应可以被有效的抑制, 因此阈值电流的温度依赖性就消失了.

量子点激光器阈值电流密度 $J_{\rm th}$ 的温度依赖性可以写成[9]

$$J_{\rm th} = J_0 \exp(T/T_0) \tag{7.27}$$

式中, T_0 是特征温度. 由此式可以看出, 随着 T_0 的增加, $J_{\rm th}$ 呈指数下降. 由于理论上 $T_0=\infty$, 所以量子点激光器的阈值电流密度与温度具有十分弱的依赖性, 亦即量子点激光器具有很好的温度稳定性.

3. 微分增益

图 7-13 是由理论计算得到的 AlGaAs/GaAs 和 InGaAs/InP 量子阱、量子线和量子点激光器的增益谱. 很显然, 量子点激光器的增益谱要比量子线、量子阱和体材料的窄得多, 而且峰值增益更大. 在一定的载流子浓度下, 量子点激光器的峰值增益大约是体材料的 20 倍, 是量子阱的 10 倍.

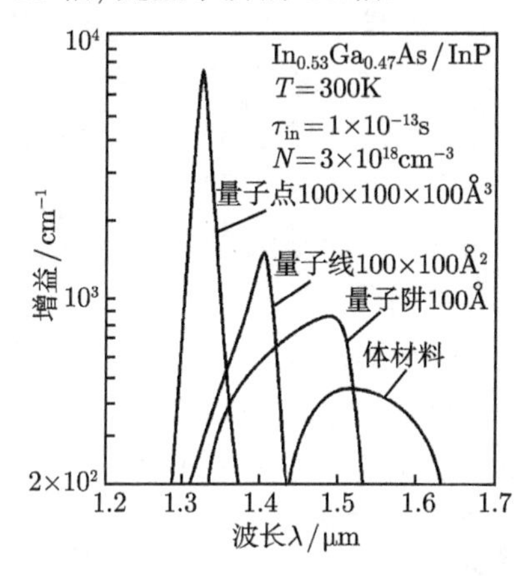

图 7-13 各种结构激光器的增益谱

量子点激光器的高增益特性可以采用一个简单模型进行讨论. 一个理想量子点激光器的光学增益 $g_{\rm QD}$ 与复合电流 $J_{\rm QD}$ 的关系可由下式给出

$$g_{\rm QD} = g^{\rm sat}\frac{J_{\rm QD}-J_0}{J_0} \tag{7.28}$$

式中, J_0 是量子点激光器发生粒子反转时所需要的电流密度, 它取决于量子点密度和量子点的辐射复合时间 τ. 而 $g^{\rm sat}$ 是量子点激光器的饱和增益, 它取决于量子点面密度和量子点能级的展宽. 量子点尺寸越均匀, 能级展宽就愈小, 量子点激光器的微分增益也就会愈大.

4. 调制特性

一般而言, 为了增加半导体激光器的调制带宽, 可以通过改变谐振腔的长度、激光器有源区的材料与结构加以实现. 由于量子点所具有的高度压缩态密度特点, 不仅使其微分增益大大增加, 而且也有效改善了其光谱调制特性. 当半导体激光器处于调制工作状态时, 会产生光频率发生变化的频率啁啾现象, 这将使得信号光脉冲的谱线宽度增加. 在半导体量子点中, 由于量子化能级的离散性特点, 折射率变化为零, 因此量子点激光器将不产生啁啾现象.

7.2.2 量子点激光器对材料性质的要求

简单地说, 量子点激光器是由一个激光母体材料和组装在其中的量子点, 以及一个激发并使量子点中粒子数能够产生反转的泵源所组成, 图 7-14(a) 和 (b) 分别示出了量子点激光器的器件结构和能带特性. 为了实现量子点激光器的高效率激射工作, 作为有源区的量子点材料应具有下述性质: ① 要求量子点的尺寸和形状相同, 其变化范围应小于 10%, 即量子点只有单一电子能级和一个空穴能级, 以有利于量子点激光器的基态激射; ② 要求有尽量高的量子点面密度和体密度, 以保证量子点材料有尽可能大的增益和防止增益饱和, 这将有利于量子点激光器在低阈值激态下工作; ③ 要合理选择量子点的尺寸, 因为其临界尺寸与选用材料体系导带的带边失调值密切相关. 若采用的尺寸不适当, 量子点中的第一量子化能级与势垒层的连续能量差很小, 这样在有限的温度下, 量子点中载流子的热蒸发将使量子点中的载流子耗尽, 以至于无法实现基态激射; ④ 量子点激光器工作波长可通过选择材料体系和控制量子点组分等参数加以实现. 此外, 激光器腔面的制作与镀膜质量以及腔长的选择等, 都会对量子点激光器的工作模式产生重要影响.

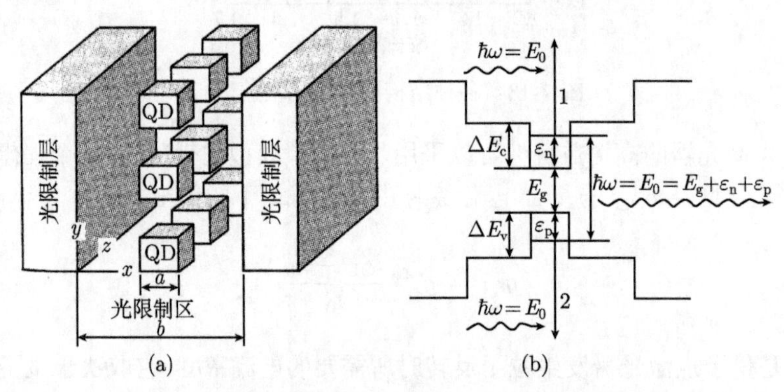

图 7-14 量子点激光器的结构形式 (a) 和能带结构 (b)

7.2.3 几种典型的量子点激光器

1. Ⅲ–Ⅴ族化合物量子点激光器

一般而言, 这类激光器是采用 InAs/GaAs、InAlAs/AlGaAs 或 AlGaAs/GaAs 等Ⅲ–Ⅴ族化合物量子点材料制作. GaAs 中的 InAs 量子点是制作低阈值、高温度稳定性和大功率量子点激光器的主要材料体系, 因为 InAs 和 GaAs 之间所具有的7%的晶格失配度, 使得 S-K 自组织生长模式很容易建立, 而且生长技术也比较成熟. 量子点垂直腔面发射激光器 (QD-VCSEL) 具有单纵模激射、高调制速率、光束质量好、极低的阈值电流密度以及易于制备激光器面阵等独特优点, 在光通信方面具有巨大的应用前景. Muller 等[10] 制作了以 GaAs/AlAs 层为 DBR 微腔和以 InAs 量子点为有源层的垂直腔面发射激光器, 其品质因子 $Q = 33000$, 激光器的峰值功率 $\sim 5\times10^8$W, 脉冲重复频率为 80MHz, 脉冲宽度为 6ps 和激射波长为 780nm, 最高工作温度可达 200K. 图 7-15 示出了该微腔量子点激光器的剖面结构与发光特性.

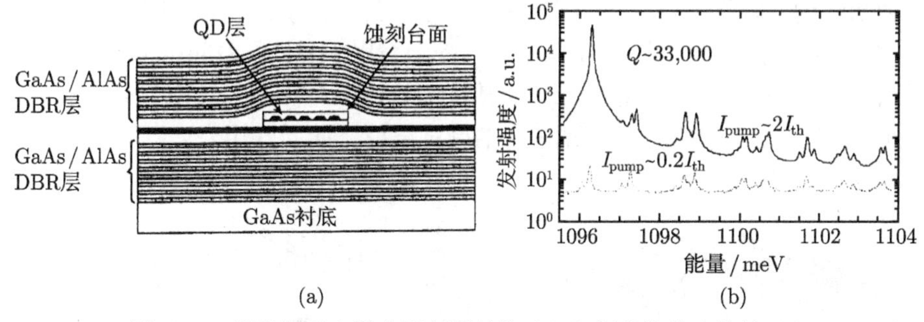

图 7-15 微腔量子点激光器剖面结构 (a) 和相应的发光特性 (b)

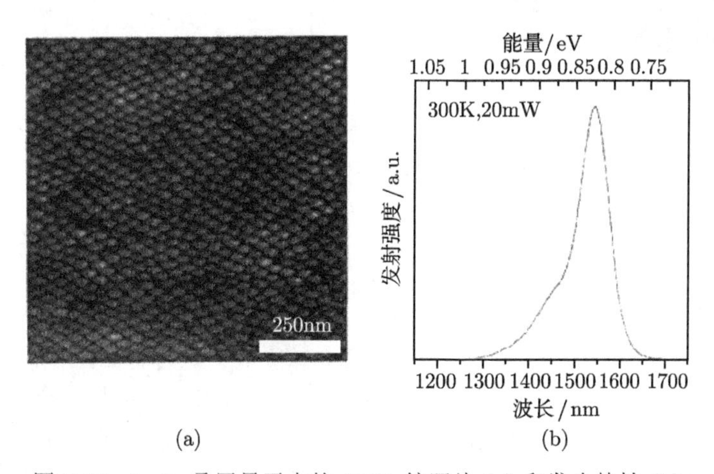

图 7-16 InAs 叠层量子点的 AFM 镜照片 (a) 和发光特性 (b)

Akahane 等[11] 利用应变补偿技术制备了均匀有序的高度叠层的 InAs/InP(311) B 量子点, 由此实现的激光器基态激射波长为 1.58μm. 他们制作的量子点共有 60 层组成, 总的量子点密度高达 $4.73\times10^{12}/\text{cm}^2$, 其阈值电流为 162A. 图 7-16(a) 和 (b) 是 60 层 InAs 量子点的 AFM 像和室温下的光致发光特性. Zhou[12] 和 Martinez[13] 的两个小组也分别实验研究了叠层 InAs/InP(311)B 量子点激光器的工作性能. 前者测量了其光学增益、内量子效率和损耗, 指出具有两层量子点的器件结构有最小的阈值电流密度. 而后者的研究则指出, 具有 F-P 腔的 1.52μm 波长量子点激光器, 最大弛豫频率为 3.8GHz, Henry 因子可低达 1.8, 最高工作温度可达 95°C.

2. Si 量子点激光器

Si 是现代微电子的基础材料, 它属于间接带隙结构, 发光效率很低, 无法应用于高效率发光器件. 但是, 近年 Si 基纳米结构材料的发光特性研究进展, 使人们看到了 Si 基激光器实现的曙光. 2004 年, 由 Chen 等[14] 实现了 Si 量子点发光二极管的受激发射, 其内量子效率可达到 0.1%, 图 7-17(a) 示出了该量子点发光二极管的表面纳米结构. 采用脊型波导结构制作的器件, 其外量子效率达到了 0. 013%, 从图 7-17(b) 可以清楚地观察到 Si 量子点的受激发射现象. 在 315mA 的阈值电流以下, 这种器件的发光效率与普通 LED 类似. 而当注入电流超过该阈值后, 发光效率提高了 30 倍以上, 说明此时 Si 量子点的受激发射开始起作用.

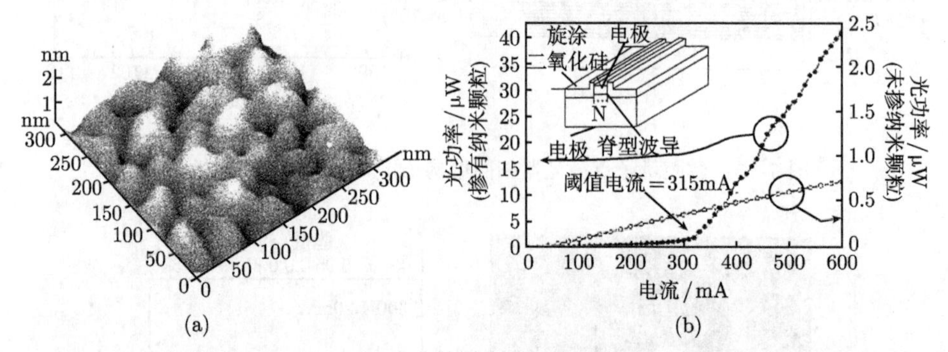

图 7-17 Si 纳米结构受激发光二极管的表面纳米结构 (a) 和受激发射特性 (b)

3. InGaN/GaN 量子点激光器

Ⅲ–Ⅴ氮化物的 GaN 和 InGaN 材料所具有的宽带隙特性, 使其在蓝光发射器件中具有重要的潜在应用. 而以自组织 InGaN/GaN 量子点为有源区设计和制作的量子点激光器, 也显示出良好的激射特性, 图 7-18(a) 和 (b) 分别是一个 InGaN/GaN 蓝色量子点激光器的器件结构和光输出特性 [15]. 由图 7-18(b) 可以看出, 实现该量子点激光器激射的光激发能量为 $\sim6\text{mJ/cm}^2$, 其激射波长为 405nm. 尤其是当激发

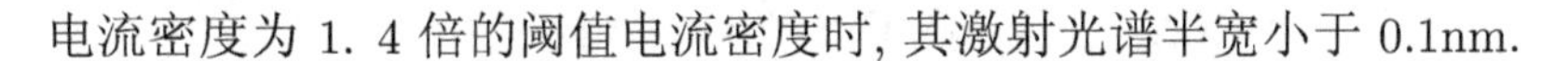

电流密度为 1. 4 倍的阈值电流密度时, 其激射光谱半宽小于 0.1nm.

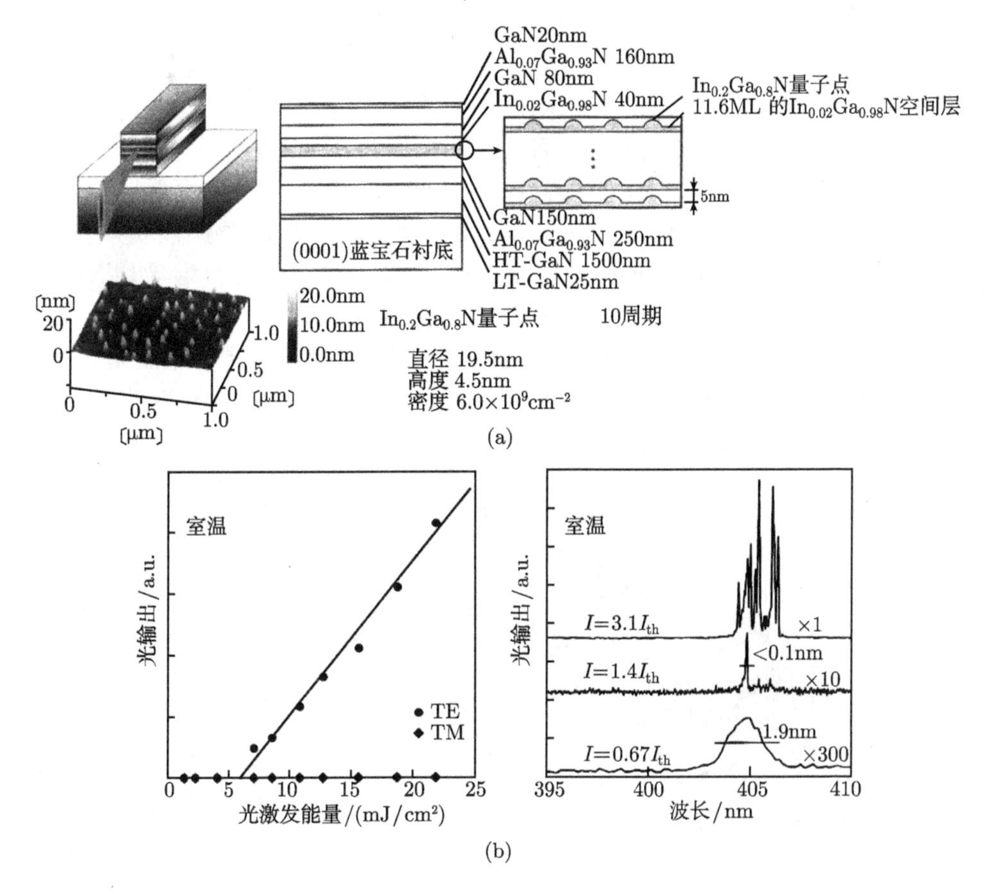

图 7-18 InGaN/GaN 量子点激光器的器件结构 (a) 和光输出特性 (b)

7.2.4 量子点光放大器

在半导体发光器件中, 除了激光器和发光二极管之外, 半导体光放大器 (SOA) 也是一种重要的光发射器件. 但是, 与前二者不同, SOA 不但能够对光信号进行放大, 而且还可以对光信号进行处理. 在未来的光通信网络中, 预计 SOA 将有可能起到决定性的作用. 作为光信号放大用的 SOA, 一般需要有 10~20dB 的增益, 而且饱和功率至少要达到 20dBm, 以保证 SOA 有宽的动态输入范围. 作为光信号处理用的 SOA, 需要有 40~160Gb/s 的字节速率和 10~20dB 的消光比, 以及较高的非线性转换系数. 然而, 传统的体材料或量子阱材料很难达到这些技术指标. 由于量子点 SOA 具有很高的字节速率, 多波长信号处理功能, 较长的增益恢复时间 (~ps 量级), 因此量子点 SOA 的研究为人们所广为关注.

图 7-19(a) 示出了一个 InAs/GaAs 量子点光放大器的器件结构. 该量子点采用 S-K 模式自组织生长, 多层垂直 InAs 量子点被夹在 n-AlGaAs 和 p-AlGaAs 层之间. 当器件工作时, 如果从一侧输入光信号, InAs 量子点便会将该光信号进行放大, 被放大的光信号则从器件的另一侧被获取[16].

该量子点光放大器的工作原理可以由图 7-19(b) 所示的能带中载流子的输运过程加以说明. 由于多层 InAs 量子点处于 n-AlGaAs 和 p-AlGaAs 层之间, 因而会形成以 InAs 量子点充当势阱和 AlGaAs 层充当势垒的双势垒结构. 该双势垒结构不仅可以对载流子产生量子限制作用, 而且还会限制光子的物理行为. 如果对该结构施加一个正向偏压, 将会产生电子和空穴的注入, 有源区中的载流子被 InAs 量子点所俘获, 其后再弛豫到最低的量子化能级中, 其结果将形成导带与价带之间的载流子反转分布, 进而在量子点有源区产生光增益. 伴随着电子与空穴的复合, 光放大现象会随之而产生.

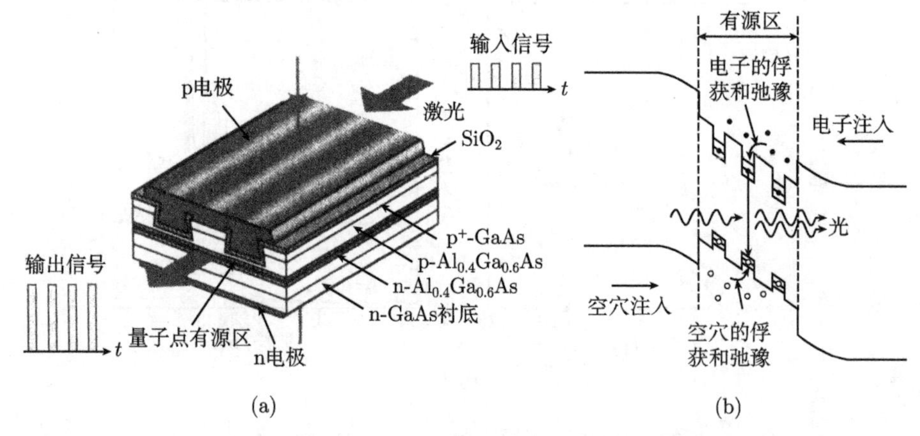

图 7-19　InAs/GaAs 量子点光放大器的器件结构 (a) 和载流子的输运 (b)

7.3　量子级联激光器

7.3.1　QC 激光器的物理特性

与 pn 结双极型半导体激光器相比, QC 激光器具有下述诸多新颖物理特性: ① 在光激射原理方面, QC 激光器是基于电子在导带子能级间的跃迁和共振声子辅助隧穿, 受激辐射过程只有电子参加而没有空穴参与, 是单极型半导体激光器. 其激射波长由有源区势阱层和势垒层的厚度来决定, 而与材料带隙能量无关; ② 在光放大机制方面, QC 激光器的级联效应允许一个电子产生多个光子, 其光子数目等于 QC 激光器的级数, 由此可以提高量子效率, 并成为目前唯一能实现室温下脉冲瓦级大功率、室温连续工作的多模中红外半导体激光器; ③ 由于 QC 激光器的主要非辐射复合机制是光学声子发射而不是俄歇复合效应, 因此具有高的特征温度和高温工作特点, 其连续工作温度可达 400K; ④ 在材料体系选择方面, QC 激光器采用同一种材料体系 (例如, InGaAs/InAlAs/InP), 只需要改变有源区的势阱层和势垒层厚度就可以覆盖很宽的光谱范围, 而不像常规半导体激光器那样需要更换其他材料体系; ⑤中红外 QC 激光器在痕量气体检测中具有独特的优越性, 其检测灵敏度比近红外半导体激光器高达 2~4 个数量级. 在大气通信应用中, 具有对烟雾和尘埃不敏感的优点, 其信息强度大和分辨率高, 是自由空间无线光通信和保密通信的理想光源.

7.3.2 QC 激光器的工作原理

1. 基本工作原理

QC 激光器是由多层量子结构的导带 (或价带) 能级间量子跃迁产生激光发射的半导体激光器, 输出波长由材料的导带 (或价带) 中分立能级的相对位置确定, 而这一位置可以通过调整有源区量子阱的厚度得以实现. 图 7-20 是一个典型的 InGaAs/InAlAs QC 激光器在正向偏压下一个周期的导带示意图, 注入区/弛豫区设计成梯度带隙超晶格结构. 注入区的作用是从有源区的一侧注入电子, 而从弛豫区的另一侧收集电子, 并在电子注入到下一级有源区之前使其充分弛豫而降低能量, 以避免因电子速度过快而引起隧穿效率的降低. 在阈值电压下, 有源区的两个低能态子带 1 和 2 间距等于纵光学 (LO) 声子能量, 这两个子带间的散射时间很短, 由此导致能态 2 的寿命很短. 另一方面, 由于子带 3 与 2 之间的能量间距较大, 与大的动量转移相关的 LO 声子发射, 使得子带 3 与 2 之间的散射时间相当长, 这将导致能态 3 具有较长的寿命, 从而满足激射跃迁的粒子数反转条件. 梯度带隙超晶格结构弛豫区/注入区设计成能态 3 电子波的布拉格反射器形式, 可使其同时具

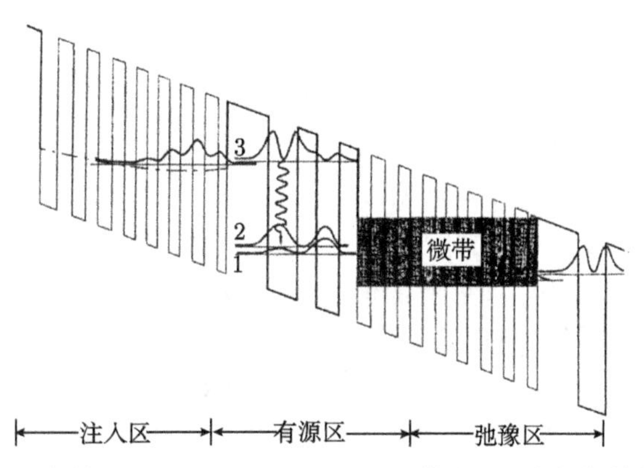

图 7-20 正向偏压下 InGaAs/InAlAs QC 激光器一个周期的导带结构

有抑制电子从耦合阱内激发态 2 的逃逸和促使电子从耦合阱内低能态 1 顺序隧穿抽运的双重作用[17].

2. 载流子输运过程

可以利用图 7-21 示意说明 QC 激光器中的载流子输运：电子通过注入势垒从注入区基态 g 借助共振隧穿被注入到能级 3. 通过设计注入势垒的厚度, 使能态 3 和基态 g 完全反交迭而处于共振状态, 能态 3 和基态 g 被分裂为能量间距 $\Delta E = 4 \sim 6\text{meV}$ 的二能级. 在严格共振和强耦合的情况下, 隧穿时间和隧穿电流密度分别为

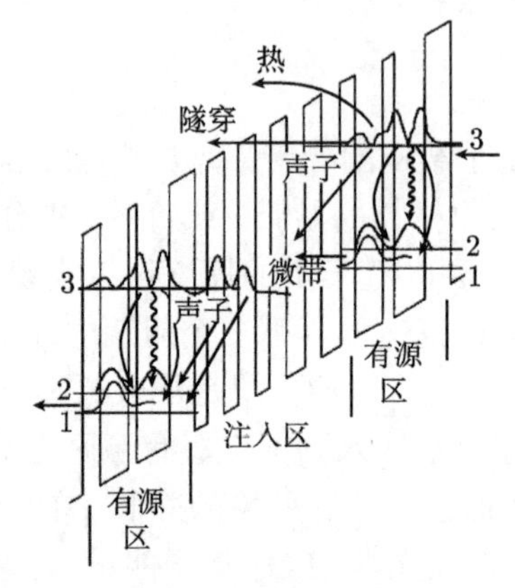

图 7-21　QC 激光器中的载流子输运过程示意图

$$\tau \approx \frac{h}{2\Delta E} \tag{7.29}$$

和

$$J = \frac{en_{\rm g}}{2\tau_3} \tag{7.30}$$

(7.30) 式中, $n_{\rm g}$ 表示注入区基态中的载流子面密度. 由以上二式分析指出, 载流子的典型隧穿时间 τ 为亚皮秒, 电流密度 J 则由掺杂水平决定. 一般而言, 在保证所需最大电流的条件下, 掺杂浓度应尽可能的低, 以便能够降低波导损耗[18].

在 QC 激光器工作时, 如果所加偏压太低, 没有电流流动. 而如果外加偏压过高, 共振注入得不到满足, 此时激光器的工作常常会突然停止. 理想的载流子输运过程为：电子遵循路径 $\rm g \to 3 \to 2 \to 1$ 进入下一级注入区, 而后通过热化或者借助 LO 声子弛豫到下一级注入区的能级 g. 作为激光跃迁 $3 \to 2$ 的旁路, 电子自注入区基态直接散射到低能态 2 和 1. 类似地, 电子也可以直接从能态 3 散射进入注入区的低能态, 而这将减小上激光能态的寿命 τ_3, 因此将注入区设计成高能态电子的

布拉格反射器, 能有效地抑制电子从高能态 3 的共振隧穿逃逸, 由此改善 QC 激光器的增益特性.

7.3.3 QC 激光器的性能参数

表征 QC 激光器性能的参数主要有光增益和光损耗. 按照量子阱激光器增益的计算方法, 可以给出 QC 激光器的增益 [19]

$$g = \tau_3 \left(1 - \frac{\tau_2}{\tau_{32}}\right) \times \frac{4\pi e Z_{32}^2}{\lambda_0 \varepsilon_0 n_{\text{eff}} L_{\text{p}}} \times \frac{1}{2\gamma_{32}} \tag{7.31}$$

式中, g 是增益系数; λ_0 是真空波长; ε_0 是真空介电常数; e 是电子电荷; n_{eff} 是模式的有效折射率; L_{p} 是一个周期的有源区和注入区的长度; $2\gamma_{32}$ 是发光谱的峰值半宽.

光在波导中传播所经历的损耗主要有三个方面：第一是激光器谐振腔的腔面或输出耦合损耗, 散射损耗和腔面的非完整性导致的粗糙度散射损耗; 第二是掺杂区域和金属接触层中的自由载流子吸收; 第三则是在共振子带间跃迁中, 由于微带间跃迁的光学偶极子矩阵元比较大, 如果光学跃迁与激光波长发生共振, 注入区的非本征电子可以引起相当大的吸收. 基于已建立的损耗机制, 阈值电流密度可以由下式给出

$$J_{\text{th}} = \frac{\alpha_{\text{w}} + \alpha_{\text{m}}}{g\Gamma} \tag{7.32}$$

式中, α_{w} 和 α_{m} 分别为波导损耗和腔面损耗; Γ 是限制因子.

7.3.4 几种典型的 QC 激光器

一个性能良好的量子级联激光器, 应具备下述几个主要技术指标, 即具有较低的阈值电流密度, 较大的功率输出, 能够实现单模的连续激射, 可以在室温条件下工作, 在中红外到远红外范围能实现波长可调, 这就需要利用能带工程对器件有源区形式进行优化设计和对谐振腔结构进行最佳化研究.

1. 三阱垂直跃迁有源区 QC 激光器

首例 InGaAs/InAlAs QC 激光器是采用三阱垂直跃迁有源区实现的. 它是由薄 InAlAs 层作为势垒, 并紧密耦合三个 InGaAs 量子阱组成的, 注入区中的微带完成连续有源区之间的共振载流子输运. 在注入区内没有显著的载流子弛豫, 前一个有源区的能级 1 与下一个有源区的能级 3 发生共振, 参看图 7-22(a). 该设计的优点是避免了因外加偏压过大使共振隧穿被抑制, 从而造成激光器过早地停止工作. 由于电流具有较宽的动态范围, 即使能级 1 和 3 之间的共振被破坏, 仍然存在从注入区基态向有源区的有效载流子注入.

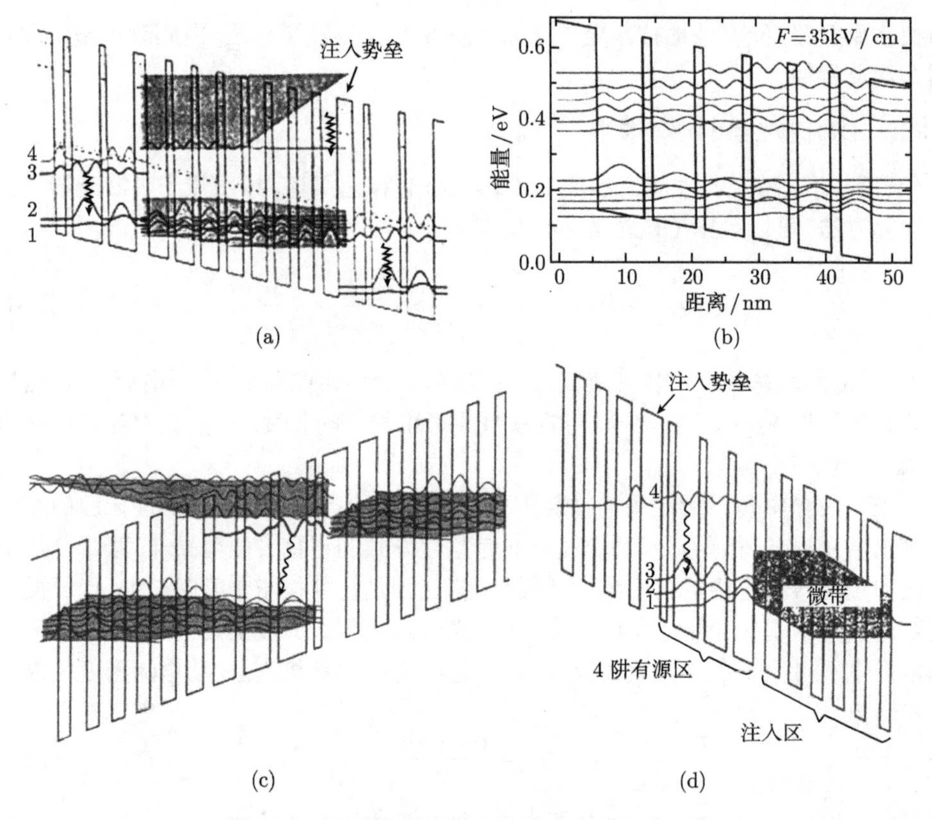

图 7-22　几种典型结构 QC 激光器的能带形式

2. 超晶格有源区 QC 激光器

超晶格有源区 QC 激光器的有源区由多个强耦合量子阱组成, 激光跃迁发生在微带之间. 由于在有源区和注入区之间的微带输运, 使得超晶格有源区 QC 激光器具有较大的电流承载能力与相应的高功率输出. 此外, 该 QC 激光器由于具有较短的基态寿命 ($\tau_{21} \approx 0.2 \sim 0.4$ps), 因此易于实现本征的粒子数反转和在布里渊区边界处具有高振子强度的激光跃迁性质. 图 7-22(b) 示出了一个 AlGaAs/GaAs QC 激光器的超晶格有源区结构.

3. 束缚 - 连续跃迁有源区 QC 激光器

图 7-22(c) 是具有一个周期的束缚一连续跃迁有源区 InGaAs/InAlAs QC 激光器的导带结构, 它由一个跨越整个周期的超晶格微带组成, 在有源区的中心部位超晶格微带较宽, 而在接近注入势垒区的两侧将逐渐变窄. 相应的波函数在接近注入势垒区具有最大值, 而进入有源区时将平缓衰减. 这种微带结构形式和波函数组态, 将使电子在激光跃迁发生时被散射到微带中去, 并将它们直接输运到下一个周

期, 因此降低了电子被散射到跃迁基态的概率. 可以说, 这种有源区既具有三阱垂直有源区有效共振隧穿注入的特点, 又体现出了超晶格有源区高粒子数反转效率的长处.

4. 四阱双声子共振有源区 QC 激光器

如果在三阱垂直跃迁有源区的第一个量子阱之前再设置一个薄阱层, 可以构成另一种新的有源区结构, 即四阱双声子共振有源区. 图 7-22(d) 给出了一个典型的双声子共振增益区的能带结构, 该有源区有 4 个量子阱组成, 图中的 4 和 3 分别表示阱中上激射态和下激射态的波函数, 1、2 和 3 是三个耦合的低能态, 在能态 3 和 2, 能态 2 和 1 之间恰好具有一个 LO 声子的能量. 这种声子共振的特点将产生一个短的内子带电子散射寿命, 因此将导致电子到注入区的有效激发. 而上激射态将产生一个很大的内子带电子散射寿命, 它包括了电子的发射与吸收两个过程. 相对较大的光学偶极矩阵元证实激射跃迁过程主要以垂直形式发生. 由于第一个薄阱的设置减弱了注入基态同低激射态波函数 1、2 和 3 之间的相互重叠, 故可以提高注入效率.

参 考 文 献

[1] 江剑平, 孙成城. 异质结原理与器件. 北京: 电子工业出版社, 2010
[2] 纳米技术手册编辑委员会. 纳米技术手册. 中译本. 北京: 科学出版社, 2005
[3] 陈亚孚, 万春明, 卢俊. 超晶格量子阱物理. 北京: 兵器工业出版社, 2002
[4] 宋菲君, 羊国光, 余金中. 信息光子学物理. 北京: 北京大学出版社, 2006
[5] 荒川泰彦. 固体物理, 1987, 22:71
[6] Lau K Y, Yariv A. IEEE Trans. Quantum Electron., 1985, 21:121
[7] 榊裕之. 超晶格异质结器件. 东京: 工业调查会, 1989
[8] 陈弘达. 微电子与光电子集成技术. 北京: 电子工业出版社, 2008
[9] Arakawa Y, Sakaki H. Appl. Phys. Lett., 1982, 40:939
[10] Muller A, Shin C K, Ahn J, et al. Appl. Phys. Lett., 88:031107
[11] Akahane K, Yamamoto N, Tsuchiya M, et al. Appl. Phys. Lett., 2008, 93:041121
[12] Zhou D, Piron R, Grillot F., et al. Appl. Phys. Lett., 2008, 93:161104
[13] Martinez A, Merghem K, Bouchoule S, et al. Appl. Phys. Lett., 2008, 93:021101
[14] Chen M J, Yen J L, Li J Y, et al. Appl. Phys. Lett., 2004, 84:2163
[15] Tachibana K, Someya T, Arakawa Y, et al. Appl. Phys. Lett., 1999, 74:383
[16] Akiyama T, Hatori N, Nakata Y, et al. Electron Lett., 2002, 38 :139
[17] 彭英才, 傅广生. 纳米光电子器件. 北京: 科学出版社, 2010
[18] Sirtoir C. IEEE. Trans. Quantum Electron, 1998, 34:1772
[19] 王占国, 陈涌海, 叶小玲. 纳米半导体技术. 北京: 化学工业出版社, 2006

第 8 章　量子结构红外探测器

半导体激光器是一种基于受激辐射的发光器件, 而半导体光探测器则是一种基于光吸收的接收器件. 光探测器在光通信、远距离传感、热成像、夜视和空间定位等领域都具有十分重要的应用. 能带工程的采用不仅使量子结构激光器能够得以实现, 而且也使量子结构光探测器获得了迅速发展. 量子结构光探测器种类繁多, 性能各异. 按照光探测波长划分, 它可分为紫外光探测器、可见光探测器、近红外、中红外和远红外光探测器; 按照器件有源区结构划分, 它又可分为 pn 结光探测器、pin 型光探测器、雪崩光电探测器 (APD)、量子阱红外探测器 (QWIP)、量子点红外探测器 (QDIP)、太赫兹单光子探测器以及量子限制斯塔克效应器件等. 本章首先简要介绍光探测器的性能参数, 然后着重介绍几种有代表性的光探测器及其性能特点.

8.1　光探测器的性能参数

表征光探测器的性能参数有量子效率、响应度、频率响应、噪声和探测度等. 量子效率和响应度反映了光探测器将入射光能转换成光电流本领的大小, 频率响应反映了光探测器工作速度的快慢, 而噪声和探测度则反映了光探测器所能探测到的最小入射光能量 [1].

1. 量子效率

量子效率反映了入射光子产生的电子–空穴对的数目, 即单位入射光子所产生的电子–空穴对数. 如果用 η 表示量子效率, 则有

$$\eta = \frac{I_\mathrm{L}/q}{P_\mathrm{in}/h\nu} \tag{8.1}$$

式中, I_L 是吸收波长为 λ 和功率为 P_in 的入射光所产生的短路光电流.

2. 响应率

响应率表征光电二极管的转换效率, 定义为短路光电流与输入光功率之比. 如果用 R 表示响应率, 则有

$$R = \frac{I_\mathrm{L}}{P_\mathrm{in}} \tag{8.2}$$

利用量子效率 η, 则有

$$R = \frac{\eta q}{h\nu} = \frac{\eta x q}{1.24}(\mathrm{A/W}) \tag{8.3}$$

3. 响应速度

响应速度主要受到下列三个因素的控制：即载流子的扩散延迟效应、载流子在耗尽层内的漂移时间和耗尽层电容. 对于一个雪崩光电探测器, 其响应带宽为

$$f_{3\mathrm{dB}} = (2\pi t_1 M_0)^{-1} \tag{8.4}$$

式中, M_0 为雪崩光电探测器的直流倍增因子; t_1 为等效渡越时间. 由 (8.4) 式可知, 如果想提高探测器对微弱信号的灵敏度, 就必然降低器件的响应带宽.

4. 探测率

探测率定义为

$$D = \frac{1}{\mathrm{NEP}} \tag{8.5}$$

式中, NEP 定义为产生与探测器噪声输出大小相等的信号所需要的入射光功率, 它标志着探测器可探测到的最小功率, 即噪声等效功率. NEP 可由下式表示, 即

$$\mathrm{NEP} = \frac{2h\nu\Delta f}{\eta} \tag{8.6}$$

式中, Δf 为测量的频率范围, 亦即带宽.

5. 信噪比

信噪比为信号功率 P_{S} 与噪声功率 $j_{\mathrm{n}}^2 R$ 之比, 即

$$\frac{S}{N} = \frac{q\eta P_{\mathrm{in}}/h\nu}{2q(q\mu P_{\mathrm{in}}/h\nu + I_{\mathrm{D}})\Delta f + 4kT\Delta f/R} \tag{8.7}$$

式中, I_{D} 是暗电流; μ 为载流子迁移率. 在忽略暗电流和热噪声的情况下, 光探测器的信噪比为

$$\frac{S}{N} = \frac{\eta P_{\mathrm{in}}}{2h\nu\Delta f} \tag{8.8}$$

8.2 pin 型光探测器

8.2.1 基本工作原理

pin 型光探测器主要用于从可见光到近红外波长范围的光探测. 例如, Si pin 红外探测器的探测范围在 0.6~1.0μm 波长范围. 一个典型的 pin 型光探测器由高掺杂的 p^+ 型发射区、非掺杂和较宽的 i 区和重掺杂的 n^+ 型基区组成. 图 8-1(a)、(b)

和 (c) 分别示出了 pin 型光探测器的剖面结构、工作原理和反向偏置下的能带形式.

研究指出, 当探测器吸收光子能量之后, 便在有源区产生电子–空穴对. 由光照在耗尽层内外产生的电子–空穴对, 将在外加反向偏压产生的电场和 pn 结自建电场的共同作用下被分开. 被分离的电子和空穴在电场驱使下发生漂移, 并通过耗尽层在外电路负载上产生电流. p^+ 和 n^+ 层之间的 i 区也叫耗尽层, 它的引入起到了一个增加耗尽层宽度的作用. 在足够高的反向偏压下, i 层完全变成耗尽区, 在该层中产生的电子–空穴对将立刻被强电场所分离, 并形成光电流. 在 i 层之外产生的电子–空穴对以扩散方式向耗尽层边缘扩散, 然后再被耗尽层收集, 最后形成扩散电流. 通过调整 i 层的厚度, 可以获得最佳量子效率与频率响应. 图 8-1(d) 是 Si、Ge 和 InGaAs pin 型光探测器的光谱响应特性 [2].

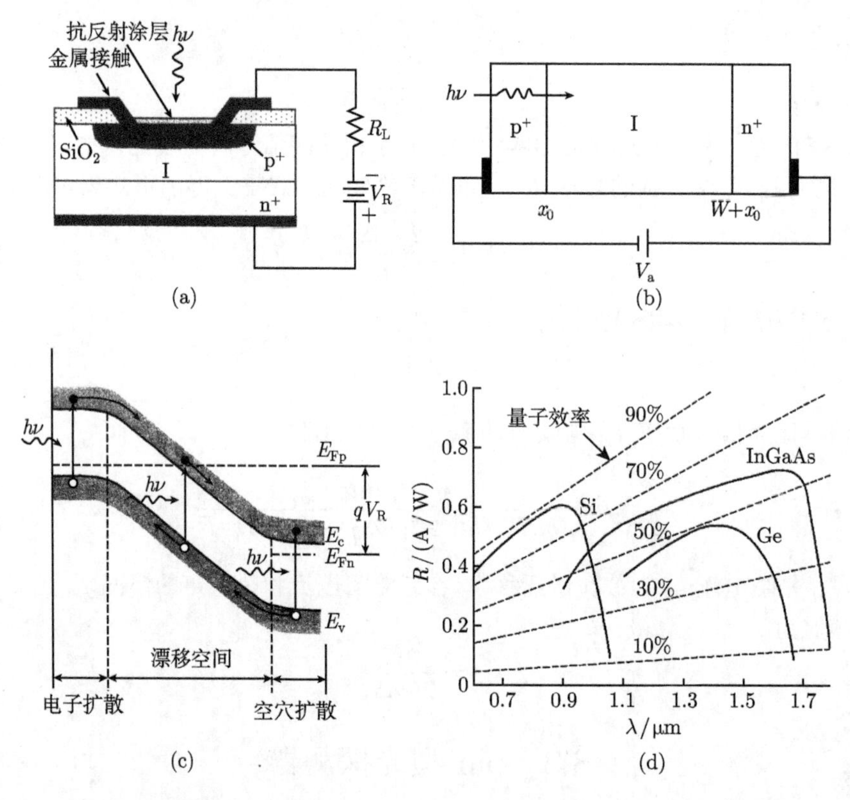

图 8-1　pin 型光探测器的剖面结构 (a)、工作原理 (b)、能带形式 (c) 和光谱响应特性 (d)

8.2.2　光产生电流分析

对 pin 型光探测器中每个区域的光产生电流可以作如下分析 [3]. 正如图 8-1(b) 所示, 若 p^+ 层的厚度为 x_0, i 层的厚度为 $W(W \gg x_0)$, 当单色光照射到

pin 型光探测器的表面时 ($x = 0$), 过剩载流子的产生率为

$$g_{\mathrm{E}}(x) = \alpha\phi_0(1-R)\mathrm{e}^{-\alpha x} \tag{8.9}$$

式中, ϕ_0 为光子流密度; R 为光在 p^+ 层表面的反射系数; α 为光吸收系数. 在稳态条件下, 总的光产生电流密度 J_{ph} 等于由入射光子所产生的电子电流和空穴电流分量的总和, 它可由下式表示

$$J_{\mathrm{ph}} = J_{\mathrm{n}}(x_0) + J_{\mathrm{p}}(x_0) = J_{\mathrm{n}}(x_0) + J_{\mathrm{p}}(W) + J_{\mathrm{i}} \tag{8.10}$$

式中,

$$J_{\mathrm{i}} = J_{\mathrm{p}}(x_0) - J_{\mathrm{p}}(W) \tag{8.11}$$

它表示在 i 区中由于空穴产生所导致的光电流密度. 下面对每个区域的光产生电流进行具体分析.

1. p^+ 区域 ($0 < x \leqslant x_0$) 的光生电流

在 p^+ 发射区, 光电流的贡献主要是来自于该区域中的电子扩散电流, 它可以通过求解下面的过剩电子的连续性方程得出, 即

$$D_{\mathrm{n}}\frac{\mathrm{d}^2\Delta n}{\mathrm{d}x^2} - \frac{\Delta n}{\tau_{\mathrm{n}}} = -\alpha\phi_0(1-R)\mathrm{e}^{-\alpha x} \tag{8.12}$$

上式的一般解为

$$\Delta n(x) = A\sinh\left(\frac{x_0 - x}{L_{\mathrm{n}}}\right) + B\cosh\left(\frac{x_0 - x}{L_{\mathrm{n}}}\right) - \frac{\alpha\phi_0(1-R)\tau_{\mathrm{n}}\mathrm{e}^{-\alpha x}}{(\alpha^2 L_{\mathrm{n}}^2 - 1)} \tag{8.13}$$

式中的待定常数 A 和 B 可以利用边界条件, 即当 x=0 和 $x = x_0$ 时, $\Delta n(x) = 0$ 而确定. 因此有

$$A = \frac{\alpha\phi_0(1-R)\tau_{\mathrm{n}}\left[1 - \cosh(x_0/L_{\mathrm{n}})\mathrm{e}^{-\alpha x_0}\right]}{(\alpha^2 L_{\mathrm{n}}^2 - 1)\sinh(x_0/L_{\mathrm{n}})} \tag{8.14}$$

和

$$B = \frac{\alpha\phi_0(1-R)\tau_{\mathrm{n}}\mathrm{e}^{-\alpha x_0}}{(\alpha^2 L_{\mathrm{n}}^2 - 1)} \tag{8.15}$$

将 A 和 B 分别代入 (8.13) 式中, 并假定 $\alpha L_{\mathrm{n}} \gg 1$, 可以得到 p^+ 发射区的电子扩散电流密度为

$$\begin{aligned} J_{\mathrm{n}}(x_0) &= qD_{\mathrm{n}} \left.\frac{\mathrm{d}\Delta n(x)}{\mathrm{d}x}\right|_{x=x_0} \\ &= q\phi_0(1-R)\left\{\mathrm{e}^{-\alpha x_0} - \frac{1}{\alpha L_{\mathrm{n}}\sinh\left(\frac{x_0}{L_{\mathrm{n}}}\right)}\left[1-\cosh\left(\frac{x_0}{L_{\mathrm{n}}}\right)\mathrm{e}^{-\alpha x_0}\right]\right\} \end{aligned} \tag{8.16}$$

2. i 区 ($x_0 \leqslant x \leqslant W$) 的光生电流

在非掺杂的 i 区中, 由光产生过剩载流子形成的漂移电流密度由下式给出

$$J_{\mathrm{i}} = q\int_{x_0}^{x_0+W} g_{\mathrm{E}}(x)\mathrm{d}x = q\phi_0(1-R)(\mathrm{e}^{-\alpha W} - \mathrm{e}^{-\alpha x_0}) \tag{8.17}$$

上式中假定了 $W \gg x_0$, $W + x_0 \approx W$ 和 $g_{\mathrm{E}}(x) = \alpha\phi_0(1-R)\mathrm{e}^{-\alpha x}$.

3. n 型区域 ($x \geqslant W + x_0$) 的光产生电流

在该区域中, 由光照产生的过剩空穴将对扩散电流产生贡献. 其空穴电流密度可以通过求解 n^+ 型区域中过剩空穴密度的连续性方程得到, 即

$$D_{\mathrm{p}}\frac{\mathrm{d}^2\Delta p}{\mathrm{d}x^2} - \frac{\Delta P}{\tau_{\mathrm{p}}} = -\alpha\phi_0(1-R)\mathrm{e}^{-\alpha x} \tag{8.18}$$

式中, D_{p} 和 τ_{p} 分别为空穴的扩散系数和寿命. 空穴扩散电流密度 $J_{\mathrm{p}}(x)$ 可以利用边界条件, 即当 $x = W + x_0$ 时, $\Delta P(x) = -P_{\mathrm{n0}}$ 和 $x \to \infty$ 时, $\Delta p(x) = 0$ 而得到

$$J_{\mathrm{p}}(W) = -qD_{\mathrm{p}}\left.\frac{\mathrm{d}\Delta p(x)}{\mathrm{d}x}\right|_{x=x_0+W} = \frac{-q\phi_0(1-R)\alpha L_{\mathrm{p}}\mathrm{e}^{-\alpha w}}{(1+\alpha L_{\mathrm{p}})} \tag{8.19}$$

这样, 在 pin 型光探测器中总的光产生电流密度可由下式给出

$$J_{\mathrm{ph}} = q\phi_0(1-R)\left\{\frac{1}{\alpha L_{\mathrm{n}}\sinh\left(\dfrac{x_0}{L_{\mathrm{n}}}\right)}\left[1-\cosh\left(\frac{x_0}{L_{\mathrm{n}}}\right)\mathrm{e}^{-\alpha x_0}\right] - \frac{\mathrm{e}^{-\alpha W}}{(1+\alpha L_{\mathrm{p}})}\right\} \tag{8.20}$$

于是, 该光探测器的量子效率为

$$\eta = \frac{J_{\mathrm{ph}}}{q\phi_0} \times 100\% \tag{8.21}$$

而最高截止频率为

$$f_{\mathrm{c}} = \frac{2.4}{2\pi\tau_{\mathrm{tr}}} \approx 0.4\alpha v_{\mathrm{s}} \tag{8.22}$$

式中, v_{s} 是在 i 区中电子的平均热漂移速度. 对于一个 Ge pin 型光探测器, $v_{\mathrm{s}} = 6 \times 10^6\mathrm{cm/s}$, $f_{\mathrm{c}} \approx 41.84\mathrm{GHz}$.

8.3 雪崩光电探测器

8.3.1 APD 的工作原理

APD 是一种具有内部增益, 并能将所探测到的电流进行放大的有源器件. 图 8-2 是一个 APD 光电探测器的器件结构和能带示意图. 它与 pin 型光探测器的主

要不同是; 在光吸收层 i 区和 n^+ 层之间插入了一个薄的 p 型层, 使其变为 n^+pip^+ 结构. 这个新加入的 p 型层就是所谓的雪崩电离区.

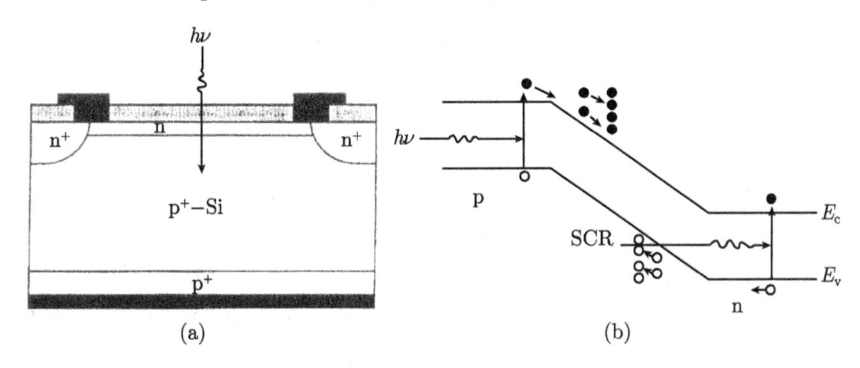

图 8-2 APD 光电探测器的器件结构 (a) 和能带示意图 (b)

当能量为 $h\nu$ 的入射光照到器件内产生光生载流子之后, 光生电子和空穴在强电场中将会被加速, 从而获得足够高的能量. 它们与价带中的束缚电子相互碰撞并使其发生电离, 从而产生新的载流子. 这些新激发产生的载流子同样受到强电场作用而获得较高能量, 并进一步参与新的电离过程. 载流子的这种倍增机理称为倍增电离, 由此引起的载流子倍增现象称为雪崩倍增效应. 正是这种雪崩倍增效应将光生自由载流子的数量得以放大, 因而起到了光增益作用 [4].

一个 APD 的光产生电流可由下述的经验公式给出

$$I = MI_{\mathrm{p}} \tag{8.23}$$

式中,

$$I_{\mathrm{p}} = I_{\mathrm{D}} + I_{\mathrm{ph}} \tag{8.24}$$

这里, I_{p} 为雪崩倍增发生前 APD 的初级电流; I_{ph} 为由入射光子产生的初级光电流; I_{D} 为暗电流, 它由下式表示

$$I_{\mathrm{D}} = \left(q\sqrt{\frac{D_{\mathrm{p}}}{\tau_{\mathrm{p}}}}\frac{n_{\mathrm{i}}^2}{N_{\mathrm{p}}} + \frac{qn_{\mathrm{i}}W}{\tau_{\mathrm{e}}} \right) A \tag{8.25}$$

其中, A 为器件面积. 上式中包含了两项: 第一项是在 APD 的 n 型准中性区产生的热激发电流, 第二项则是反向偏置条件下在 APD 的空间电荷区中产生的电流. 其倍增因子可由下式表示

$$M = \frac{1}{1 - \left[\dfrac{V - I_{\mathrm{p}}R}{V_{\mathrm{B}}} \right]^{\mathrm{n}}} \tag{8.26}$$

式中, $R = R_{\mathrm{S}} + R_{\mathrm{C}} + R_{\mathrm{T}}$ 为 APD 的总电阻. 其中, R_{S} 是由接触电极和体材料产生的串联电阻; R_{C} 是由载流子通过耗尽层时产生的电阻; R_{T} 是由击穿电压 V_{B} 产生的热电阻.

8.3.2 各种改进型的 APD

为了进一步改善 APD 的光探测特性, 人们又相继开发出了各种新型结构的 APD, 如台面型 APD、谐振腔型 APD、超晶格 APD 和拉通型 APD 等, 下面分别对上述几种 APD 进行简单介绍.

1. 台面型 APD

这种 APD 是将光吸收区和载流子倍增区加以分离而得到的 APD, 图 8-3 示出了一个台面型 APD 的剖面结构和能带形式. 它是在窄带隙吸收区和宽带隙倍增区之间增加了一个过渡区. 例如, 在 $In_{0.53}Ga_{0.47}As$ 吸收区和 InP 倍增倍区之间增加一个多层的 $In_{1-x}Ga_xAs_yP_{1-y}$, 其带隙 E_g 介于 $In_{0.53}Ga_{0.47}As$ 吸收区和 InP 倍增区的 E_g 之间. 这种结构不仅可以使器件的时间常数降低, 同时还会使载流子渡越时间进一步缩短, 从而使 APD 的频率响应和探测灵敏度大大提高.

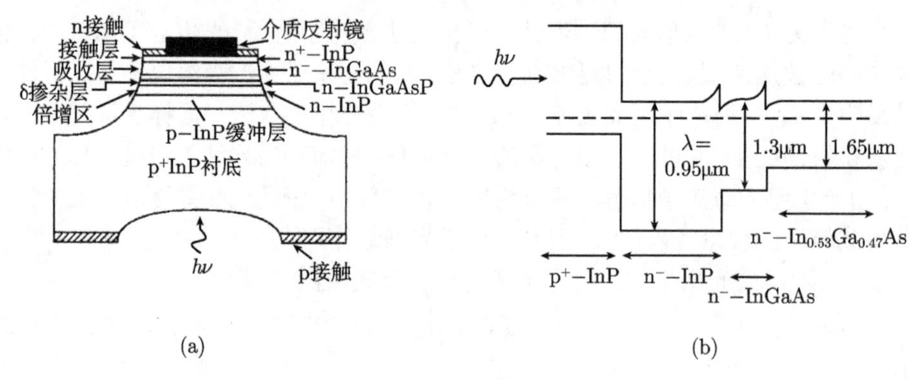

图 8-3 台面型 APD 的剖面结构 (a) 和能带形式 (b)

2. 超晶格 APD

这是一种雪崩电离区由超晶格构成, 并利用异质结界面导带和价带的能量不连续性控制电离率实现的 APD, 其能带图如图 8-4(a) 所示. 当对超晶格施加一垂直电场时, 在 AlGaAs 层中被加速的电子将被注入到窄带隙的 GaAs 层中. 其间, 电子由于声子的散射作用不断失去能量. 在这种超晶格结构中, 由于电子碰撞电离的阈值 E_{th} 比体材料要小, 因此可使载流子离化率增加. 为了进一步增加 APD 的离化率, 人们又发展了掺杂型超晶格 APD, 即在超晶格的势阱层和势垒层都进行施主掺杂, 其能带图如图 8-4(b) 所示. 在有外加偏压的条件下, 从施主能级上激发的电子均被封闭在量子阱中. 向超晶格注入的光生电子在外加电场作用下被加速, 并同量子阱中的电子发生碰撞, 从而使束缚在阱内的电子被释放出阱外. 被释放出的电子又一次发生碰撞, 并再次被释放出阱外. 此过程反复进行, 便产生了载流子的雪崩倍增效应 [5].

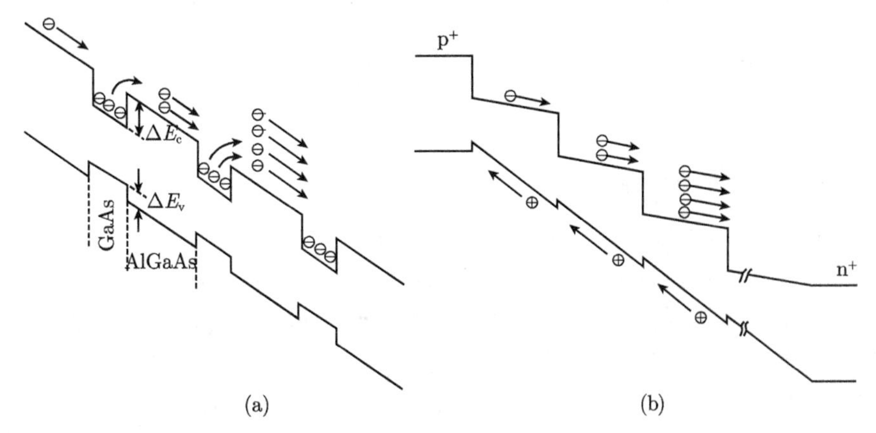

图 8-4 无掺杂 (a) 和有掺杂 (b) 超晶格 APD 的能带形式

3. 拉通型 APD

图 8-5(a) 示出了一个拉通型 APD 的器件结构, 该 APD 由 $p^+\pi pn^+$ 型多层结构组成. 其中, π 层基本上是本征材料, 但由于纯化不理想而无意地产生了某种程度的轻掺杂. "拉通" 一词来源于光电二极管的工作特性: 当外加反向偏压较低时, 大部分电压降发生在 pn^+ 结两端. 增大反向偏压, 耗尽层的宽度随反偏压而增加. 当反偏压增大到雪崩击穿电压的 90%~95%时, 耗尽层的宽度刚好 "拉通" 到几乎整个本征的 π 区. 由于光照 π 区比 p 区宽很多, 其电场也比高场区弱很多, 因此足以使载流子保持一定的漂移速度, 并以较短时间渡越在较宽的 π 区. 这样, APD 既能获得快的响应速度, 又具有一定的增益, 同时还降低了过量噪声.

通常情形下, 拉通型 APD 以完全耗尽的方式工作. 入射光透过 n^+ 区进入器件内部, 被吸收区吸收后产生电子–空穴对到达 pn 结处并获得电场加速, 通过倍增机理产生倍增效应. 然后在 π 区中, 电场使产生的电子–空穴对分开, 最终在外电路上产生光电流, 并在负载电阻上产生电压降. 图 8-5(b) 示出了该 APD 的电场分布.

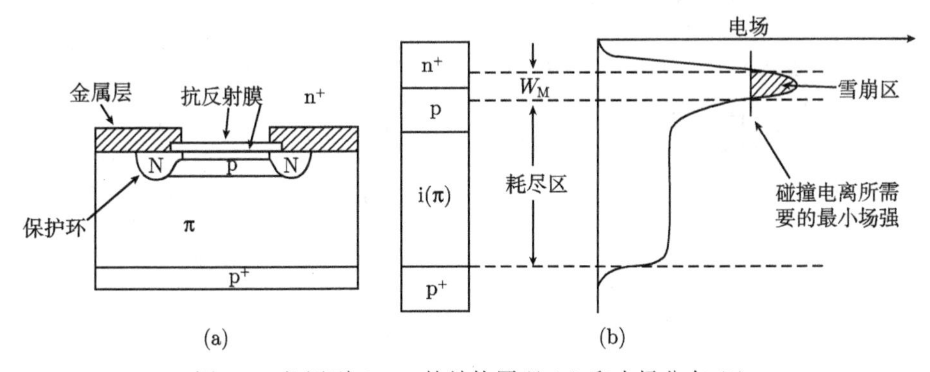

图 8-5 拉通型 APD 的结构原理 (a) 和电场分布 (b)

8.4 量子阱红外探测器

8.4.1 QWIP 的结构类型

QWIP 是采用 MBE 和 MOCVD 生长的量子阱结构作为有源区而形成的光探测器. 由于量子阱层厚度远小于电子的平均自由程, 所以局域在量子阱二维子能带中载流子的动量将被量子化. 量子阱中的子能带光吸收可分为以下几种模式: 即束缚态–束缚态 (B-B) 吸收; 束缚态–连续态 (B-C) 吸收和束缚态–微带 (B-M) 吸收. 图 8-6(a)、(b) 和 (c) 示出了不同吸收类型 QWIP 的能带形式 [6]. 其中, 图 8-6(a) 是一个 AlGaAs/GaAs QWIP 的能带图, 它是利用 B-C 态跃迁吸收实现电荷转移的红外探测. 在这种结构中, 量子阱中仅有一个束缚态 E_1, 而其他态则是局域在 AlGaAs 势垒层导带边的连续态. GaAs 和 AlGaAs 导带的带边失调值为 190meV, GaAs 量子阱中 E_1 和 E_c 之间的能量差约为 120meV, 此值相应于 10μm 的峰值探测波长. 其 77K 和 10μm 时的探测率大于 $10^{10}\mathrm{cm\cdot Hz^{1/2}/W}$.

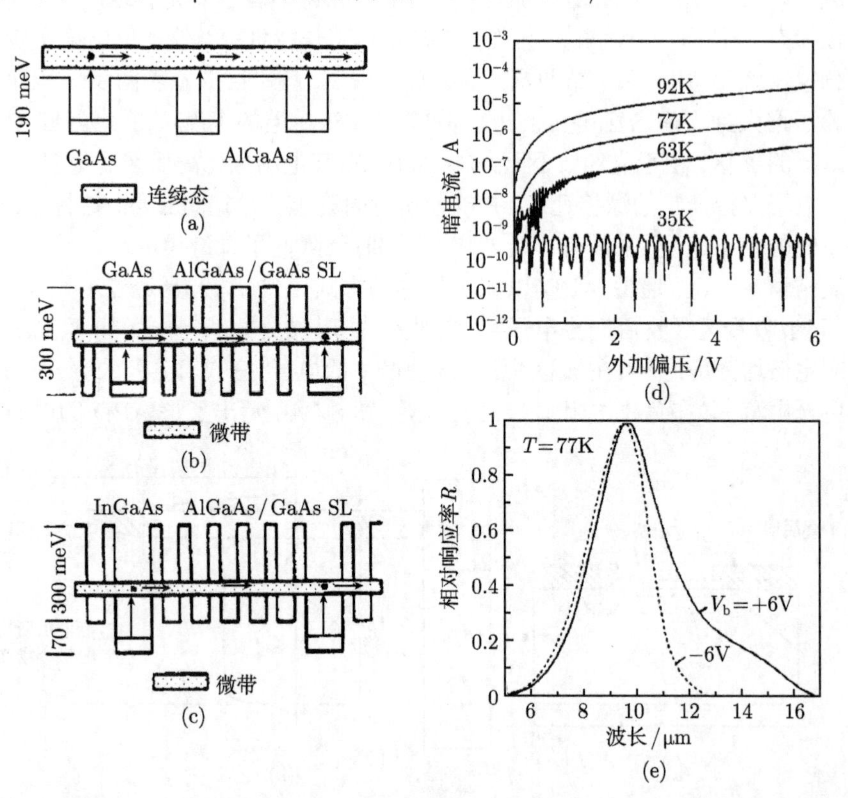

图 8-6 QWIP 的能带形式和探测特性

图 8-6(b) 是一个基于 B-M 吸收的 QWIP 的能带图. B-M QWIP 与 B-C QWIP 的不同处在于以下两点：一是前者具有较高的势垒, 大约为 300meV; 二是在其量子阱中有一个能量为 E_2 的微带. 在基态和微带之间的能量分离确定了红外探测光谱宽度 ($E_2 - E_1 = 90 \sim 120\text{meV}$), 在微带中的电流输运机理是基于从基态到微带的热辅助电离共振隧穿. 这种 QWIP 的暗电流小于 B-C QWIP, 超好的探测率和响应率已在 AlGaAs/GaAs 结构的 B-M QWIP 中实现.

图 8-6(c) 是一种改进型 B-M QWIP 的能带形式, 称之为台阶型束缚–微带 (SB-M) 跃迁吸收 QWIP. 它具有更低的暗电流, 其能带如图 8-6(d) 所示. 研究证实, 该探测器在 77K 以上的温度范围由热辅助隧穿电流起支配作用, 而在 50K 以下则由共振隧穿电流占起主导地位, 一个典型的光谱响应曲线由图 8-6(e) 示出.

8.4.2 QWIP 的光谱响应率

QWIP 的光谱响应率可由下式定义

$$R_{\mathrm{p}} = \frac{q}{h\nu}\eta g p_{\mathrm{e}} \tag{8.27}$$

式中, $h\nu$ 为光子能量; η 为吸收效率; p_{e} 为热电子从量子阱的热逃逸概率; g 为光电导增益. 对于 B-C 态吸收来说, 在非常小的偏置电压下 p_{e} 也是足够大的, 这是由于激发态是处于势垒层的导带边之上. 一般而言, B-C QWIP 具有一个相对较大的增益. 在相同条件下, B-C QWIP 的光谱响应率大于 B-M QWIP, 而 B-M QWIP 具有一个低的暗电流. 对于一个给定的 QWIP, 减少量子阱层数可以增加光谱响应率.

8.4.3 QWIP 的探测率

QWIP 的峰值探测率为

$$D_{\mathrm{p}}^{*} = \frac{R_{\mathrm{i,p}}\sqrt{A_{\mathrm{d}}\Delta f}}{i_{\mathrm{n}}} \tag{8.28}$$

式中, $R_{\mathrm{i,p}}$ 为峰值电流密度; Δf 为噪声谱宽; A_{d} 为器件面积; i_{n} 为均方根噪声电流. 由衬底限制的峰值探测率为

$$D_{\mathrm{BLLP}}^{*} = \frac{1}{2}\sqrt{\frac{\eta}{h\nu I_{\mathrm{BG}}}} \tag{8.29}$$

式中, η 为吸收量子效率; I_{BG} 为入射到衬底的光子密度; 且有

$$I_{\mathrm{BG}} = \sin^2\left(\frac{\Omega}{2}\right)\cos(\theta)\int_{\lambda_1}^{\lambda_2} W(\lambda)\mathrm{d}\lambda \tag{8.30}$$

式中, Ω 是立体角; θ 为入射光与量子阱平面之间的夹角; $W(\lambda)$ 是黑体辐射光谱密度.

8.5　量子点红外探测器

8.5.1　量子点红外探测器的性能

一般而言, 量子点红外探测器从结构和原理上都类似于量子阱红外探测器. 当红外辐射光激发之后, 电子从发射极被激发出来, 或者被量子点所俘获, 或者漂移到集电极. 当发射出的电子在外加电场作用下向集电极漂移时便形成了光电流. 与量子阱红外探测器相比, 量子点红外探测器具有下述更加优异的物理性能 [7]. 主要表现在以下几个方面：① 宽的光谱响应范围. 由于采用自组织生长方法形成的量子点, 在尺寸、组分和应力方面都存在着一定的不均匀性, 这使得量子点红外探测器有一个更宽的光谱响应范围. 而且, 由于量子点的类 δ 函数状态密度, 依据量子点存在的能态电子将遵守一系列的可能跃迁. 这些跃迁会对光吸收谱产生一定影响, 并导致一个更大的均匀展宽; ② 长的电子激发寿命. 当载流子在光激发作用下产生光吸收后, 将会有多种俘获过程和弛豫机制发生作用. 但在量子点系统中, 如果能级间距大于声子能量, 不仅电子与空穴的散射在很大程度上被抑制, 声子散射也应被禁戒, 此时电子与电子之间的散射将成为主要的弛豫过程. 由于电子弛豫足够慢, 预期可以达到更长的载流子寿命, 这将直接导致量子点探测器具有更高的工作温度、更低的暗电流和更高的探测效率; ③ 低的暗电流密度. 与量子阱探测器相类似, 量子点探测器中的暗电流产生机制仍然是量子点中受限电子的热发射. 而载流子寿命的增加, 可使电子的热发射得到抑制, 从而使得暗电流具有较小的数量级. 通过降低掺杂浓度和使用异质结势垒作为接触层等方法, 亦可使暗电流得到进一步减小; ④ 高的光电导增益. 量子点阵列的垂直入射响应, 导致了发射极通过量子点阵列到集电极的额外电子发射. 由于激发载流子寿命的增加, 其俘获概率大大降低, 这些都将使量子点光探测器的光电导增益显著增加. 理论上, 量子点探测器比量子阱探测器具有更高的峰值响应率.

8.5.2　不同类型的量子点红外探测器

量子点红外探测器主要有两种结构, 即垂直结构和横向结构. 所谓垂直结构量子点红外探测器是指在生长方向上收集光电流, 对量子点直接进行掺杂以提供光激发所需要的基态载流子; 而量子点横向红外探测器是利用一个高迁移率通道收集光电流, 其工作方式非常类似于场效应晶体管. 图 8-7 示出了这两种形式的量子点红外探测器结构. 由图 8-7(a) 可以看出, 该结构的主要特点是在 InAs 量子点层之上设置了一个 GaAs 空间隔离层和为了减小暗电流的 i-AlGaAs 层. 而从图 8-7(b) 也可以看出, 为了实现量子点的调制掺杂以获得高迁移率, 同样也设置了一个 δ 掺杂的 AlGaAs 层.

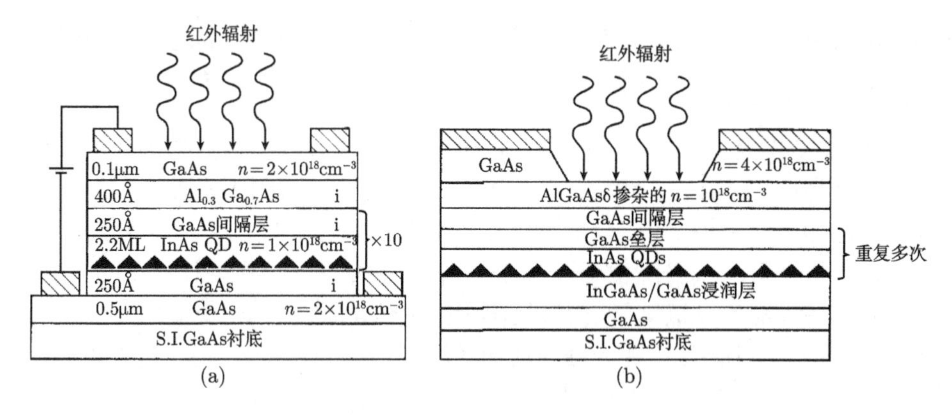

图 8-7 垂直 (a) 和横向 (b) 结构量子点红外探测器剖面结构示意图

1. InAs/GaAs 量子点红外探测器

InAs/GaAs 体系是制作量子点红外探测器的主要材料. Chen 等 [8] 制作了在有源区不进行掺杂的 InAs/GaAs 量子点红外探测器, 低温 77K 时的探测率 $\sim 10^{10}$cm Hz$^{1/2}$/W, 响应率 ~1A/W 和暗电流密度低达 10^{-6}A/cm^2. 与此同时, Liu 等 [9] 设计并制作了由 50 层 InAs/GaAs 多层垂直量子点组成的红外探测器. 图 8-8(a) 示出了该量子点探测器的器件结构、能带图和具有 10 层量子点的 TEM 剖面图. 研究指出, 该量子点探测器的载流子跃迁是发生在 InAs 量子点的占有态到浸润层或连续态之间的, 其探测特性与 InAs 量子点的层数、掺杂浓度以及隔离层厚度直接有关. 在 80K 温度、3V 外加偏压和 5μm 的探测波长条件下, 其探测响应率为 0.1A/W. Hirakawa 等 [10] 提出了一种在量子阱中生长量子点结构的调制掺杂红外探测器, 其能带结构如图 8-8(b) 所示. 分析指出, 当 InAs 量子点中的载流子被光激发至调制掺杂的势垒层与势阱层之间的 AlGaAs/GaAs 二维通道中时, 在外加电场作用下进行横向输运. 这种结构的特点是能够获得具有较高面密度的量

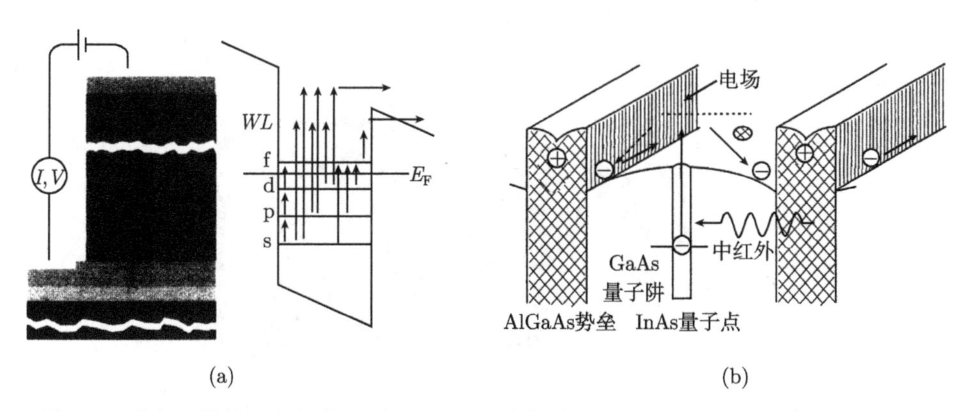

图 8-8 垂直入射量子点红外探测器 (a) 和调制掺杂量子点红外探测器 (b) 的能带结构

子点材料, 因而提高了探测器的光子采集效率, 其光电流增益可高达 $10^5 \sim 10^6$.

2. Ge 与 Si 量子点红外探测器

除了Ⅲ–Ⅴ族量子点之外, 属于Ⅳ–Ⅳ族的 Ge 和 Si 量子点红外探测器也占有重要的一席之地. 一种由 Ge 量子点和 Si 间隔层交替生长而制成的 MOS 隧穿结构, 其能带如图 8-9 所示 [11]. 由于 Ge 量子点处禁带宽度明显变窄, 从而为长波长的光吸收探测提供了可能. 此外, 由于该 MOS 结构中的栅氧化层厚度仅有 1.5nm, 载流子可以很容易地隧穿过该氧化层而到达电极, 并形成栅极电流. 电流的大小取决于光生载流子的产生速率, 它随光强的增加而增大, 从而有效地实现了光探测. 由于采用了基于载流子隧穿的 MOS 结构, 暗电流大大减小, 室温下仅为 0.06mA/cm^2. 包含有人工 Si 原子的 SiN_x/nc-Si/SiN_x 多层结构, 在近红外区域呈现出良好的光探测特性, 在室温下的 I-V 特性曲线上出现了 $\Delta V = 4\text{mV}$ 的量子化台阶. 而且随光照强度增加, 光电流会逐渐增大, 器件响应率为 $\sim 3.98 \times 10^6 \text{A/W}$, 外量子效率超过 8.6%. 利用对接耦合技术在 SOI 衬底上集成了金属–半导体–金属 (MSM)Ge 光探测器, 其剖面结构如图 8-10 所示. 在 6V 偏置电压下, 1.31μm 和 1.55μm 波长的带宽为 28GHz, 响应率为 1A/W. 在 1V 偏置电压下, 当该光探测器电极尺寸为 1μm 和 0.7μm 时, 其带宽分别为 9GHz 和 17GHz, 数据传输速率为 10Gb/s.

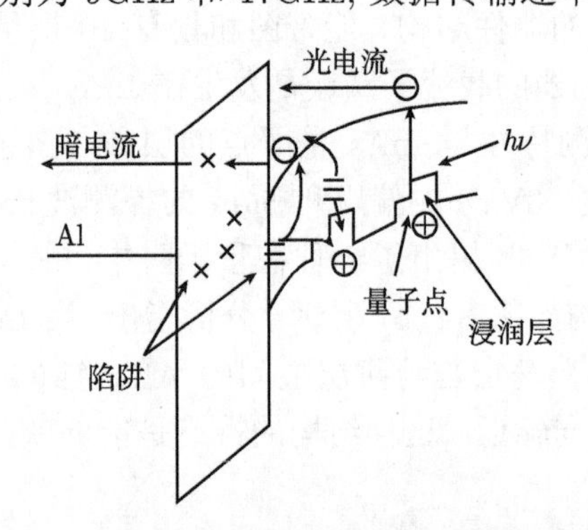

图 8-9 Ge 量子点探测器有源区的能带结构

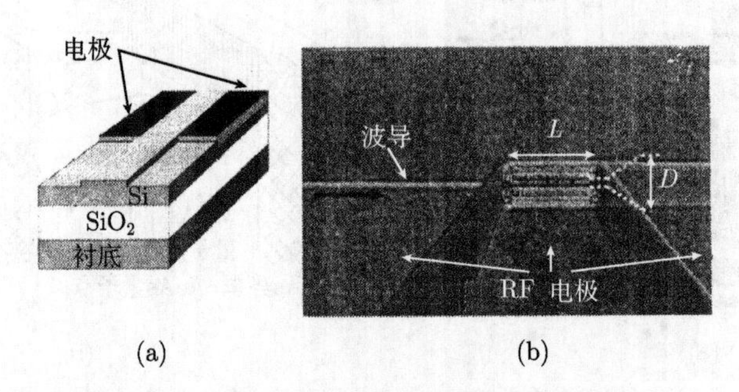

图 8-10 MSM Ge 光探测器的剖面结构

8.6 太赫兹单光子探测器

8.6.1 双量子点单光子探测器

单光子探测器在医学诊断、成像、化学分析和激光测距中具有潜在应用. 采用光电倍增管和雪崩光电二极管, 可以实现在可见和近红外波长范围的单光子探测. 但是, 在中红外或远红外波长 (太赫兹, THz) 范围, 由于光子具有的能量很小, 故难以在固体中产生光生载流子. 此外, 由于单光子入射所产生的电荷变化信号非常微弱, 因此从实验上难以进行准确测定. 为了解决这一问题, Komiyama 等 [12] 提出了采用单电子晶体管实现 THz 单光子探测的技术方案, 图 8-11 是其工作原理示意图. 其中, 图 8-11(a) 是这种单光子探测器件的结构形式, 它是在 AlGaAs/GaAs 异质结二维电子气的表面通过制作具有亚微米的栅电极, 进而利用空间电荷区形成封闭电子的区域 (D1 量子点) 和源、漏电极. 该器件可以利用它自身所具有的库仑阻塞效应, 电子通过量子点实现一个一个的隧穿输运而对电导产生贡献, 其电导将随外加栅偏压的变化而呈现出周期振荡现象. 由于单电子晶体管对其周围的电荷分布极为敏感, 所以对电荷变化的探测灵敏度非常高. 在该单电子晶体管单光子探测器件中, 由于在 D1 量子点的附近设置了第二个量子点 (D2), 所以远红外光将以金属栅电极作为天线而被量子点 D2 收集, 并在该量子点中激发并释放出一个电子, 图 8-11(b) 则是该单光子探测器的工作特性. 由图可以看出, 利用远红外光的

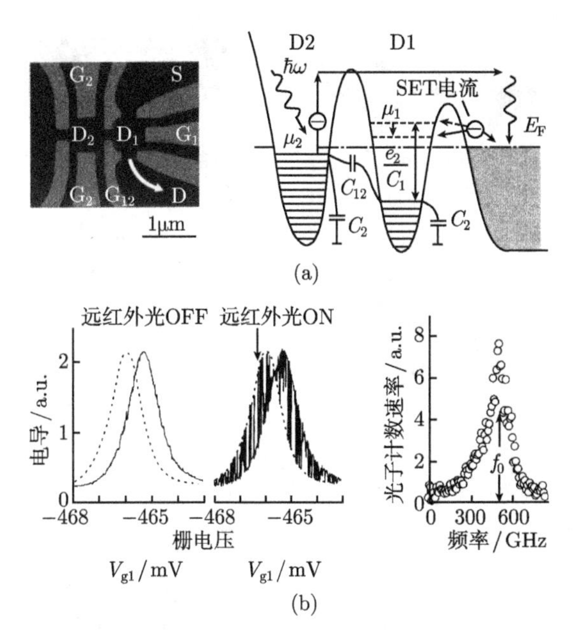

图 8-11 单电子晶体管型单光子探测器的器件结构 (a) 和工作特性 (b)

单光子入射, 电导特性呈现出类电磁波信号波形的变化形式, 其探测灵敏度大约为 10^{-22} ~10^{-21}W/Hz$^{1/2}$ 量级, 此值是常规红外光探测器的 10^3 ~10^4 倍.

8.6.2 单量子点单光子探测器

这是一种在磁场中和低温下 (T=0.4K) 使用的 THz 单光子探测器, 它采用 AlGaAs/GaAs 单异质结构成, 其探测波长为 140~200μm (ν = 1.44 ~1.87THz). 实验表明, 当对该探测器加一负栅压时, 将在其中心部位形成单一量子点, 如图 8-12(a) 所示. 此时, 如果再施加一磁场, 量子点中的电子量子化能级将分裂成朗道能级 (LL0 和 LL1), 如图 8-12(b) 所示. 最低轨道朗道能级 LL1(QD2) 处于空间分离状态. 外围的环路 (LL0) 与源极和漏极相连接, 并形成隧道结单电子晶体管 [13].

入射的 THz 光子能量在量子点内因回旋共振而被吸收, 由此所激发的电子与空穴各自在朗道能级内部失去多余的能量, 并在量子点内的芯部与外侧的环路之间进行空间转移, 这将使芯部与环路分别带有 $-e$ 和 $+e$ 电荷. 这相当于有一个一个的电子在 QD1 和 QD2 之间不断转移, 因而形成如图 8-12(c) 和 (d) 所示的开–关电流. 由于所产生的电子和空穴在量子点中被空间隔开, 因此有较长的复合寿命 ($\tau_{\rm life}$ >10min). 对于这种单光子探测器, 由于 QD2 与 SET 之间具有很强的静电结合力, 故由单光子吸收产生的电流变化 $\Delta I_{\rm e}$ 具有较大值, 它可在几个特斯拉强度的磁场中进行 THz 单光子探测.

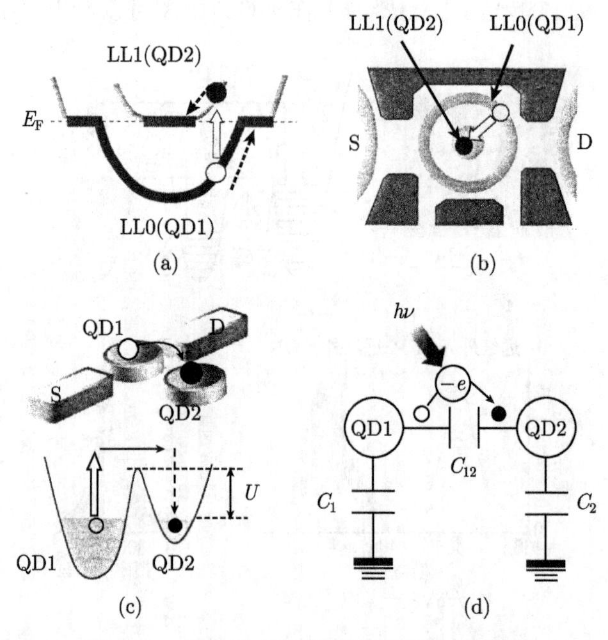

图 8-12 单量子点单光子探测器的工作特性

8.6.3 双量子阱单光子探测器

Ueda 等 [14] 研制了双量子阱结构的红外光探测器, 它又可被称为电荷敏感红外晶体管 (CSIP). 图 8-13(a) 示出了该探测器的剖面结构, 它是在第一个 GaAs 量子阱 (QW1) 之下约 150nm 处生长第二个 GaAs 量子阱 (QW2), 并形成二维导电沟道. 在 QW1 中产生二维子能带, 由于子带间共振的 THz 光导致电子激发, 被激发的电子利用隧穿通过厚度为 2nm 的 $Al_{0.2}Ga_{0.8}As$ 势垒层, 并转移到 QW2 中. 在这一过程中, QW1 的孤立区域带 $+e$ 电荷, 而 QW2 的区域带 $-e$ 电荷. 这相当于二维导电沟道增加一个电子, 这样由于单一光子的吸收, 利用 QW2 沟道隧穿的电流的增加量为

$$\Delta I_{\rm e} = \alpha^2 e\mu V_{\rm ds}/L^2 \tag{8.31}$$

式中, μ 为 QW2 的电子迁移率; $V_{\rm ds}$ 为 QW2 沟道的外加偏压; α 是与器件结构相关的几何学因子 (在实际的器个中, $\alpha \approx 1$); L 为器件的尺寸. 若取 $\mu = 1\text{m}^2/\text{V·s}$, $V_{\rm ds} = 10\text{mV}$, $L = 16\mu\text{m}$, 由 (8.31) 式可得 $\Delta I_{\rm e} = 6.3\text{pA}$. 此值远大于通常温度下的电流放大器, 表明 CSIP 具有很高的探测灵敏度.

由于激发电子和空穴被 QW1 和 QW2 空间分隔, 因此复合寿命远大于量子点探测器, 尤其是在液氦温度下可达 1h 以上. 即使入射光很微弱, 由于正电荷不断在 QW1 的孤立区域被积蓄, 其电导信号也可以被探测到, 图 8-13(b) 示出了一个 $L = 16\mu\text{m}$ 的 CSIP 在 4.2K 时的测试结果. 上半部是在微弱 THz 光照射下的电流增加结果, 下半部是在 THz 光照射下的电流遮断结果. 可以看出, 二者的变化台阶高度吻合一致.

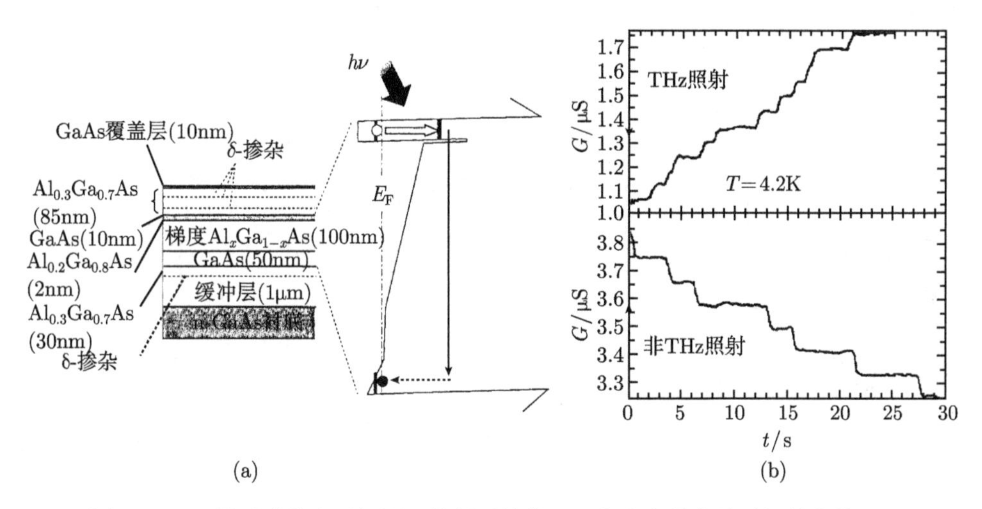

图 8-13 双量子阱单光子探测器的剖面结构 (a) 和光电导率随时间的变化 (b)

8.7　量子限制斯塔克效应器件

所谓量子限制斯塔克效应是指在垂直于量子阱结构的势阱层方向施加一电场时, 随着电场强度的增加其激子吸收谱峰位置向低能方向运动的光学现象. 利用这种效应可以制作量子限制斯塔克效应器件, 如光学双稳器件和光调制器等. 由于这种器件在电场作用下有非常敏感的光吸收特性, 因而十分有利于调控光开关的工作速度, 故利用这种效应制作的器件也被称作为自电光效应器件 (SEED).

图 8-14(a) 是一个由 AlGaAs/GaAs 多量子阱结构组成的 SEED[15]. 该结构的特点是作为势阱层的 GaAs 和作为势垒层的 AlGaAs 的厚度分别为 95Å和 98Å, 共有 50 个周期, 其 pin 二极管中的 i 区由多量子阱构成. 图 8-14(b) 是该器件的响应率和光透射率随外加偏压的变化, 其测定波长为 851.7nm. 当器件加有反向偏压时, 整个量子阱层被耗尽, 响应率随之增加. 之后, 随着吸收峰值向低能侧移动, 响应率将减小. 从 8~16V 的吸收特性, 将由轻空穴形成的激子起主导作用.

器件的开关工作过程如下：当器件加有外偏压时, 大部分电压将加在二极管上, 光电流较小, 如图 8-14(b) 中的 A 线所示. 随着光信号强度的增加, 光电流亦增加, 二极管的电阻将随之减小, 而负载两端电压增加, 其结果是二极管两端的电压将减小. 如果减小二极管的偏压, 光吸收增加, 二极管两端的电压再度减小, 其光吸收增加. 上述正反馈过程的反复进行, 便导致了开关特性的产生. 正如图 8-14(b) 那样, 光透射率 T_{C1} 和 T_{C2} 急剧降低, 光输出则急剧减小. 相反, 入射光强减小, 光透射率从 T_{B1} 向 T_{B2} 快速移动, 光输出急剧增大. 图 8-14(c) 示出了输出光功率与输入光功率的关系.

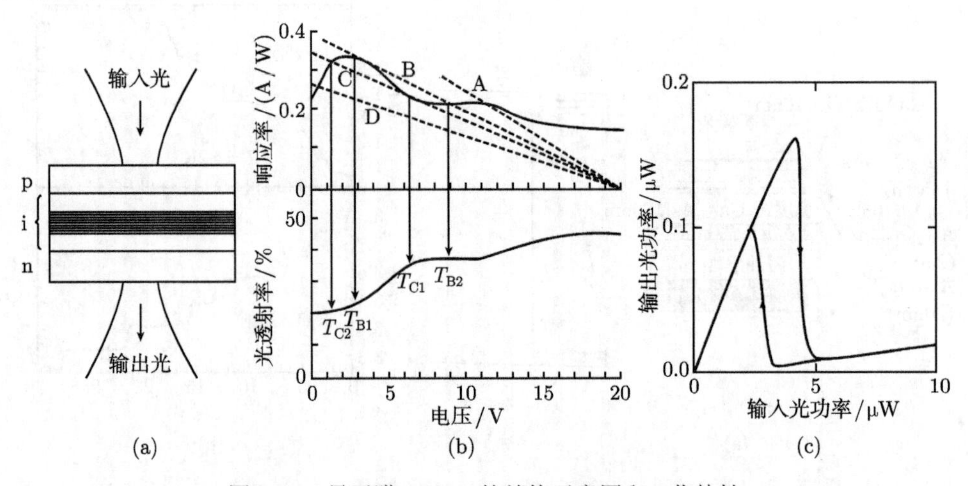

图 8-14　量子阱 SEED 的结构示意图和工作特性

利用在外加偏压下光吸收强度和峰值波长的变化也可以制作光调制器. 与采用体材料制作的光调制器相比, 这种光调制器具有体积小, 不依赖于偏光性和动作程度快等许多优点, 调制速度可达 100ps. 图 8-15 示出了一个以 AlGaAs/GaAs 多量子阱为有源区的光调制器的剖面结构, 其多量子阱厚度为 0.965μm, 电极是内径为 25μm 的圆环形, 绝缘层和抗反射层是 1500Å厚的氮化硅膜, 电路的电容为 1.3pF, 负载电阻为 50Ω, RC 时间常数为 65ps, 调制响应速度为 174ps. 最大和最小光透过率为 76%和 45%, 插入损耗为 1.2dB, 相当于调制深度为 2.3dB.

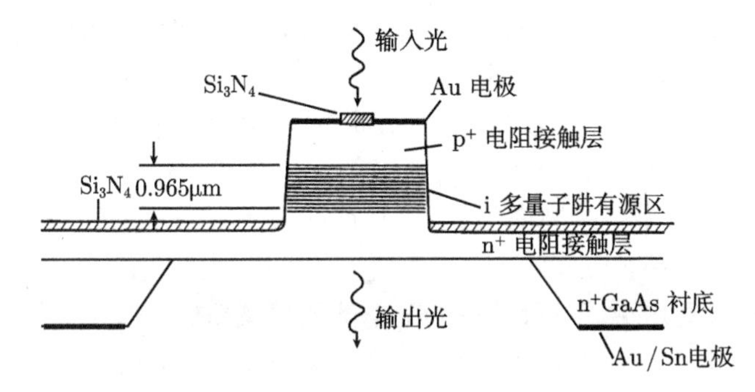

图 8-15 基于量子阱自电光效应的光调制器的剖面结构示意图

参 考 文 献

[1] 朱京平. 光电子技术基础. 北京: 科学出版社, 2003
[2] 孟庆巨, 刘海波, 孟庆辉. 半导体器件物理. 北京: 科学出版社, 2005
[3] Li S S, Lindholm F A. Phys. Status Solidi, 1973, A15:237
[4] 宋菲君, 羊国光, 余金中. 信息光子学物理. 北京: 北京大学出版社, 2006
[5] 榊裕之. 超晶格异质结器件. 东京: 工业调查会, 1989
[6] Lis S S. Semiconductor physical electronics. 2nd Edition. 影印本. 北京: 科学出版社, 2008
[7] 彭英才, 傅广生. 纳米光电子器件. 北京: 科学出版社, 2010
[8] Chen Z H, Baklenov O, Kin E T, et al. J. Appl. Phys., 2001, 89:4558
[9] Liu H C. Gao M, Mc Caffrey J, et al. Appl. Phys. Lett., 2001, 78:79
[10] Hirakawa K, Lee S W, Lelong P, et al. Microelectronic Enginerring, 2002, 63:185
[11] Hsu B C, Chang S T, Chen T C, et al. IEEE Trans. Electron Device Letters, 2003, 24:318
[12] Komiyama S, Astavief O, Antonov V, et al. Nature, 2000, 403:405
[13] 小宫山进, 上田刚慈. 固体物理, 2010, 45:23
[14] Ueda T, An Z, Komiyama S, et al. J. Appl. Phys., 2008, 103:093109
[15] 佐佐木昭夫. 量子效应半导体. 东京: 电子情报通信学会, 2006

第 9 章　量子结构太阳电池

量子结构太阳电池是指采用量子阱 (QW) 作为有源区设计和制作的太阳电池, 旨在利用这种低维量子结构所具有的新颖光电性质大幅度改善其光伏性能. 从结构组态来讲, 量子阱太阳电池是一种介于异质结太阳电池和串联太阳电池之间, 具有中间带性质的特殊带隙结构光电能量转换器件. 由于其中的阱层厚度和组分可以灵活调节, 因而可以获得最佳带隙能量, 以满足太阳电池对不同波长的光吸收. 与此同时, 多量子阱结构 (MQW) 还具有可以最大限度地减小异质结界面的非辐射复合损耗和光生载流子从量子阱逃逸的优点, 从而改善了太阳电池的光伏性能.

除此之外, 随着近年来对量子点物理研究的不断深化和量子点自组织生长技术的逐渐成熟, 人们又开始了对量子点太阳电池的探索研究. 利用量子点或纳米晶粒这类零维量子结构所具有的显著量子限制效应和光谱分立特征, 尤其是它们所呈现出的多激子产生 (MEG) 效应设计太阳电池, 可使其能量转换效率得以超乎寻常的提高, 其理论极限值可达 $\sim$66%. 本章将首先简单介绍太阳电池的光伏参数和量子阱太阳电池的光吸收特性, 然后重点讨论量子点太阳电池, 其中包括量子点 pin 结构太阳电池、量子点激子太阳电池和量子点中间带太阳电池的光伏性能.

9.1　太阳电池的光伏参数

光伏参数是表征太阳电池光伏性能的主要技术指标, 制作太阳电池的主要目的就是采用适宜的光伏材料和设计合理的器件结构, 以实现最高的功率转换效率. 其光伏参数主要有短路电流密度 ($J_{\rm sc}$)、开路电压 ($V_{\rm oc}$)、填充因子 (FF) 和功率转换效率 (η)[1].

9.1.1　短路电流密度

短路电流是太阳电池的一个重要光伏参数. 在光照条件下, 通常 pn 结太阳电池的短路电流共由三部分组成, 即 p 区的电子流、n 区的空穴流和空间电荷区的光电流. 总的短路电流密度可以通过积分求得, 即

$$J_{\rm sc} = \int_{\lambda_{\rm min}}^{\lambda_{\rm max}} (J_{\rm n} + J_{\rm p} + J_{\rm d})\,{\rm d}\lambda \tag{9.1}$$

式中, $\lambda_{\rm max}$ 和 $\lambda_{\rm min}$ 是太阳光谱的最大和最小波长. 对于太阳光, $\lambda_{\rm min}$ 大约为 0.3μm, 而 $\lambda_{\rm max}$ 则是相应于半导体吸收边的波长. $J_{\rm n}$、$J_{\rm p}$ 和 $J_{\rm d}$ 分别为光生电子流、光生

空穴流和 pn 结耗尽层所产生的光电流. J_{sc} 正比于入射光的强度, 它强烈依赖于载流子的扩散长度和表面复合速率.

在理想情况下, 短路电流密度可由下式给出

$$J_{sc} = q\int_{\lambda \min}^{\lambda \max} \phi(1-R)\,d\lambda \tag{9.2}$$

式中, q 是电子电荷; ϕ 为入射光子的通量; R 为半导体的光反射率. 很显然, 为了增加短路电流密度, 应增加入射光子的通量和减小材料的光反射率. 短路电流的上限可以通过将其作为禁带宽度的函数进行计算, 图 9-1 示出了 pn 结太阳电池的短路电流密度与材料禁带宽度的依赖关系. 易于看出, 随着禁带宽度的增加, 其短路电流密度会迅速减小.

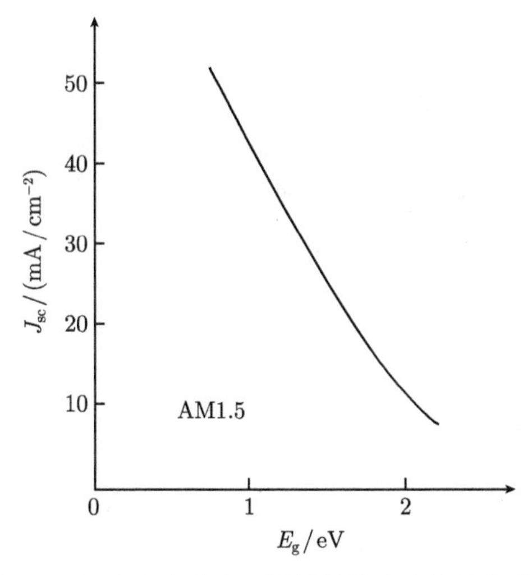

图 9-1　短路电流密度与材料禁带宽度的依赖关系

9.1.2　开路电压

开路电压是太阳电池的另一个重要光伏参数, 表示太阳电池所能提供的最大电压. 它可以由下式给出

$$V_{oc} = \frac{nkT}{q}\ln\left(\frac{J_{sc}}{J_0}+1\right) \tag{9.3}$$

式中, J_0 为饱和电流密度, 它可以表示为

$$J_0 = qN_vN_c\left[\frac{1}{N_A}\sqrt{\frac{D_n}{\tau_n}}+\frac{1}{N_D}\sqrt{\frac{D_p}{\tau_p}}\right]e^{-E_g/kT} \tag{9.4}$$

式中, N_c 和 N_v 分别为导带和价带的有效状态密度; D_n 和 D_p 分别为电子和空穴的扩散系数; τ_n 和 τ_p 分别为电子和空穴的寿命. 由式 (9.3) 可以看出, 为了提高太

阳电池的开路电压, 应该增加短路电流和减小饱和电流. 而为了减小饱和电流, 要求光伏材料应具有较高的载流子浓度和较长的载流子寿命, 这一点可以从式 (9.4) 看出.

开路电压的上限可以近似由下式表示

$$V_{\mathrm{oc}} \cong \frac{E_{\mathrm{g}}}{q}\left(1-\frac{T_0}{T_{\mathrm{s}}}\right)+\frac{kT_0}{q}\ln\frac{T_{\mathrm{s}}}{T_0}+\frac{kT_0}{q}\ln\frac{\Omega_{\mathrm{inc}}}{4\pi} \tag{9.5}$$

式中, T_0 是太阳电池的温度; T_{s} 是太阳光的温度; Ω_{inc} 是太阳电池接受太阳光照射的立体角. 图 9-2 示出了开路电压随禁带宽度的变化关系. 可以看出, 随着禁带宽度的增加, 太阳电池的开路电压呈线性增加趋势.

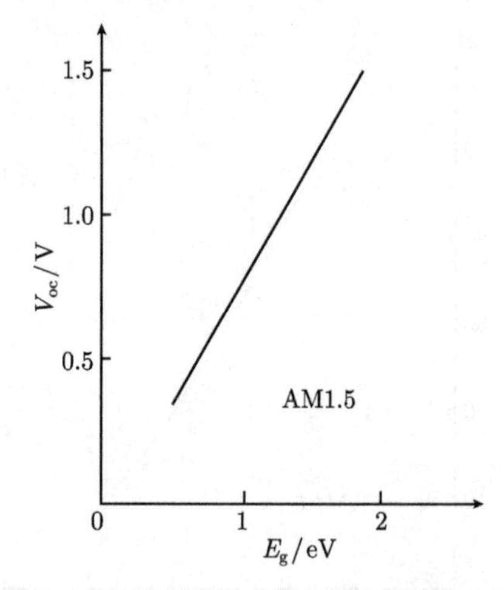

图 9-2　开路电压与材料禁带宽度的关系

9.1.3　填充因子

填充因子是由 J_{sc} 和 V_{oc} 所决定的一个光伏参数, 参照 pn 结太阳电池在暗态和光照下的 I-V 特性曲线, 它可以由下式所给出

$$FF=\frac{V_{\mathrm{m}}I_{\mathrm{m}}}{V_{\mathrm{oc}}J_{\mathrm{sc}}} \tag{9.6}$$

式中, V_{m} 和 I_{m} 是太阳电池具有最大输出功率时的最佳工作点. 由 (9.6) 式不难看出, FF 的值总是小于 1 的. 填充因子还可以由下面的经验公式给出

$$FF=\frac{V_{\mathrm{oc}}-\ln\left(V_{\mathrm{oc}}+0.72\right)}{V_{\mathrm{oc}}+1} \tag{9.7}$$

式中, V_{oc} 是归一化的开路电压. 事实上, 由于受到太阳电池自身串联和并联电阻的影响, FF的值要低于 (9.7) 式给出的理想值. 图 9-3 示出了一个 pn 结太阳电池的 I-V 特性.

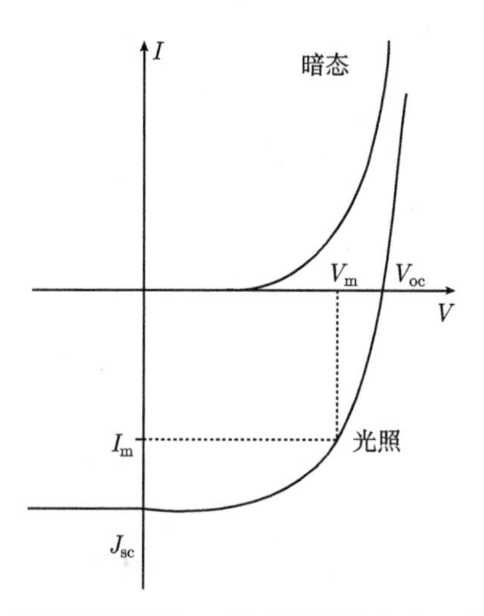

图 9-3 暗态和光照时 pn 结太阳电池的 I-V 特性曲线

9.1.4 功率转换效率

功率转换效率是表征太阳电池光伏性能的最重要参数, 它是太阳电池的最大输出功率与入射光功率的百分比, 即

$$\eta = \frac{P_{\mathrm{m}}}{P_{\mathrm{in}}} \times 100\% \tag{9.8}$$

式中, P_{m} 和 P_{in} 分别为太阳电池的最大输出功率和入射光功率. 而 P_{m} 可由下式给出

$$P_{\mathrm{m}} = V_{\mathrm{m}} I_{\mathrm{m}} \tag{9.9}$$

式中, V_{m} 和 I_{m} 分别为太阳电池具有最大输出功率时所对应的电压和电流.

如果引入填充因子的概念, 太阳电池的输出功率可以写成

$$\eta = \frac{FF V_{\mathrm{oc}} J_{\mathrm{sc}}}{P_{\mathrm{in}}} \times 100\% \tag{9.10}$$

很显然, 为了获得最大的太阳电池功率转换效率, FF、V_{oc} 和 J_{sc} 都应具有最大值. 当禁带宽度在 1.4~1.6eV 时, 在 AM1.5 照射强度下太阳电池具有最佳功率转换效率, 其值 ~30%. 图 9-4 示出了 pn 结太阳电池的功率转换效率与材料禁带宽度的依存关系. 由图可见, 为了实现相对较高的功率转换效率, 材料的禁带宽度在 1~2eV 为宜, 像 Si 和 GaAs 单晶及其薄膜材料都是适于制作 pn 结太阳电池的半导体材料.

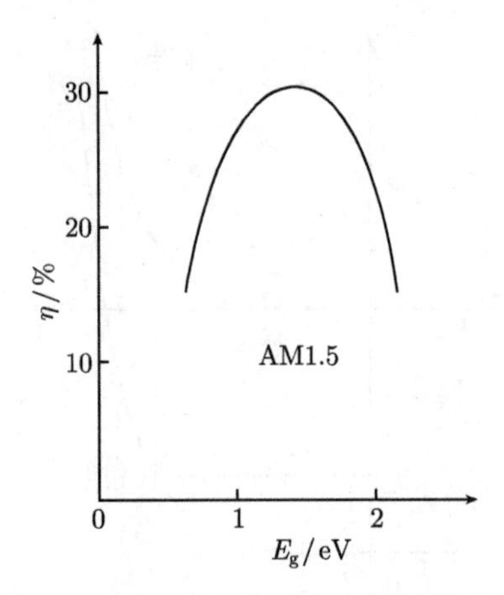

图 9-4　pn 结太阳电池的功率转换效率与材料禁带宽度的依存关系

9.1.5　Shockley-Queisser 极限效率

目前, 各类太阳电池的实际转换效率都远低于其理论预测值. 这是因为在一个实际的太阳电池中, 存在着诸多限制太阳电池转换效率提高的因素, 如材料自身的物理性质、材料生长的质量优劣、电池结构的设计形式、光生载流子的复合与收集过程等. 人们为了计算太阳电池极限效率, 曾引入了 "光子循环" 的概念. 它的物理含义是: 由入射光子在半导体 pn 结中产生的电子–空穴对形成光生电流和光生电压的同时, 二者还会产生辐射复合. 此时, 如果该辐射复合所释放出的光子能量大于禁带宽度, 它还可以再一次被半导体吸收而产生新的电子–空穴对, 这种辐射复合会有效降低其净复合率. 此外, Shockley 和 Queisser 则考虑了一种更理想的情形, 他们视太阳电池为一个黑体, 即光伏材料可以全部吸收入射光子的能量. 在上述两种前提条件下, 可以认为载流子迁移率具有最大值, 而且辐射复合是太阳电池的唯一复合机制.

考虑到上述两种理想情形, pn 结太阳电池的暗态电流应具有最小值, 它可以由下式给出

$$I_0 = qA\int_{E_g}^{\infty}\left(\frac{2\pi E^2}{h^2c^2}\right)\left[\exp\left(\frac{E}{kT}\right)-1\right]^{-1}\mathrm{d}E \tag{9.11}$$

对上式求积分, 则得

$$I_0 \approx qA\left(\frac{2\pi kT}{h^2c^2}\right)E_g^2\mathrm{e}^{-E_g/kT} \tag{9.12}$$

由上式可以看出, 暗态饱和电流与禁带宽度具有强烈的指数依赖关系, 即较大禁带宽度的材料可以获得低的暗态饱和电流. 由 (9.12) 式可简单计算出, 禁带宽度在 Si(1.2eV) 和 GaAs(1.42eV) 之间的任何单个太阳电池的转换效率极限接近 33%.

然而由于实际条件的限制, 即使最理想的材料也不可能达到 Shockley-Queisser 极限效率. 例如, Si 单晶太阳电池的极限效率为 29%, 而不是 33%.

9.2 量子阱太阳电池

9.2.1 量子阱结构中的光吸收

半导体量子阱是由晶格失配的两种或两种以上的材料, 利用 MBE 和 MOCVD 工艺生长的. 通常, 将禁带宽度较小的半导体作为量子阱, 而将禁带宽度较大的半导体作为势垒层. 例如, 在 AlGaAs/GaAs 量子阱中, GaAs 充当量子阱, 而 AlGaAs 则充当势垒层, 二者之间的导带边能量差被称之为带边失调值. 量子阱的主要结构特点是势垒层较厚, 相邻两个量子阱之间的波函数不能贯穿势垒层, 而在势垒层中就衰减殆尽. 而如果势垒层较薄, 那么电子波函数就会穿透势垒, 由此发生相邻阱间电子波函数的交叠作用, 这就是人们所熟知的超晶格.

研究量子阱的光吸收特性, 对于制作量子阱太阳电池具有实际意义. 图 9-5 示出了一个在 AlGaAs/GaAs 单量子阱中由电子态和空穴态之间跃迁引起的光吸收. 图 9-5(a) 示出了其导带和价带中量子阱的两个束缚态, 9-5(b) 则示出了由状态间的跃迁所产生的带边之间的吸收线.

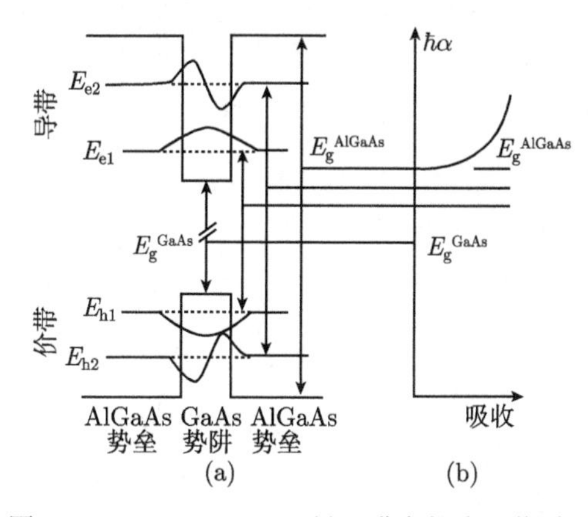

图 9-5 AlGaAs/GaAs 量子阱中的光吸收过程

一般而言, 半导体中大多数的光学过程, 如光激发和光吸收都发生在导带和价带之间, 称之为带–带跃迁. 现在, 主要考虑电子子能带和空穴子能带之间的光吸收. 由图 9-5(a) 可知, AlGaAs/GaAs 量子阱中的束缚电子和空穴能级可以分别由下式给出 [2]

$$E_{\mathrm{e}} = E_{\mathrm{c}} + \frac{\hbar^2\pi^2 n_{\mathrm{e}}^2}{2m_{\mathrm{e}}^* L^2} \tag{9.13}$$

$$E_{\rm h} = E_{\rm v} + \frac{\hbar^2\pi^2 n_{\rm h}^2}{2m_{\rm h}^* L^2} \tag{9.14}$$

式中, $E_{\rm c}$ 和 $E_{\rm v}$ 分别是导带底和价带顶的能量; $m_{\rm e}^*$ 和 $m_{\rm h}^*$ 分别是电子和空穴的有效质量; L 是量子阱层的宽度.

当有一定能量 ($h\nu > E_{\rm g}$) 的光子照射到 AlGaAs/GaAs 量子阱时, 将会有一个电子从价带通过禁带而跃迁到导带中去. 由于 AlGaAs/GaAs 量子阱所具有的量子限制效应, 由光吸收产生的最低能量将由阱中的导带最低子能级和价带最高子能级的能量差 ($E_{\rm e1} - E_{\rm h1}$) 给出. 而如果利用其他的子能级, 光吸收则可以在更高的能量发生, 从而导致如图 9-5(b) 所示的频谱. 最强的光跃迁在导带和价带的对应态间发生. 设 $n_{\rm e} = n_{\rm h} = n$, 强吸收将在以下给出的频率发生

$$\hbar\omega_{\rm n} = E_{\rm g} + \frac{\hbar^2\pi^2 n^2}{2L^2}\left(\frac{1}{m_{\rm e}^*} + \frac{1}{m_{\rm h}^*}\right) \tag{9.15}$$

9.2.2 量子阱太阳电池的结构组态与光电流密度

1. 量子阱太阳电池的结构组态

图 9-6 示出了一个典型Ⅲ–Ⅴ族量子阱太阳电池的材料体系和能带结构. 该量子阱太阳电池的基质材料为 GaAs, 势阱材料是具有较窄带隙的 InGaAs, 而势垒材料则是具有较宽带隙的 GaAsP[3]. 由于 $\rm In_xGa_{1-x}As$(x 为 0.1~0.2) 势阱的带隙较窄, 但具有较大的晶格常数 (a_2), 所以将在界面处产生压缩应变; 与此相反, 由于 $\rm GaAs_{1-y}P_y$(y ~0.1) 势垒的带隙较宽, 但具有较小的晶格常数 (a_1), 所以将会在界面处产生拉伸应变.

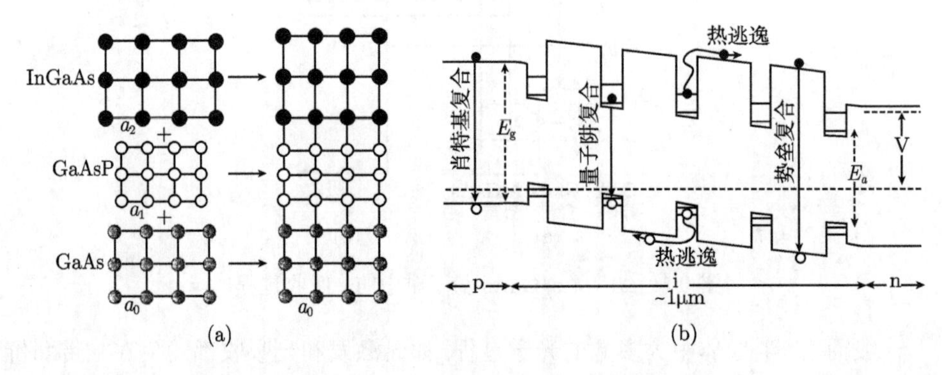

图 9-6 GaAsP/InGaAs/GaAs 量子阱太阳电池的材料体系 (a) 和能带结构 (b)

量子阱太阳电池的吸收带隙可以通过势阱材料和势阱宽度的选择来进行剪裁, 以扩展对太阳光波长的吸收范围, 从而增大光生电流, 图 9-7 示出了一个具有 50 个浅势阱 GaAsP/InGaAs 量子阱太阳电池的光谱响应特性. 其中, 作为势阱层的

$In_xGa_{1-x}As$ 厚度为 7nm 和组分数为 0.1. 由图可以看出, 该量子阱太阳电池在 400~900nm 波长范围具有良好的光响应特性 [4].

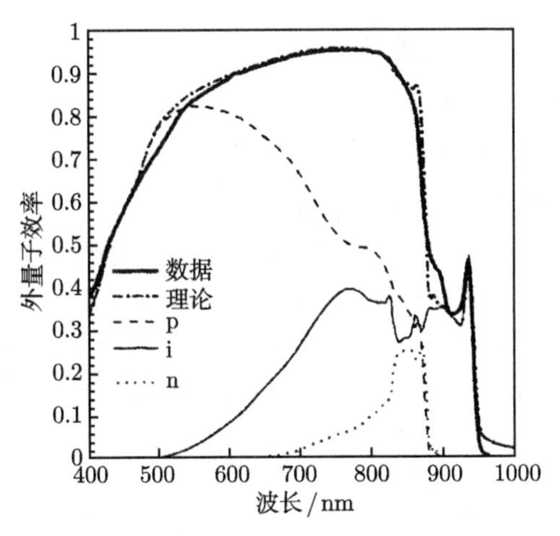

图 9-7 GaAsP/InGaAs 量子阱太阳电池的光谱响应特性

2. 量子阱太阳电池的光电流密度

量子阱太阳电池的光电流密度可以用电流叠加原理进行表示 [5]

$$J = J_{\rm d} - J_{\rm sc} \tag{9.16}$$

式中, $J_{\rm d}$ 为暗电流密度; $J_{\rm sc}$ 为短路电流密度. 其中, $J_{\rm d}$ 具有标准的肖克莱形式

$$J_{\rm d} = A\exp\left(\frac{-E_{\rm b}}{\gamma kT}\right)\left[\exp\left(\frac{eV}{nkT}\right) - 1\right] \tag{9.17}$$

式中, $E_{\rm b}$ 为势垒的带隙, 它控制着暗饱和电流的大小; γ 和 n 为理想因子; A 为依赖于器件结构的比例常数.

短路电流密 $J_{\rm sc}$ 的表达式如下

$$J_{\rm sc} = QqN(E_{\rm a}) \tag{9.18}$$

式中, Q 为量子效率; $N(E_{\rm a})$ 为单位时间内和单位面积上入射的能量大于势阱带隙 $E_{\rm a}$ 的光子数目. 因此, 开路电压可表示为

$$qV_{\rm oc} = n\left[\frac{E_{\rm b}}{\gamma} - kT\right]\ln\left(\frac{A}{J_{\rm sc}}\right) \tag{9.19}$$

可以看出, 量子阱太阳电池的 $J_{\rm sc}$ 主要取决于有效的吸收带隙 $E_{\rm a}$, 而 $V_{\rm oc}$ 不仅取决于基质材料的带隙 $E_{\rm b}$, 而且还与 $A/J_{\rm sc}$ 的值相关. 一般而言, 量子阱太阳电池的 $V_{\rm oc}$ 将小于不含有 MQW 基质材料太阳电池的 $V_{\rm oc}$.

9.3 量子点太阳电池

9.3.1 pin 结构量子点太阳电池

pin 结构最早应用于非晶 Si 薄膜太阳电池, 其主要目的是利用 pn 结自建电场对 i 层光生载流子所产生的漂移作用提高收集效率. 一种典型 pin 量子点结构太阳电池的结构形式和能带图如图 9-8(a) 和 (b) 所示, 它的主要结构特点是在 n^+ 和 p^+ 区之间的 i 层中设置了一个多层量子点, 以增加光产生电流. 因为在多层垂直量子点结构中存在着强耦合效应, 光生载流子可以通过共振隧穿过程将由光激发产生的电子和空穴注入到相邻的 n^+ 和 p^+ 区中去, 从而使其量子效率得以明显提高. 通过改变 i 层厚度、量子点的尺寸、密度和层数等结构参数, 便可以灵活调整光吸收谱的能量范围和光生载流子的收集效率. 下面, 理论分析该 pin 结构量子点太阳电池的光伏性能 [6].

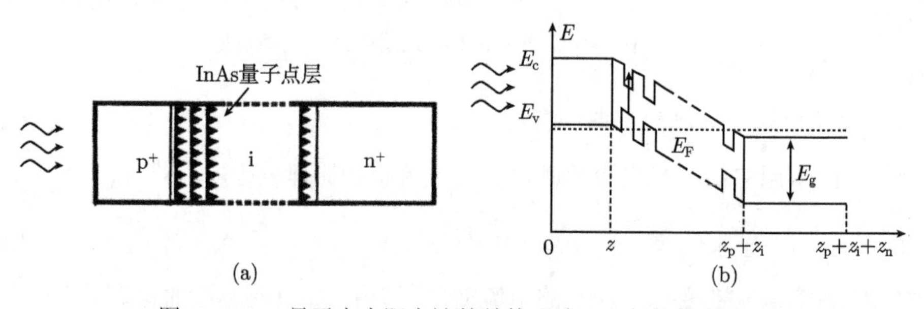

图 9-8　pin 量子点太阳电池的结构形式 (a) 与能带图 (b)

1. 光生电流

假设该 pin 量子点太阳电池的 n 型和 p 型层由 GaAs 组成, i 层由多层 InAs 量子点组成. 从 $z=0$ 的表面到耗尽区边界 $z=z_{\mathrm{p}}$ 处为 p-GaAs 层. 当波长为 λ 和通量为 $F(\lambda)$ 的光照射时, 在深度为 z 处的电子–空穴产生率为

$$G_{\mathrm{p}}(\lambda,z)=\alpha(\lambda)[1-R(\lambda)]F(\lambda)\exp[-\alpha(\lambda)z] \tag{9.20}$$

式中, $R(\lambda)$ 和 $\alpha(\lambda)$ 分别是 GaAs 的表面反射系数和光吸收系数. 为了计算太阳电池的光生电流, 可以采用由黑体辐射曲线所描述的理论模型. 在一个太阳光条件下 (即 AM1.5), 照射到电池表面太阳光通量的光谱分布为

$$F(\lambda)=3.5\times10^{21}\lambda^{-4}\left[\exp\left(\frac{hc}{kT_1\lambda}\right)-1\right]^{-1} \tag{9.21}$$

式中, h 为普朗克常量; c 为光速; k 为玻尔兹曼常量; T_1=5760K.

在 p-GaAs 层中的过剩电子密度 $\Delta n(z)$ 满足如下方程

$$\frac{\mathrm{d}^2\Delta n(z)}{\mathrm{d}z^2}-\frac{\Delta n(z)}{L_\mathrm{n}}+\frac{G_\mathrm{p}(\lambda,z)}{D_\mathrm{n}}=0 \tag{9.22}$$

式中, L_n 和 D_n 分别为电子扩散长度和扩散系数. 为了求解 (9.22) 式, 需要给出确定的边界条件. 在耗尽区的边界处, 过剩电子密度为 $\Delta n(z_\mathrm{p})=0$. 同时, 在 p-GaAs 层表面处过剩电子密度的扩散流等于其表面复合电流, 即

$$D_\mathrm{n}\left.\frac{\mathrm{d}\Delta n}{\mathrm{d}z}\right|_{z=0}=S_\mathrm{n}\Delta n(0) \tag{9.23}$$

式中, S_n 为表面复合速率. 因此, 求解 (9.22) 式可以得到在 $z=z_\mathrm{p}$ 处的光产生电子流密度, 即有

$$J_\mathrm{n}(\lambda)=qF(x)[1-R(\lambda)]\frac{\alpha_\mathrm{n}(\lambda)}{\alpha_\mathrm{n}^2(\lambda)-1}\beta_\mathrm{n}\left\{b_\mathrm{n}+a_\mathrm{n}(\lambda)-\exp\left(-\frac{z_\mathrm{p}\alpha_\mathrm{n}(\lambda)}{L_\mathrm{n}}\right)\right.$$

$$\left.[b_\mathrm{n}+a_\mathrm{n}(\lambda)]\cosh\left(\frac{z_\mathrm{p}}{L_\mathrm{n}}\right)+[1+b_\mathrm{n}a_\mathrm{n}(\lambda)]\sinh\left(\frac{z_\mathrm{p}}{L_\mathrm{n}}\right)\right\} \tag{9.24}$$

式中, q 为电子电荷; β_n、b_n 和 $\alpha_\mathrm{n}(\lambda)$ 分别由以下各式给出

$$\beta_\mathrm{n}=[\cosh(z_\mathrm{p}/L_\mathrm{n})+b_\mathrm{n}\sinh(z_\mathrm{p}/L_\mathrm{n})]^{-1} \tag{9.25}$$

$$b_\mathrm{n}=S_\mathrm{n}L_\mathrm{n}/D_\mathrm{n} \tag{9.26}$$

$$\alpha_\mathrm{n}(\lambda)=\alpha(\lambda)L_\mathrm{n} \tag{9.27}$$

于是, 由 p-GaAs 区收集的总光生电流为

$$J_\mathrm{n}^\mathrm{p}=\int_0^{\lambda_1}J_\mathrm{n}(\lambda)\mathrm{d}\lambda \tag{9.28}$$

式中, $\lambda_1\approx 0.9\mu\mathrm{m}$ 为 GaAs 的吸收截止波长.

从 n-GaAs 层收集的电流可以采用类似的方法求出. 为了写出光电流的产生项, 应该考虑到太阳光通过 p-GaAs 层和包含 InAs 量子点的本征层所产生的衰减. InAs/GaAs 量子点结构的光吸收范围为 1.1~1.4eV. 因载流子的量子限制作用, 在 InAs 量子点中将产生量子化的能级, 因此会使得光吸收会漂移到高能端. 考虑到典型的点尺寸分布起伏为 10%, 通常这会使得吸收谱有一定的非均匀展宽. 由于 InAs 量子点的吸收带与充当势垒层的 GaAs 吸收带不重合, 由此可以给出 i 层中光生载流子的产生速率

$$G_\mathrm{D}(\lambda,z)=F(\lambda)[1-R(\lambda)]\alpha_\mathrm{D}(\lambda)\exp[-\alpha_\mathrm{D}(\lambda)(z-z_\mathrm{p})] \tag{9.29}$$

式中, $\alpha_{\rm D}(\lambda)$ 为 InAs 量子点的吸收系数. 于是, 从 InAs 量子点中所产生的光电流为

$$J_{\rm D}(\lambda) = q\int_{z_{\rm p}}^{z_{\rm p}+z_{\rm i}} G_{\rm D}(\lambda, z){\rm d}z \tag{9.30}$$

除了 i 层中 InAs 量子点中的光生电流之外, 还有 GaAs 势垒层中的光生电流, 它可表示为

$$J_{\rm b}(\lambda) = e\int_{z_{\rm p}}^{z_{\rm p}+z_{\rm i}} G_{\rm B}(\lambda, z){\rm d}z \tag{9.31}$$

式中, $G_{\rm B}(\lambda, z)$ 可由下式给出

$$G_{\rm B}(\lambda, z) = F(\lambda)[1-R(\lambda)]\exp[-\alpha(\lambda)z_{\rm p}](1-n_{\rm D}V_{\rm D})\alpha(\lambda)\exp[-(1-n_{\rm D}V_{\rm D})\alpha(\lambda)(z-z_{\rm p})] \tag{9.32}$$

式中, $V_{\rm D}$ 为单 InAs 量子点的体积; $n_{\rm D}$ 为量子点的体积密度. 这样, i 层中的总电流可表示为

$$J_{\rm i} = q\left[\int_0^{\lambda_1} J_{\rm B}(\lambda){\rm d}\lambda + \int_{\lambda_1}^{\lambda_2} J_{\rm D}(\lambda){\rm d}\lambda\right] \tag{9.33}$$

因此, 光伏电池的短路电流密度为

$$J_{\rm sc} = f_{\rm i}(J_{\rm n}^{\rm p} + J_{\rm p}^{\rm n} + J_{\rm i}) \tag{9.34}$$

式中, $f_{\rm i}$ 表示一个电子或空穴穿过没有俘获和复合过程的 i 层的平均概率.

2. 功率转换效率

太阳电池的电流密度可以表示如下

$$J = J_{\rm sc} - J_0[\exp(eV/kT) - 1] \tag{9.35}$$

式中, J_0 是 pn 结的反向饱和电流, 它由耗尽区边界的少数载流子电流 $J_{\rm s1}$ 和在 i 层中的热激发电流 $J_{\rm s2}$ 两部分形成, $J_{\rm s1}$ 和 $J_{\rm s2}$ 分别由以下二式表示

$$J_{\rm s1} = A\exp\left(\frac{E_{\rm gB}}{\upsilon kT}\right) \tag{9.36}$$

$$J_{\rm s2} = A^{\rm eff}\exp\left(-\frac{E_{\rm eff}}{\upsilon kT}\right) \tag{9.37}$$

以上两式中,

$$A = eN_{\rm c}N_{\rm v}\left(\frac{D_{\rm p}}{N_{\rm D}L_{\rm p}} + \frac{D_{\rm n}}{N_{\rm D}L_{\rm n}}\right) \tag{9.38}$$

$$E_{\rm eff} = [1 - n_{\rm D}V_{\rm D}]E_{\rm gB} + n_{\rm D}V_{\rm D}E_{\rm gD} \tag{9.39}$$

$$A^{\text{eff}} = q4\pi n^2 kT/c^2h^3E_{\text{eff}}^2 \tag{9.40}$$

而以上三式中, N_{c} 和 N_{v} 分别为 GaAs 的有效状态密度; N_{D} 和 N_{A} 分别为 n 型和 p 型层的施主和受主浓度. 因此, 在最大功率点太阳电池的转换效率为

$$\eta = \frac{V_{\text{opt}}J_{\text{opt}}}{P_0} = \frac{kT}{q}t_{\text{opt}}[J_{\text{sc}} - J_0(\text{e}^{t_{\text{opt}}} - 1)]/p_0 \tag{9.41}$$

式中, $P_0 = 116\text{mW/cm}^2$ 是入射的太阳光束流量, t_{opt} 可由下式表示

$$\text{e}^{t_{\text{opt}}}(1 + t_{\text{opt}}) - 1 = \frac{J_{\text{sc}}}{J_0} \tag{9.42}$$

对于一个 InAs/GaAs pin 量子点太阳电池, 其结构参数为：InAs 量子点的尺寸为 $\sim$10nm, 密度为 $\sim 10^{10}/\text{cm}^2$, GaAs 空间势垒层厚度为 5~10nm. 太阳电池光伏特性的理论计算证实：当 i 层厚度为 3μm 时, 其短路电流密度 J_{sc}=45.17mA/cm^2, 开路电压 V_{oc}=0.746V, 太阳电池的转换效率 $\eta \approx 25\%$. 而在没有量子点层时, J_{sc} = 35.1mA/cm^2, V_{oc}=0.753V, $\eta \approx 19.5\%$.

9.3.2 量子点激子太阳电池

1. 量子点中多激子产生的物理过程

大家知道, 在体单晶材料中由每个光子激发产生多个电子–空穴对的物理过程可以利用碰撞电离效应进行解释. 在这一过程中, 具有动能大于半导体带隙的电子或空穴可以产生一个或更多的电子–空穴对. 作为载流子动能的产生方式, 可以通过外加电场实现, 也可以通过吸收一个能量大于材料带隙的光子而产生. 在常规的体材料中, 载流子的跃迁要严格遵守能量和动量守恒定律. 此外, 载流子的碰撞电离速率还必须同由电子–声子散射限制的能量弛豫速率相互竞争. 业已证实, 只有在电子动能比材料带隙能量大若干倍时, 才有可能发生这种竞争过程, 否则其量子产额将是很低的.

量子点结构是一种具有三维量子限制效应的低维体系, 它的类 δ 函数状态密度和电子–空穴谱的分立特征, 使得电子通过电子–声子作用的弛豫速率可以有效的减小. 同时, 由于在量子点中电子–空穴库仑相互作用的增强, 可以使多激子产生的逆俄歇过程大大增加 (图 9-9(a) 是载流子的俄歇过程). 更进一步, 对量子点而言晶体动量不再是一个好量子数, 因此在逆俄歇过程中无需保持动量守恒定律. 这种由碰撞电离制约的逆俄歇过程所描述的物理含义是：当量子点吸收一个能量大于或等于 $2E_{\text{g}}$ 的光子时, 所产生的高能量激子通过能量转移过程而弛豫到带边, 其结果是导致一个吸收的光子形成两个或两个以上的激子, 这样就会使太阳光谱中的高光子能量转变成光电转换所需要的能量, 而不会导致能量损耗, 这是多激子产生的本质体现 [7,8]. 图 9-9(b) 示出一个典型量子点的碰撞电离多激子产生过程.

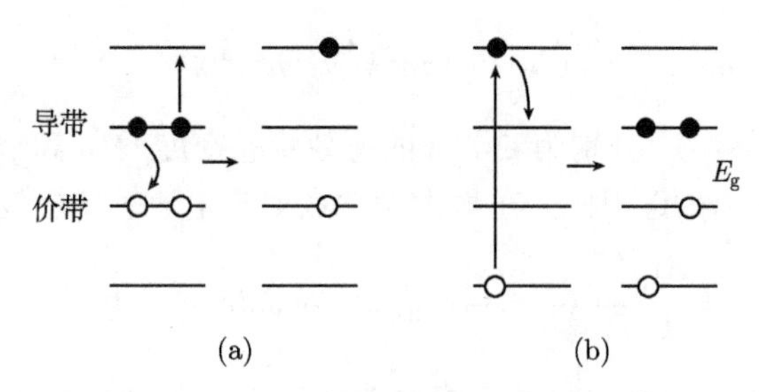

图 9-9　量子点中多激子产生的示意图

2. 量子产额

单带隙和双带隙串联太阳电池的能量转移效率, 可以利用细致平衡模型进行理论计算. 对于一个单带隙光伏器件, 其电流与电压的依赖关系可以写成 [9]

$$J(V, E_g) = J_G(E_g) - J_R(V, E_g) \tag{9.43}$$

式中, J_G 和 J_R 分别为光产生电流和复合电流; E_g 为材料的禁带宽度; V 是由太阳电池产生的光电压. 它们可分别由下式表示

$$J_G(E_g) = q\int_{E_g}^{E_{max}} QY(E)\Gamma(E)\mathrm{d}E \tag{9.44}$$

$$J_R(V, E_g) = qg\int_{E_g}^{\infty} \frac{QY(E)E^2}{\exp\{[E - qQY(E)V]/kT\} - 1}\mathrm{d}E \tag{9.45}$$

以上二式中, E 为光子能量; q 为电子电荷; k 为玻尔兹曼常数; T 为器件温度; $QY(E)$ 为量子产额. $g = 2\pi/c^2h^3$, 其中 c 为真空中的光速, h 为普朗克常数. 由式 (9.43)~(9.45) 给出的细致平衡模型假定: ① 具有能量大于吸收阈值的所有光子均被吸收; ② 准费米能级的分离为一常数, 其值等于器件的光生电压; ③ 载流子复合机制仅由辐射复合所支配. 下面, 进一步讨论多激子产生量子点 (MEG-QD) 的量子产额.

对于一个 MEG-QD 而言, 量子产额可由下式给出

$$QY(E) = \sum_{m=1}^{M} \theta(E, mE_g) \tag{9.46}$$

式中, $\theta(E, mE_g)$ 为单阶跃函数. 当 $M = 1$ 时, 表示一个光子仅能够产生一个电子–空穴对. 当 $M = M_{max} = E_{max}/E_g$ 时, 则给出了最大的倍增效应和 MEG-QD 太阳电池的最高转换效率.

当光照能量超过阈值能量 E_{th} 之后, 由载流子倍增效应所导致的量子产额呈线性增加趋势, 因而有下式

$$QY(E) = \theta(E, E_{\mathrm{g}}) + A\theta(E, E_{\mathrm{th}}) \left(\frac{E - E_{\mathrm{th}}}{E_{\mathrm{g}}} \right) \tag{9.47}$$

由上式可知, 在 E_{g} 和 E_{th} 之间的 $QY(E)$ 为 1. 当能量大于 E_{th} 后, $QY(E)$ 的值随 A 的增大而呈线性增加. 例如, 对于 PbSe QD 而言, 当光子能量 $E = 7.8E_{\mathrm{g}}$ 时, 其量子产额 $QY(E) = 7$. 图 9-10(a) 示出了 $M = 1$、$M = 2$ 和 $M = M_{\max}$ 时, 由计算得到的 MEG-QD 太阳电池的量子产额. 太阳电池的转换效率可由下式给出

$$\eta_{\mathrm{PV}}(V) = J(V)V/p_{\mathrm{in}} \tag{9.48}$$

式中, p_{in} 为入射光功率. 图 9-10(b) 是对于 CdSe 和 PbSe 两种 MEG-QD 太阳电池, 由计算得到的量子效率与 E/E_{g} 的依赖关系.

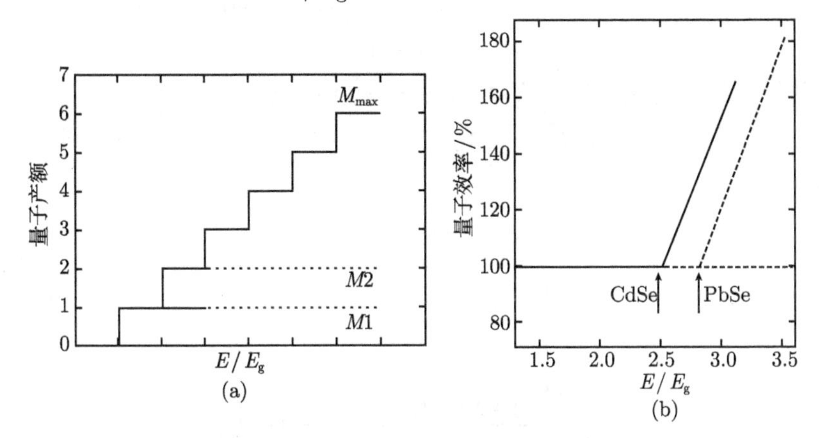

图 9-10 MEG-QD 太阳电池的量子产额 (a) 与 CdSe 和 PbSe 量子点太阳电池的量子效率 (b)

3. 转换效率

1) 单带隙太阳电池

图 9-11 的 $M1$ 曲线给出了 300K 和 AM1.5 条件下单带隙太阳电池在无载流子倍增效应时, 转换效率与禁带宽度的关系, 其最高效率对应于 E_{g}=1.3eV 的 Shockley-Queisser 极限效率 (33.7%). 而当有载流子倍增效应时, 太阳电池的转换效率迅速增加. 例如, 当 $M = 2$ 时, 其转换效率为 41.9%, 如图 9-11 中的曲线 $M2$ 所示. 而当 $M_{\max} = 6$ 时, 其转换效率高达 44.4%, 相应的禁带宽度 E_{g}=0.75eV. 曲线 $L2$ 是当 $E_{\mathrm{th}} = 2E_{\mathrm{g}}$ 和 $A = 1$ 时的转换效率, 当 E_{g}=0.94eV 时其最高效率可达 37.2%. 曲线 $L3$ 是当 $E_{\mathrm{th}} = 3E_{\mathrm{g}}$ 和 A=1 时的转换效率, 当 E_{g}=1.34eV 时其最高效率可达 33.7%.

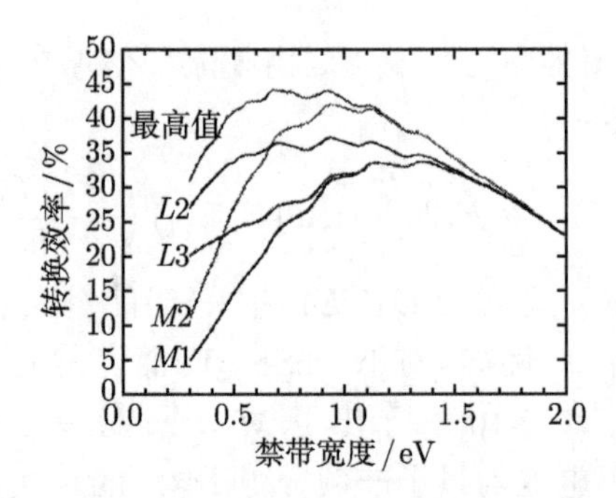

图 9-11　单带隙太阳电池的转换效率

2) 双带隙串联太阳电池

显而易见, 由具有不同带隙的材料分别作为顶电池和底电池组合在一起的串联太阳电池, 比单带隙太阳电池具有更高的转换效率. 图 9-12 和表 9-1 给出了这种太阳电池的转换效率与底电池带隙的关系. 图 9-12(a) 是 $M2$ 作为顶电池时的转换效率, 其效率高值可达 47.6%. 图 9-12(b) 是 $M1$ 作为顶电池时的转换效率, 其转换效率高达 45.7%.

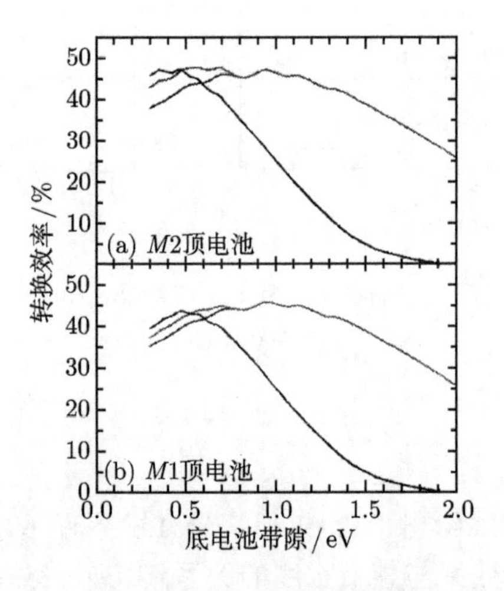

图 9-12　双带隙太阳电池的转换效率

表 9-1　双带隙串联太阳电池的转换效率

顶/底吸收层	顶电池带隙/eV	底电池带隙/eV	最大效率/%
$M1$, $M1$	1.63	0.95	45.7
$M1$, $M2$	1.61	0.95	45.7
$M2$, $M1$	1.63	0.95	47.1
$M2$, $M2$	1.46	0.68	47.6

从图 9-12 中还可以看出, 随着底电池能隙的增加, 其转换效率急速降低. 由此说明, 为了实现由多激子产生量子点太阳电池, 材料的带隙宽度不易过大. 换言之, 采用禁带宽度较小的 PbS、PbSe、PbTe 等材料, 可以获得相对较高的转换效率. 这也是人们目前多采用上述三种材料设计与制作量子点激子太阳电池的主要原因.

9.3.3 量子点中间带太阳电池

对于单带隙材料而言, 能量低于带隙的光子不能被吸收, 所以电子不能从价带激发到导带中去, 这是造成太阳电池效率不高的主要原因之一. 如果在带隙中引入另一个中间带, 原来不能被吸收的低能光子就有可能被价带电子吸收而跃迁到中间带去, 然后它再吸收另一个低能光子从中间带跃迁到导带, 以实现多光子吸收, 从而可以提高太阳电池的转换效率. 作为中间带材料, 可以在带隙中引入某些稀土材料、过渡金属材料、量子点材料和有机/无机复合材料等. 量子点中间带太阳电池是指将具有较窄带隙的量子点材料, 引入某种宽带隙材料中而制作的太阳电池, 其理论转换效率可高达 60%.

1. 中间带太阳电池的理论转换效率

Lugue 等 [10] 利用细致平衡模型理论研究了中间带太阳电池的理论转换效率, 图 9-13(a) 示出了一个中间带太阳电池的能带图. 为了便于分析问题, 首先作出如下六个假定: ① 被吸收的一个光子只能产生一个电子–空穴对, 并且载流子在带内迅速被加热和弛豫; ② 作为复合过程, 仅考虑发光复合; ③ 光吸收层中的准费米能级与位置无关, 电子与空穴具有相同的分布状态; ④ 光吸收层足够厚, 而且表面的光反射损失可以忽略; ⑤ 各带间的光吸收谱不发生重叠; ⑥ 在太阳电池内部由光吸收产生的载流子与由复合而消失的载流子, 以及作为电流而输出到外部的载流子处于一个动态平衡状态. 因此则有以下三式

$$\frac{J}{q} = G_{\text{cv}} + G_{\text{ci}} - R_{\text{cv}} - R_{\text{ci}} \quad (\text{导带}) \tag{9.49}$$

$$0 = G_{\text{ci}} - G_{\text{iv}} - R_{\text{ci}} + R_{\text{iv}} \quad (\text{中间带}) \tag{9.50}$$

$$\frac{J}{q} = G_{\text{cv}} + G_{\text{iv}} - R_{\text{cv}} - R_{\text{iv}} \quad (\text{价带}) \tag{9.51}$$

以上三式中, J 为电流密度; q 为电子电荷; G_{cv}、G_{ci} 和 G_{iv} 分别为导带–价带、导带–中间带和中间带–价带的载流子产生速度; R_{cv}、R_{ci} 和 R_{iv} 分别为导带–价带; 导带–中间带和中间带–价带的载流子复合速度.

在 $E_{\min} \sim E_{\max}$ 的整个能量范围内的光子流可由下式表示

$$N(E_{\min}, E_{\max}, T, \mu) = \frac{2\pi}{h^3c^2}\int_{E_{\min}}^{E_{\max}} \frac{E^2}{\exp\{(E-\mu)/kT\}-1}\text{d}E \tag{9.52}$$

式中, h 为普朗克常数; c 为真空中的光速; k 为玻尔兹曼常数; μ 为电子–空穴对的化学势. 采用 (9.52) 式, 则 (9.49)~(9.51) 式中的载流子产生率和复合率可由以下各式给出

$$G_{\mathrm{cv}} = Xf_{\mathrm{s}}N(E_{\mathrm{g}}, \infty, T_{\mathrm{s}}, 0) + (1 - Xf_{\mathrm{s}})N(E_{\mathrm{g}}, \infty, T_0, 0) \tag{9.53}$$

$$G_{\mathrm{ci}} = Xf_{\mathrm{s}}N(E_{\mathrm{ci}}, E_{\mathrm{iv}}, T_{\mathrm{s}}, 0) + (1 - Xf_{\mathrm{s}})N(E_{\mathrm{ci}}, E_{\mathrm{iv}}, T_0, 0) \tag{9.54}$$

$$G_{\mathrm{vi}} = Xf_{\mathrm{s}}N(E_{\mathrm{iv}}, E_{\mathrm{g}}, T_{\mathrm{s}}, 0) + (1 - Xf_{\mathrm{s}})N(E_{\mathrm{iv}}, E_{\mathrm{g}}, T_0, 0) \tag{9.55}$$

$$R_{\mathrm{cv}} = N(E_{\mathrm{g}}, \infty, T_0, E_{\mathrm{Fc}} - E_{\mathrm{Fv}}) \tag{9.56}$$

$$R_{\mathrm{ci}} = N(E_{\mathrm{ci}}, E_{\mathrm{iv}}, T_0, E_{\mathrm{Fc}} - E_{\mathrm{Fi}}) \tag{9.57}$$

$$R_{\mathrm{iv}} = N(E_{\mathrm{iv}}, E_{\mathrm{g}}, T_0, E_{\mathrm{Fi}} - E_{\mathrm{Fv}}) \tag{9.58}$$

以上各式中, X 为集光倍率; T_{s} 为太阳的表面温度; T_0 为周围环境和太阳电池的温度; f_{s} 是由太阳的直径和太阳与地球之间的距离决定的系数; $f_{\mathrm{s}} = 2.16 \times 10^{-5}$. 在 (9.53)~(9.55) 式中, 右边的第二项贡献较小, 它是来自周围环境辐射的影响. 从输出电压

$$V = (E_{\mathrm{Fc}} - E_{\mathrm{Fv}})/q \tag{9.59}$$

可以求出电流–电压特性, 再用最大输出功率

$$P_{\max} = JV|_{\max} \tag{9.60}$$

除以入射功率, 就可以得到太阳电池的转换效率. 图 9-13(b) 示出了在 T_{s}=6000K 和 T_0=300K 时太阳电池的理论转换效率 [11]. 可以看出, 对于中间带太阳电池, 在非集光条件下 (E_{g}=2.4eV, E_{ci}=0.93eV), 最高转换效率为 47%. 而在集光条件下 (E_{g}=1.9eV, E_{ci}=0.7eV), 最高转换效率高达 63%, 此值远大于单结太阳电池的最高转换效率.

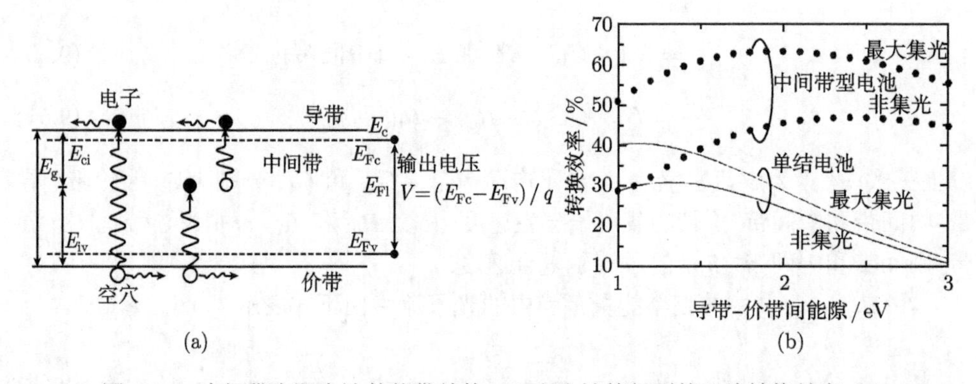

图 9-13　中间带太阳电池的能带结构 (a) 和由计算得到的理论转换效率 (b)

2. InAs/GaAs pin 量子点中间带太阳电池

图 9-14(a) 示出了一个围栏型 InAs/GaAs pin 量子点中间带太阳电池的结构示意图. 该太阳电池的结构特点是, 在每层 InAs 量子点的上面生长了一层围栏型 $Al_xGa_{1-x}As$ 势垒, 以形成一个多层三明治结构. 这种组态结构具有以下三个特点: ① 量子点之间的共振隧穿特性可以通过改变 $Al_xGa_{1-x}As$ 势垒层的组分数、层厚以及 GaAs 浸润层的厚度而调整; ② $Al_xGa_{1-x}As$ 围栏型势垒使 InAs 量子点真正成为一个光生载流子的产生和收集中心, 而不是载流子的复合区域; ③ 由热产生的少载流子导致的反向饱和电流可以有效地减小. 理论分析指出, 在 AM1.5 太阳光照度下, 对于具有 10~20 层 InAs 量子点的太阳电池, 其功率转换效率可达 45%. 下面, 简要讨论其光伏特性.

1) 光生电流

由 InAs 量子点产生的光电流密度为 [12]

$$j_{\mathrm{D}}(z)=\int_{E_1}^{E_2}\frac{qG(E,z)}{1+\tau_{\mathrm{esc}}/\tau_{\mathrm{rec}}}\mathrm{d}E \tag{9.61}$$

式中, q 是电子电荷; $G(E,z)$ 是在 i 区的 InAs 量子点中光生载流子的产生速率; E_1 和 E_2 分别是 InAs 量子点中吸收光子低能量的下限和上限; z 是 i 层中的位置 (总高度为 z_{i}); $j_{\mathrm{D}}(z)$ 为在位置 z 产生的光电流. 于是, 在 InAs 量子点中收集到的总光电流为

$$J_{\mathrm{D}}=\int_0^{z_{\mathrm{i}}}j_{\mathrm{D}}(z)\mathrm{d}z \tag{9.62}$$

从 InAs 量子点和 GaAs 浸润层中, 由于电子和空穴的热发射而产生的反向漏电流为

$$J_{\mathrm{DR}}=qvN_{\mathrm{dot}}\left[N_{\mathrm{cm}}\sigma_{\mathrm{e}}\exp\left(\frac{E_{\mathrm{e}}-\Delta E_{\mathrm{c2}}-E_{\mathrm{c}}}{kT}\right)+N_{\mathrm{vm}}\sigma_{\mathrm{h}}\exp\left(-\frac{E_{\mathrm{h}}+\Delta E_{\mathrm{v2}}-E_{\mathrm{v}}}{kT}\right)\right] \tag{9.63}$$

式中, N_{dot} 为 InAs 量子点的面密度; N_{cm} 和 N_{vm} 分别为 GaAs 中的有效电子态密度和空穴态密度; E_{e} 和 E_{h} 分别为 InAs 量子点中电子和空穴的能量本征值; v 是电子的热速度; σ_{e} 和 σ_{h} 分别为电子和空穴的俘获截面; ΔE_{c2} 和 ΔE_{v2} 分别为 $Al_xGa_{1-x}As$ 和 GaAs 的导带和价带的带边失调值.

在 $Al_xGa_{1-x}As$ 和 GaAs 中引入的产生和复合电流为

$$\begin{aligned}J=&J_0\exp\left(-\frac{\Delta E}{kT}\right)(1+r_{\mathrm{R}}\beta)[\exp\left(\frac{qV}{kT}\right)-1]\\&+[J_{\mathrm{NR}}+J_{\mathrm{S}}(N)+(J_{\mathrm{DR}})]\left[\exp\left(\frac{qV}{2kT}\right)-1\right]-J_{\mathrm{sc}}\end{aligned} \tag{9.64}$$

式中, J_0 为反向饱和电流; r_R 为由于围栏引入导致的 i 层中增加的净复合; β 是 i 区中从平衡到产生反向漂移电流的比例; J_{NR} 是 GaAs 中的非辐射复合电流; J_S 是界面复合电流.

2) 转换效率

图 9-14(b) 示出了量子点中间带太阳电池的转换效率随中间带能量的变化关系. 曲线 (a) 是由理论计算得到的最高转换效率, 其最高值超过了 60%. 曲线 (b) 是当中间带能量 0.6~0.7eV 时, GaAs 基中间带太阳电池的转换效率, 其最大值为 52%. 对于具有围栏势垒的 InAs/GaAs 量子点中间带太阳电池, 当 InAs 量子点层数 N=10, 中间带能量为 0.6eV 和 $Al_xGa_{1-x}As$ 的组分数 x=0.2 时, 其最高转换效率可达 55%. 如曲线 (c) 所示. 由图 9-14(b) 还可以看出, 对于同一中间带能量, 随着组分数 x 的减少, 其转换效率逐渐减小; 而对于同一组分数 x, 随着中间带能量的增加, 其转换效率亦呈线性减小趋势. 尤其是当 x=0 和中间带能量为 1.2eV 时, 其转换效率低于 20%.

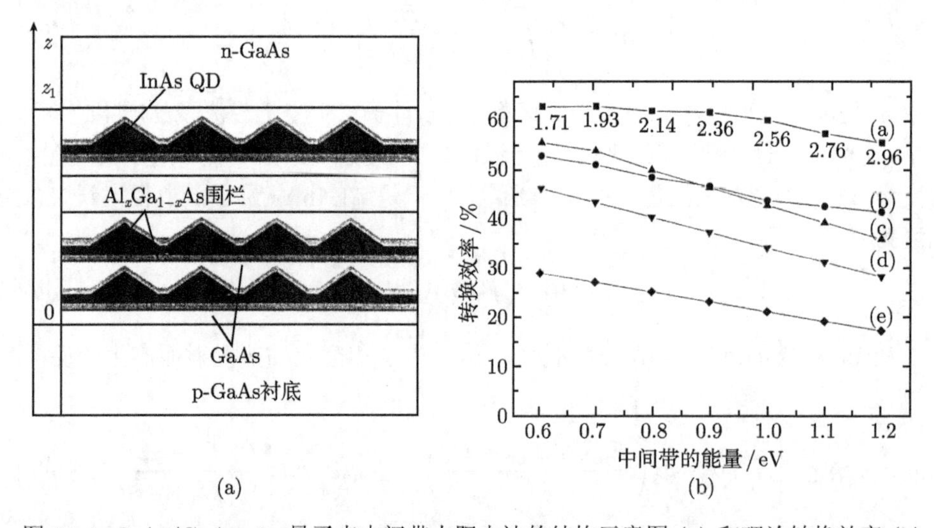

图 9-14 InAs/GaAs pin 量子点中间带太阳电池的结构示意图 (a) 和理论转换效率 (b)

参 考 文 献

[1] Soga T. Nanostructured materials for solar energy conversion. 影印本. 北京: 科学出版社, 2007

[2] 彭英才, 于威. 纳米太阳电池技术. 北京: 化学工业出版社, 2010

[3] Mazzer M, Barnham K W J, Ballard I M, et al. Thin Solid Films, 2006, (511-512): 76

[4] Lynch M C, Ballard I M, Bushnell D B, et al. J. Mater. Sci., 2005, 40: 1445

[5] 熊绍珍, 朱美芳. 太阳能电池基础与应用. 北京: 科学出版社, 2009
[6] Aroutiounian V, Petrosyan S, Khachatryan A, et al. J. Appl. Phys., 2001, 89:2268
[7] Allan G, Delerue C. Phys., Rev., 2006, B73:205423
[8] Rupasov V I, Klimov V I. Phys. Rev., 2007, B76:125321
[9] Hanna M C, Nozik A J. J. Appl. Phys., 2006, 100:074510
[10] Lugue A, Martf A. Phys. Rev. Lett., 1997, 78:5014
[11] 冈田至崇, 八木修平, 大岛隆治. 应用物理, 2010, 79:206
[12] Wei G D, Forrest R. Nano Lett., 2007, 7:218

第 10 章　其他低维量子器件简介

在前面的几章中, 我们已经简单介绍了两类低维量子器件, 即低维电子输运器件和低维光电子器件. 除此之外, 还有其他一些低维量子效应器件, 它们也将在未来的信息技术中占有重要的一席之地. 这些器件主要包括基于自旋输运的自旋电子器件、基于电荷转移的分子电子器件、以及基于量子力学原理的量子计算机等. 本章将用适当篇幅, 概要介绍上述几类低维量子器件的基本结构与工作原理.

10.1　自旋电子器件

自旋电子器件是基于自旋极化电子的产生、输运、隧穿以及与之相联系的光学现象而设计的量子器件, 主要包括磁随机存储器、自旋场效应晶体管、弹道自旋晶体管、自旋发光二极管以及自旋激光器等. 这些器件的特性依赖于在固体中对自旋的控制能力, 其目的在于降低功率损耗, 克服与电荷相联系的速度限制, 以用于将来的量子计算和量子信息处理.

10.1.1　自旋场效应晶体管

自旋场效应晶体管的原理是利用半导体沟道区域的 Rashba 效应调控注入电子的自旋取向, 而调制的幅度可由栅极电压对 Rashba 系数的改变进行控制. 图 10-1(a) 示出了一个不采用磁性材料的全半导体化自旋场效应晶体管的剖面结构, 其有源区是 AlSb/GaSb/InAs 异质结构, 这种材料体系的主要特点是具有巨大的自旋分裂和高电子迁移率. 更为关键的是, 在源和漏两个区域中自旋的产生和检测都利用了自旋共振带间隧穿效应, 图 10-1(b) 示出了空穴流在源区内的自旋共振隧穿过程. 首先沿 $<\bar{1}10>$ 方向外加一横向电场, 以使载流子附加在该方向上的动量. 这样, 在 GaSb 源区内的有效磁场将主要沿着 $<110>$ 或 $<\bar{1}\bar{1}0>$ 方向产生 z 方向的自旋分裂, 如图 10-1(c) 所示. 研究证实, GaSb 中的 hh_1 重空穴带的分裂可超过 30meV. 如此大的能带分裂, 显然使隧穿很容易发生. 于是, 从发射极 InAs 中流向二维电子气 InAs 的电流便自然成为自旋极化的, 从而实现了非磁的自旋注入. 沟道电子沿水平方向横向流动, 电子自旋垂直于电流方向. 电子自旋产生拉莫尔进动, 并不断改变其方向. 由于源和漏两个电极是对称的, 因而对电子自旋也有选择性. 通过调整漏电流的自旋取向, 可以实现场效应晶体管所具有的物理功能. 也可以施加一外偏压, 像常规的 FET 器件一样, 利用栅极电压来调节漏电流的大小 [1].

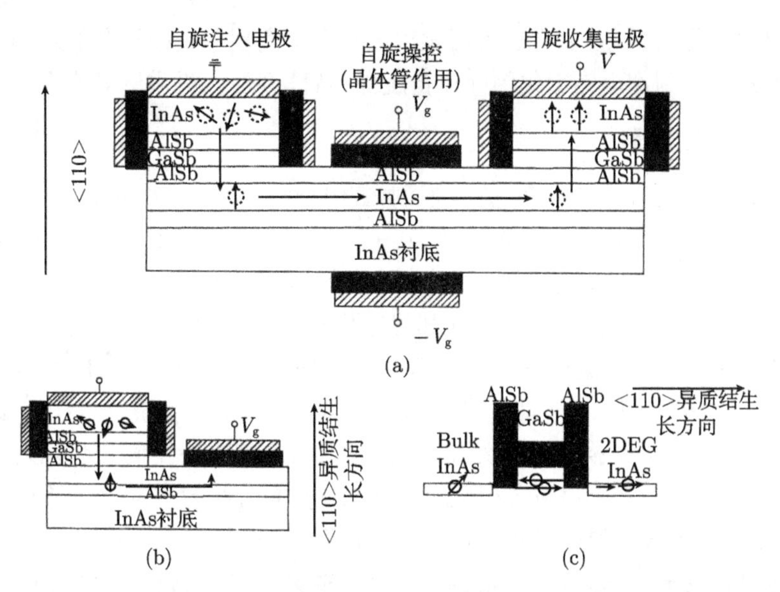

图 10-1 全半导体化自旋晶体管的剖面结构 (a) 和自旋共振带间隧穿效应原理 (b) 与 (c)

10.1.2 弹道自旋晶体管

图 10-2(a) 示出了一个弹道自旋晶体管的剖面结构 [2]. 在一根碳纳米管上连接两个铁磁性端子, 作为用于控制纳米管费米能级的栅极. 该晶体管中各部分的自旋向上和自旋向下的传导沟道 (k) 如图 10-2(b) 所示, 而图 10-2(c) 则给出了分别对自旋向上和自旋向下情形由计算得到的从左端向右端的透射概率. 自旋电导是作为没有自旋取向改变的相干透射处理的, 而自旋向上和自旋向下的透射概率是随纳米管的费米能级而发生振荡的. 图 10-2(d) 示出了将自旋向上和自旋向下的透射率换

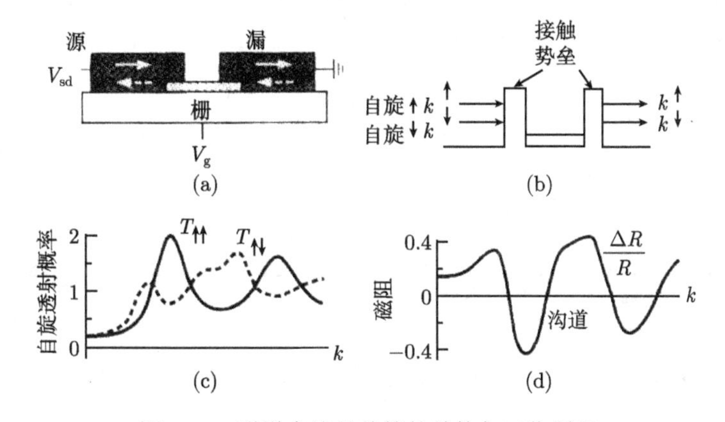

图 10-2 弹道自旋晶体管的结构与工作原理

算成磁阻的变化关系, 可以看出磁阻呈现出正负振荡现象. 至于采用哪种材料类型和结构形式能够制作出实用化的弹道自旋晶体管, 今后尚需作更多的尝试性研究.

10.1.3　自旋发光器件

由于自旋分裂现象的存在, 在光发射过程中可以对光子的偏振状态进行控制, 基于这种原理可以制作自旋发光器件. 其中, 自旋发光二极管和自旋激光器就是一种典型的自旋发光器件. 其工作模式包括以下三个物理过程: ① 将自旋极化的电子或空穴注入到器件的有源区中, 在那里它们与非极化的空穴或电子复合而发光, 所发射的光子偏重于左旋或右旋的圆偏振. 一般而言, 自旋注入是采用铁磁材料为自旋源. 在铁磁材料中, 由于两种自旋向上和向下的载流子自旋子带在能级上与能量和动量有关, 并因交换作用而分裂, 从而使其占据率有所不同. 具有较高占据率的自旋态称为自旋多数态, 与之相反的自旋态就是自旋少数态; ② 自旋极化电子一旦被注入之后, 至关重要的问题是自旋相干输运. 只有自旋从注入的时刻起一直保持到辐射复合发出圆偏振光, 才能实现自旋光的发射; ③ 自旋光源发出的圆偏振光是自旋极化的载流子辐射复合的结果, 发光的圆偏振度直接显示出自旋状态及其在外界影响和自旋弛豫作用下的变化, 所以利用圆偏振光可以探测其自旋特性.

自旋偏振垂直腔面发射激光器 (自旋 VCSEL) 是一种重要的自旋发光器件. 与常规的 VCSEL 相比, 自旋 VCSEL 具有光强和偏振的稳定性好、偏振方向易于控制、激射阈值较低等许多优点. 在自旋 VCSEL 中, 注入到激光有源区的电子自旋取向决定了发光的偏振特性. 在一定的偏压条件下, 不充分的自旋极化也可以导致完全的圆偏振光. 图 10-3 示出了非极化注入和自旋极化下的自旋 VCSEL 的增益谱. 在非极化注入的情形下, 左旋和右旋圆偏振光的增益谱重合. 而在自旋极化的状态下, 增益是非均匀的. 择优的圆偏振模式首先达到阈值, 然后在阈值点附近其增益超过阈值, 而另一模式增益将降低. 所以, 很小的自旋极化可能会导致左旋和右旋圆偏振光的输出强度有着很大区别 [3].

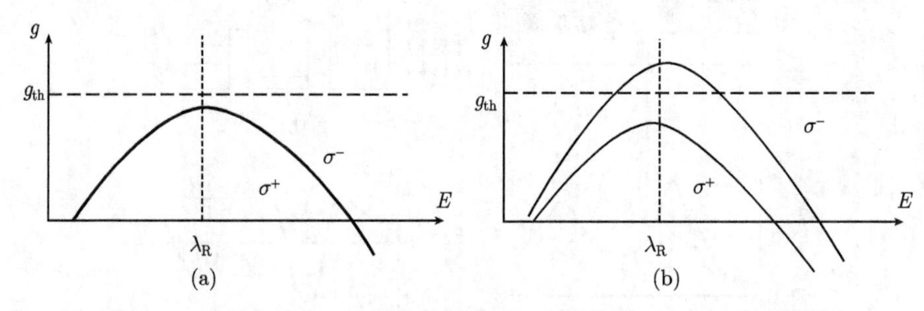

图 10-3　非极化注入 (a) 和自旋极化 (b) 下的自旋 VCSEL 的增益谱

10.2 单分子器件

一般而言, 单电子器件是以隧道结为有源区制作的器件, 而单分子器件则是以共价键分子为有源区构建的器件. 与其他量子器件相比, 单分子器件的体积更小、功耗更低、光响应速度更快、而且适宜大面积柔性制造. 单分子器件主要有以下几种类型: 一种是量子效应分子器件. 例如, 在导电分子线中间插入一个起势垒作用的绝缘分子, 可以形成一个纳米尺度的分子共振隧穿器件; 另一种是电机机械分子器件. 它是利用施加电的或机械作用力的方法, 改变其几何组态或移走开关分子或一组原子, 以实现器件的关断和开启功能; 此外, 分子存储器也是一种重要的单分子器件.

10.2.1 单电子隧穿型单分子晶体管

图 10-4(a) 是一个以树状高分子作为中间电极而形成的单分子晶体管结构示意图 [4]. 当在中间电极中有电子存在时, 电子所具有的能量为 $e^2/2C$. 此时, 由于库仑阻塞作用使器件的电流随外加偏压的变化呈现出显著的量子化效应, 如图 10-4(b) 所示. 大家知道, 为了实现基于单电子隧穿和库仑阻塞的单电子器件, 应使静电库仑能 $e^2/2C \gg kT$, 这就要求有机分子中间电极微粒要足够小, 以使其电容量 $C < 10^{-18}$F. 图 10-4(b) 示出了该单分子器件的 I-V 特性, 其电流的量子化效应明显可见.

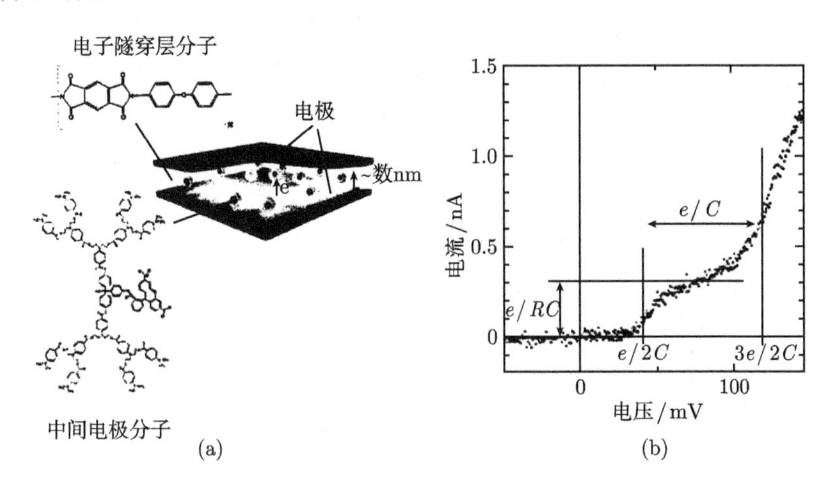

图 10-4 单电子隧穿型单分子晶体管结构 (a) 和 I-V 特性 (b)

图 10-5(a) 示出了另一种光栅型单分子晶体管的工作原理. 在光照射条件下可以产生如下三种变化, 即色素分子本身的结构变化产生单电子隧穿 (A)、由于色素

分子的激发而引起单电子隧穿 (B)、以及由于诱导电荷而产生的单电子隧穿 (C). 在采用有机分子作为中间电极的单电子器件中, 是利用光照作为一个栅极以控制单电子输运的. 换句话说, 就是通过周期性地光照控制电流输运过程, 从而实现单分子器件的开关作用. 图 10-5(b) 和 (c) 分别示出了这种单分子器件的结构与 I-V 特性 [5].

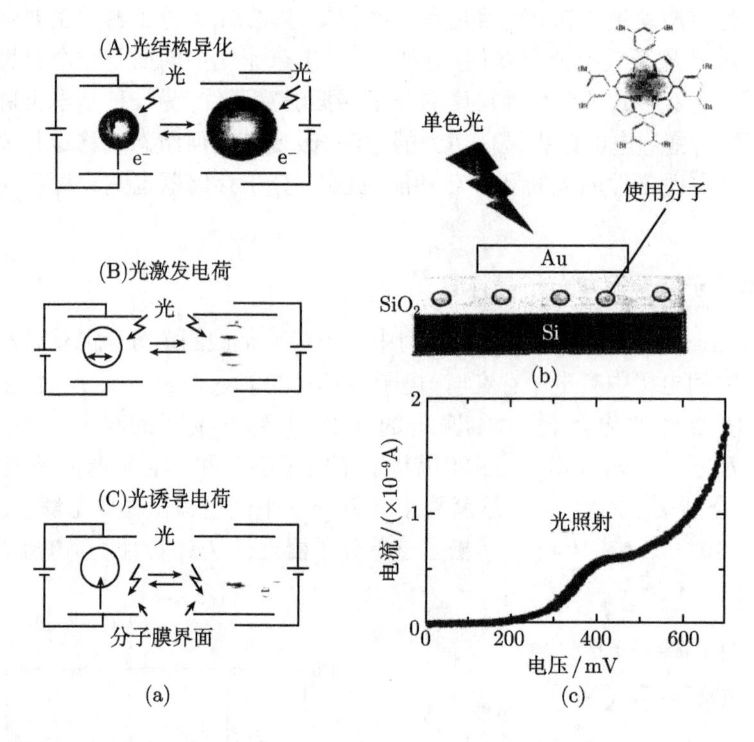

图 10-5　光栅型单分子器件的工作原理 (a)、器件结构 (b) 和 I-V 特性 (c)

10.2.2　内部机械运动型单分子晶体管

超分子原子继电器晶体管 (SMART) 是内部机械运动型单分子晶体管的一个典型实例 [6]. 它的基本工作原理可以由原子继电器晶体管 (ART) 加以说明, 如图 10-6(a) 所示. 通过开关栅的作用, 开关原子可以进入原子线中间 (开态) 或离开原子线 (关态), 图 10-6(b) 是利用紧束缚方法计算的电子输运特性. 可以看出, 经过原子线的电子电导, 由开关原子的位置决定开与关. 计算机模拟的结果指出, 只要移动开关原子的一个直径距离, 就可以使原子线的电导改变一个数量级. 图 10-6(c) 示出了一个 C_{60} 单分子机电单电子晶体管在 1.5K 下的 I_{ds}-V_{ds} 特性. 由图可以看到, 在较高的偏置电压下出现了电流的跳变, 而在零偏压附近的电导受到强烈抑制. 零电导区域的电导幅度可由栅偏压加以调节.

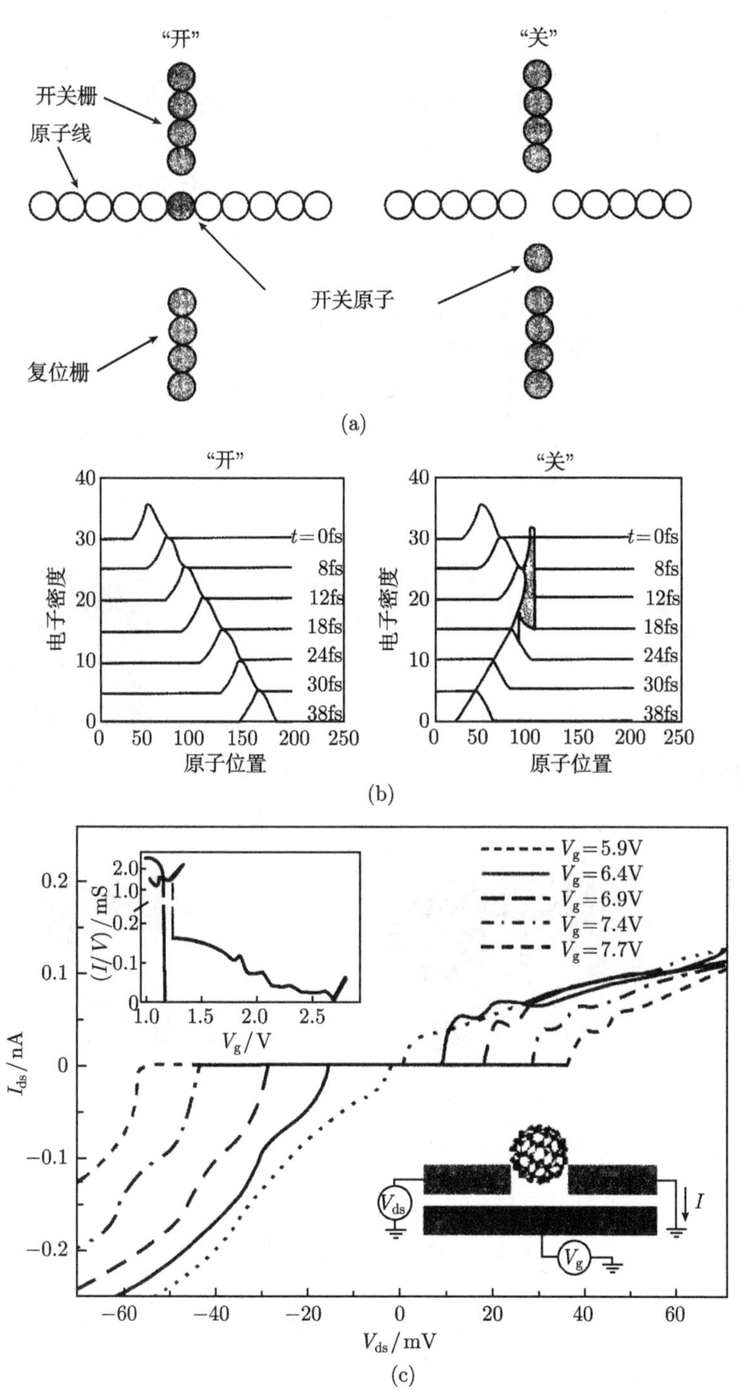

图 10-6 原子继电器晶体管的结构 (a)、电子输运 (b) 和单分子机电单电子晶体管的 I_{ds}-V_{ds} 特性 (c)

10.2.3　分子存储器

图 10-7(a) 示出了一个利用聚偏氟乙烯分子与扫描光子显微探针 (SPM) 的电气相互作用而制作的分子存储器 [7]. 由于在主链碳原子的两侧配置有电气阴性度大的氟原子和小的氢原子, 在与分子轴垂直的方向上具有电偶极子. 在采用这种分子形成薄膜的情形下, 薄膜中分子链的方向, 即电偶极子的方向是不规则的. 因而, 当在薄膜的两面配置电极并加一强电场时, 电偶极子的方向将与电场方向一致. 此外, 改变极性能够将偶极子的方向改变为相反的方向, 这种性质称为铁磁性, 而这种操作方式称为极化翻转. 在该电场施加操作中, 使用空间分辨率高的 SPM, 能够在所限定的尺度范围内实现极化翻转, 如图 10-7(b) 和 (c) 所示. 信息写入区域的大小由所施加的脉冲持续时间改变, 如图 10-7(d) 所示. 在 SPM 的情形下, 由于能够在 x 和 y 方向上进行光栅扫描, 同时也能形成任意形状的存储器图形, 如图 10-7(e) 所示.

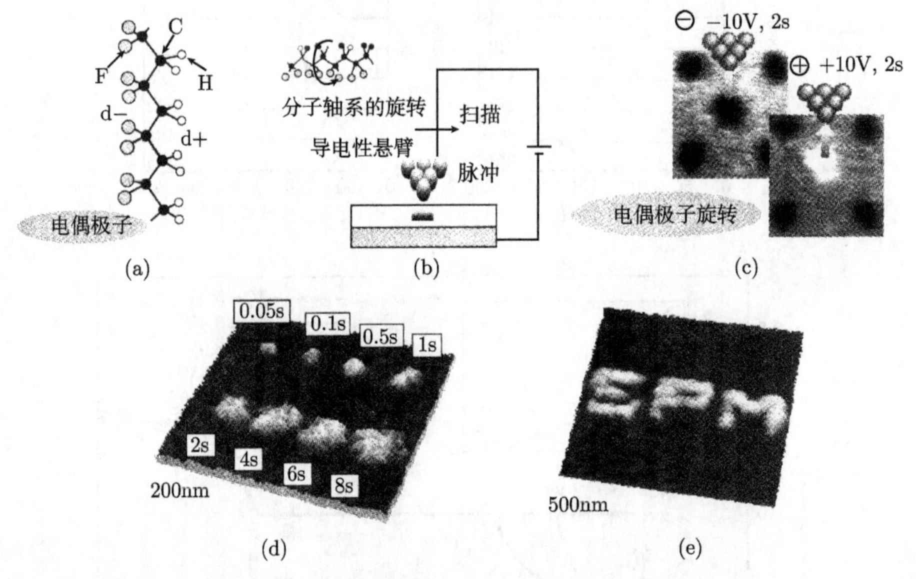

图 10-7　单分子存储器的结构与工作原理示意图

10.3　量子点网络自动机

除了单电子晶体管可以构成数字逻辑电路之外, 也可以利用量子点网络自动机 (QCA) 构成数字逻辑门进行信息编码, QCA 是一种采用量子点阵列实现数字逻辑功能的结构模式. 这种模式的主要元件是由四个量子点排布在一个正方形的四个角上组成, 它被称之为 QCA 单元. 当 QCA 单元中填充有两个多余的电子时, 这两个电子就会占据在正方形对角位置的量子点上, 四方形的面对角位置是 QCA 单元的等能量基态, 它们可分别用来代表 0 和 1 逻辑, 如图 10-8(a) 所示 [8].

典型 QCA 逻辑器件是一个由图 10-8(b) 所示三端输入组成的逻辑门, 它由五个标准单元排列而成: 中央逻辑单元, 三个输入单元 A、B、C 和一个输出单元. 输入单元 A、B、C 的极化状态决定中央单元的极化状态, 无论中央单元呈现出何种状态, 输出单元总是随中央单元以相同状态出现. 在器件工作时, 中央单元的极化决定于三个输出单元的多数逻辑门. QCA 逻辑门可以串联成复杂的 QCA 线路, 由前一级的输出驱动后一级的三个输入. 类似地, 多数逻辑门的输出也能被连接去驱动逻辑门的下一级. 这种多数逻辑门可以设计成 “OR” 门或 “AND” 门, 只需将三个输入中之一固定为程序行. 如果程序输入是 0, 则 AND 的操作由其余两个输入单元完成. 若程序输入是 1, 则 OR 操作在其他两个输入单元上去执行, 图 10-8(c) 示出了该逻辑门的真值表.

QCA 系统可由多种方案进行构建, 如采用 Al/AlQ_x/Al 金属隧道结连接, 图 10-8(d) 给出了其示意图. 该系统从 $D_1 \sim D_4$ 为四个小的 Al 岛, 即所谓的量子点.

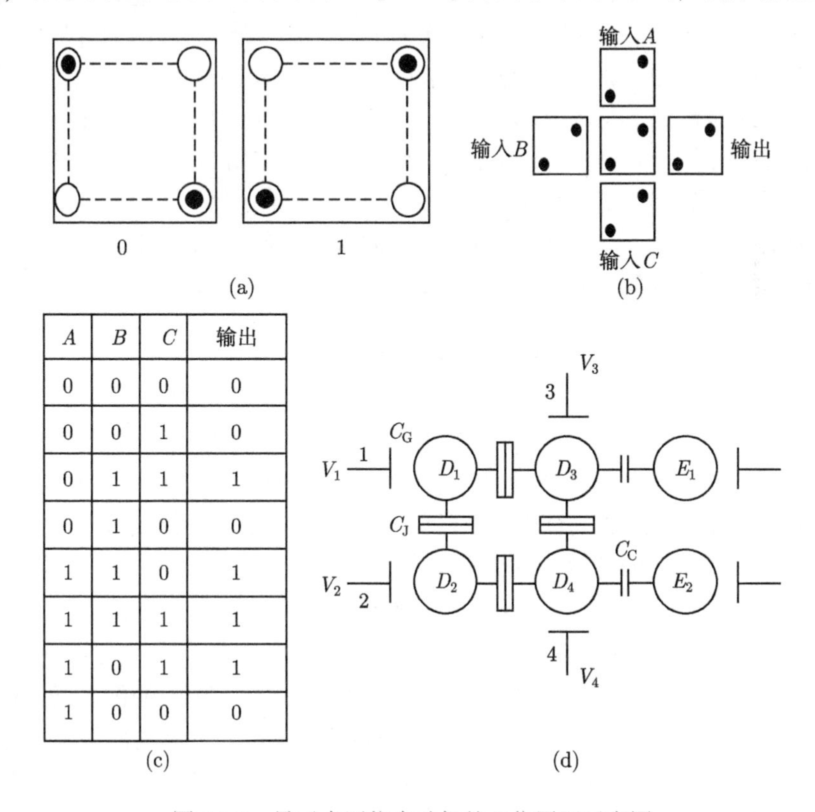

A	B	C	输出
0	0	0	0
0	0	1	0
0	1	1	1
0	1	0	0
1	1	0	1
1	1	1	1
1	0	1	1
1	0	0	0

图 10-8 量子点网络自动机的工作原理示意图

它们通过 AlO_x 隧道连接成一个环, 在起始偏置过程中使两个多余的电子隧穿进入 QCA 单元中去. 其中, C_J 为结电容, 其数值很小, 它保证低温下每个量子点的电荷量子化状态. 每个量子点也通过电容 C_G 耦合到栅, C_G 影响它们所对应量子点的电荷态. 为了确定单元的极化状态, 通过电容耦合的两个单量子点 E_1 和 E_2 与岛 D_3 和 D_4 相连, 用以测量其上的静电, 以便探知其极化状态 [9].

10.4 超导量子器件

基于约瑟夫森结的超导器件能够呈现宏观量子效应, 它所具有的很好的量子相干性非常适宜制备量子比特. 因此, 利用超导量子器件实现固态量子计算普遍受到人们的重视, 超导电荷量子比特基于一个超导量子点. 对于如图 10-9(a) 所示的超导量子器件, 其哈密顿量为 [10]

$$H = E_{\rm C}(n - n_{\rm g})^2 - E_{\rm J}\cos\phi \tag{10.1}$$

式中, $E_{\rm C}(= (2e)^2/2(C_{\rm J} + C_{\rm B}))$ 和 $E_{\rm J}$ 分别为超导量子点的充电能和约瑟夫森结的耦合能. 约瑟夫森结两侧超导体的位相差算符 ϕ 与超导量子点中额外的库珀对数算符共轭. 在这里, 超导量子点中额外的库珀对数是相对于系统参数确定的基准值 $n_{\rm g} = C_{\rm g}V_{\rm g}/2e$ 而言的. 其中, $V_{\rm g}$ 为调控超导量子点的门电压, $2e$ 为单个库珀对的电荷. 在充电区极限下, $E_{\rm C} \gg E_{\rm J}$, 超导量子点中起主导作用的是电荷自由度. 在这种情况下, 当温度很低时, 超导量子点中最重要的是能量最低的、相互间差一个库珀对的两个超导电荷态. 此时, 在 $n_{\rm g}$ 等于 $1/2$ 附近, 超导量子器件的量子力学行为可以用约化二级量子体系的哈密顿量来描述

$$H = \varepsilon(n_{\rm g})\sigma_z - \frac{1}{2}E_{\rm J}\sigma_x \tag{10.2}$$

式中, $\varepsilon(n_{\rm g}) = E_{\rm C}\left(n_{\rm g} - \dfrac{1}{2}\right)$. 泡利算符 $\sigma_z(= |0><0| - |1><1|)$ 和 $\sigma_x(= |0><1| - |1><0|)$ 由超导量子点中额外库珀对数为 0 和 1 的超导电荷态来定义. 当超导电荷量子比特中的约瑟夫森结用双结的超导量子干涉器来替换时, $E_{\rm J}$ 变成由外磁场磁通量 ϕ 来调控的有效约瑟夫森耦合能

$$E_{\rm J}(\phi) = 2E_{\rm J0}\cos(\pi\phi/\phi_0) \tag{10.3}$$

式中, $E_{\rm J0}$ 是每个结的约瑟夫森耦合能; $\phi_0 = h/2e$ 是磁通量子; 如图 10-9(b) 所示.

根据处理问题的需要, 超导电荷量子比特既可以用 (10.2) 式的能量本征态 $|\pm>$ 来表示, 也可以用超导电荷态 $|0>$ 来表示. 其中, $|\pm>$ 是 $|0>$ 和 $|1>$ 的叠加态. $n_{\rm g}$ 在简并点左方时, $|->\approx|1>$; 而在简并点右方时, $|->\approx 1>$, $|+>\approx|0>$. 图

10-9(c) 是超导量子点结构最低的三个能级随 n_g 的变化情况, 其中 $E_C/E_J=5$, 超导电荷量子比特的器件参数通常取在该值附近.

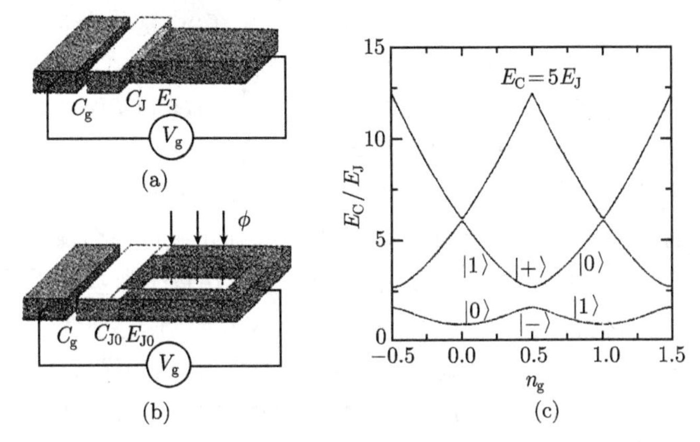

图 10-9 超导量子干涉器的结构 (a)、(b) 和最低三个能级随 n_g 的变化 (c)

10.5 Si 基自旋量子计算机

随着微电子技术的发展, 计算机芯片集成度不断提高, 器件尺寸越来越小, 并最终将因受到器件物理与工艺的限制而无法满足人类对更大信息量的需求. 为此, 发展基于全新原理和结构的功能强大的计算机是人们所面临的一个巨大挑战. 所谓量子计算机是应用量子力学原理进行计算的装置, 构造一个实际的量子计算机可归结为建立一个由量子逻辑门构成的网络 [11]. Kane 等 [12] 提出了一个实现大规模量子计算的方案, 即 Si 自旋阵列技术. 这种计算方法中, 作为逻辑门基础的自旋既不是 "超冷离子", 也不是三氯甲烷分子中的 "碳核和氢核", 而是作为浅施主掺杂在 Si 基质中的 $^{31}P^+$ 核自旋阵列. 换句话说, 在这种量子计算方案中, 计算信息是通过 Si 电子器件中 $^{31}P^+$ 施主原子核自旋阵列上的编码实现, 独立自旋的逻辑门操作是通过外加电场完成. 自旋测量是利用自旋极化电子流进行, 而量子计算机的最终实现将是依靠 Si 器件的纳米超精细加工技术.

一般而言, 按照量子力学原理, 体系的超精细作用强度正比于电子波函数的概率密度. 在半导体中, 电子波函数会通过晶格点阵在一个较长距离内进行扩展, 而核自旋同电子发生相互作用将导致电子–间接核自旋耦合. 由于电子的物理行为对外加电场十分敏感, 所以超精细作用和电子–间接核自旋作用可以通过加在半导体器件栅电极上的电压进行控制, 亦即核自旋可由外部进行操纵以适合量子计算的需要. 如果核自旋被局域在一个半导体基片中的正电施主上, 那么将发生电子–耦合的核自旋计算和单个核自旋探测. 若电子波函数聚集在施主核上, 则会产生一个较大的超精细作用能量. 然而, 对于浅施主能级而言, 电子波函数可以从施主核扩展到几十到几百个Å的距离, 这就是说允许电子–间接核自旋耦合可以在一个相当长的距离内发生.

图 10-10(a) 是在温度 T=100mK 条件下, 一个在 Si 基片上包含有 $^{31}P^{+}$ 施主和电子的一维阵列示意图. 表面上的金属控制栅和作为基片的 Si 由一个势垒层隔开, 其中 "A 栅" 控制核自旋量子位的共振频率, "J 栅" 控制两个相邻核自旋间的电子–间接耦合. 量子力学计算可以通过精确控制以下三个外部参数完成: ① 施主之上的栅极控制超精细作用强度, 并进而控制在其之下核自旋的共振频率; ② 在施主之间的栅极开启或关闭自旋之间的电子–间接耦合作用; ③ 一个球形外加交变磁场 B_{ac} 触发处于共振的核自旋, B_{ac} 的大小要能够使得在每个核自旋上同时完成不同操作. 由于现代 Si 材料工艺和 Si 纳米技术的迅速发展, 使它成为半导体基片的自然候选者. $^{31}P^{+}$ 核自旋所具有的足够长的弛豫时间, 使 P 原子作为 Si 中的浅施主掺杂也尤为适宜. 例如, 在 T=1.5K 的温度下, $^{31}P^{+}$ 的弛豫时间为 10h, 当 T ~mK 温度时, 其弛豫时间长达 10^{18}s. 因此, 这个 Si 基 $^{31}P^{+}$ 核自旋阵列对于量子计算将是十分理想的. 图 10-10(b) 是采用这种计算方法的一个双量子位逻辑和自旋测量示意图, 它表示了电子能级 (实线) 和最低能量耦合的电子–核 (虚线) 能级与 J 的依赖关系. 当 $J > \mu_B B/2$ 时, 耦合系统的态展开到不同电子极化的态; 当 $J = 0$ 时, 核的状态具有一个大的能量分裂, 以用于确定最终的电子自旋态.

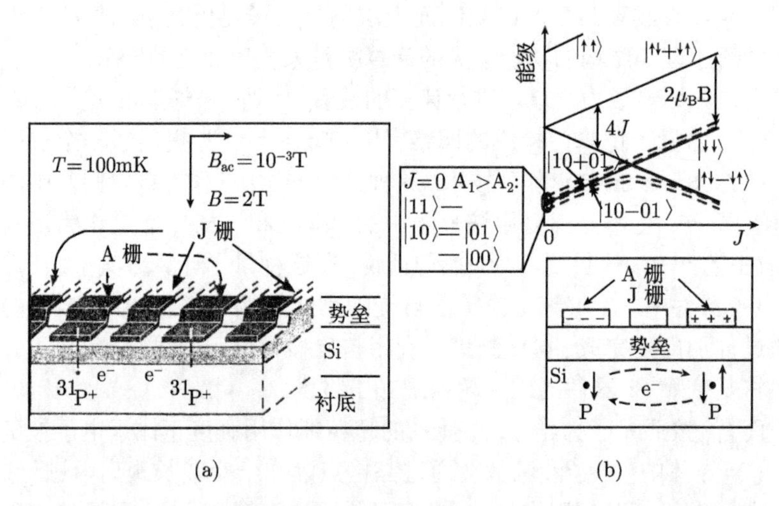

图 10-10 Si 中 $^{31}P^{+}$ 施主和电子的一维阵列示意图 (a) 与核自旋测量 (b)

参 考 文 献

[1] Hall K C, Lau W H, Gündogdu K, et al. Appl. Phys. Lett., 2003, 83:2937

[2] 纳米技术手册编辑委员会. 纳米技术手册. 王鸣阳, 等译. 北京: 科学出版社, 2003

[3] 夏建白, 常凯, 葛惟昆. 半导体自旋电子学. 北京: 科学出版社, 2008
[4] Kubota T, Yokoyama S, Nakahama T, et al. Thin Solid Films, 2001, 393:379
[5] 久保田彻, 长谷川裕之, 益子信郎. 应用物理, 2006, 75:327
[6] 蒋建飞. 纳电子学导论. 北京: 科学出版社, 2006
[7] Chen X Q, Yamada H, Horiuchi T, et al. Jpn. J. Appl. Phys., 1998, 37:3834
[8] Amlani O A O, Toth G, Benstein G H, et al. Science, 1999, 284:289
[9] 朱静, 等. 纳米材料和器件. 北京: 清华大学出版社, 2003
[10] 游建强. 物理, 2010, 39:810
[11] 周正威, 涂涛, 龚明, 等. 物理学进展, 2009, 29:127
[12] Kane B E. Nature, 1998, 393:133

《半导体科学与技术丛书》已出版书目

（按出版时间排序）

1. 窄禁带半导体物理学	褚君浩	2005年4月
2. 微系统封装技术概论	金玉丰 等	2006年3月
3. 半导体异质结物理	虞丽生	2006年5月
4. 高速CMOS数据转换器	杨银堂 等	2006年9月
5. 光电子器件微波封装和测试	祝宁华	2007年7月
6. 半导体科学与技术	何杰，夏建白	2007年9月
7. 半导体的检测与分析（第二版）	许振嘉	2007年8月
8. 微纳米MOS器件可靠性与失效机理	郝跃，刘红侠	2008年4月
9. 半导体自旋电子学	夏建白，葛惟昆，常凯	2008年10月
10. 金属有机化合物气相外延基础及应用	陆大成，段树坤	2009年5月
11. 共振隧穿器件及其应用	郭维廉	2009年6月
12. 太阳能电池基础与应用	朱美芳，熊绍珍 等	2009年10月
13. 半导体材料测试与分析	杨德仁 等	2010年4月
14. 半导体中的自旋物理学	M. I. 迪阿科诺夫 主编 (M. I. Dyakanov) 姬扬 译	2010年7月
15. 有机电子学	黄维，密保秀，高志强	2011年1月
16. 硅光子学	余金中	2011年3月
17. 超高频激光器与线性光纤系统	〔美〕刘锦贤 著 谢世钟 等译	2011年5月
18. 光纤光学前沿	祝宁华，闫连山 刘建国	2011年10月
19. 光电子器件微波封装和测试(第二版)	祝宁华	2011年12月
20. 半导体太赫兹源、探测器与应用	曹俊诚	2012年2月
21. 半导体光放大器及其应用	黄德修，张新亮，黄黎蓉	2012年3月
22. 低维量子器件物理	**彭英才，赵新为，傅广生**	**2012年4月**